中央民族大学国家“十一五”“211 工程”建设项目

贵州生态博物馆纪实

胡朝相　著

中央民族大学出版社

图书在版编目（CIP）数据

贵州生态博物馆纪实/胡朝相著．—北京：中央民族大学出版社，2011.10

ISBN 978－7－5660－0062－0

Ⅰ.①贵…　Ⅱ.①胡…　Ⅲ.①生态环境—博物馆—介绍—贵州省　Ⅳ.①X321.273－28

中国版本图书馆 CIP 数据核字（2011）第 197132 号

贵州生态博物馆纪实

作　　者　胡朝相
责任编辑　红　梅
封面设计　严　彦
出 版 者　中央民族大学出版社
　　　　　北京市海淀区中关村南大街 27 号　邮编：100081
　　　　　电话：68472815（发行部）传真：68932751（发行部）
　　　　　　　　68932218（总编室）　　　68932447（办公室）
发 行 者　全国各地新华书店
印 刷 厂　北京华正印刷有限公司
开　　本　880×1230（毫米）　1/32　印张：9
字　　数　230 千字
版　　次　2011 年 10 月第 1 版　2011 年 10 月第 1 次印刷
书　　号　ISBN 978－7－5660－0062－0
定　　价　30.00 元

序　言

这是一部在中国创建生态博物馆的创业史；这是一部创业者写的充满感情的、翔实而细致的亲历记。

这也是一部描写在中国的土地上移植生态博物馆过程中发生的种种矛盾、种种磨难和得道多助、多方合力推动下前进的奋斗史。写出了中外开拓者披荆斩棘奋勇前进的艰难历程；写出了国家文物局、中国博物馆学会、贵州省政府中那些有远见的领导者对这一项目的支持和推动。也写出了中国政府、挪威王国政府的强有力的支持，挪威驻华大使馆的多方联络。没有这些力量事情是办不成的。

这还是一部记录中挪人民之间友谊的书。挪威人民是很重感情的，贵州人也是很重感情的，在长达10年间积累起来的感情是非常深厚的。感情描写是这本书的一大特点，书中写下了一个又一个情感故事，文笔细腻，读起来如见其人，如见其事。当突然传来生态博物馆科学顾问杰斯特龙先生在西伯利亚工作时猝然去世的消息时，贵州生态博物馆笼罩在一片悲痛之中，4个生态博物馆村寨都种上了“杰斯特龙纪念树”，以志永不忘记他。继杰斯特龙之后担任科学顾问的达格，一直把我们这个团队视为一个兄弟姐妹组成的大家庭，他每次来贵州都自称是走亲戚。中挪合作项目结束后，他还自费来贵州走亲戚，真有点亲情的味道。

在贵州建立的生态博物馆是中国的第一个仍至第一批生态博物馆。对中国博物馆学的开拓和创新具有里程碑的意义。移植生态博物馆的基本原则在于本土化。本书就是以本土化的原则为主线贯彻始终的。生态博物馆在中国的本土化经历了常人难以想象的艰难。一是要把后工业化社会出现的生态博物馆文化嫁接到仍处于封闭的农耕社会的民族村寨的文化中，不要说村民，就是各级政府的官员也不知其所以然；二是我们和挪威人在思想方法、工作方法的差异和冲突也是不断发生的。我们只能说这是一种文化的创新试验。胡朝相同志是贵州省文化厅文物处处长，又是中挪合作项目的贵州执行小组组长，他是生态博物馆在贵州本土化的关键人物。在书中他记录下了人们是如何战胜一个又一个困难，克服一个又一个矛盾与冲突，最终成功地把生态博物馆建设到贵州的土地上。他辛勤工作，一边工作，一边记录，在经历15年整理终成此书，这本书就像日志似的把本土化过程呈现在读者面前。

在中外文化交流中，我的心中始终有一种民族情结，也可以说是本土情节。我把民族文化的独立看得很重。其实生态博物馆倡导的恰恰就是树立文化的主人意识。所以2000年贵州省龙副省长向我建议召开生态博物馆国际会议时，我说“现在条件还不成熟，我们的经验还不多”。我考虑的是我们中国能拿出什么东西来。到了2004年内蒙古生态博物馆、广西生态博物馆的经验都出来了，于是我们开始筹办国际会议，准备把中国的生态博物馆推出去。达格提出要帮助我们筹办国际会议，我未邀请他，因为他时常越俎代庖很难办。后来，挪威大使馆一秘莫尼卡私下问我“你们怎么不让达格帮你们办国际会议?”我说“我希望我们中国人能站在前台”。她说“那是当然。”国际会议规模很大，开得很成功，中国的生态博物馆走上了国际舞台。在会议上我们对挪威的帮助，给予了很高的评价。莫尼卡也说“会议很成功”，我感到很欣慰。经验告诉我们，引进外国文化，能否真正实现的关键在于本土化，而本土化的真谛在于以我为主。

感谢胡朝相老友写了这本好书，衷心向读者推荐这本好书。

苏东海

2011年7月

前　　言

贵州生态博物馆的形成最初是由两个人的会谈开始的。1995年元月笔者到夏威夷进行文化与旅游经济考察回到北京，感受颇多，特地登门拜访了《中国博物馆杂志》主编苏东海先生，和他谈到能否帮助贵州建立一种新型的博物馆，一直谈了两个多小时。他虽然是在中国最先传播生态博物馆理念的人，但他仍然停留在传播上，没有对生态博物馆进行实践。

他当时提出在贵州建中国第一座生态博物馆的想法，并将这种想法与国际有关专家相联系，以中国博物馆学会名誉邀请挪威生态博物馆专家约翰·杰斯特龙先生参与中国第一座生态博物馆的工作。

贵州生态博物馆的建立先是以“课题组”的形式出现，苏东海先生任“课题组”组长，成员有中国年轻的博物馆专家安来顺先生（并兼翻译）和笔者本人，约翰·杰斯特龙先生则是科学顾问。1995 年 4 月，“课题组”通过在贵州为期 10 天的民族文化社区的考察后，撰写了《在贵州省梭戛乡建立中国第一座生态博物馆的可行性研究报告》（以下简称《报告》）。《报告》结论认为，陇戛寨的自然环境、社会结构、经济状况和精神生活仍然保存在一种比较完整的文化生态中，这是一个难得的、活生生的文化整体，尤其可贵的是，这支（长角）苗族在全世界只有 4000 多人，因而这个文化体已经成为全世界文化遗产的一部分，具有很高的保存价值，建立一个生态博物馆把这个宝贵的民族文化加以保护并使其延续下去，必定受到民族学家、人类学家、社会学家、文化学家、民俗学家等科学工作者的普遍欢迎，同时，也必将为推动梭戛社区的社会、经济发展，为贵州、为苗族、为中国乃至全人类文化遗产的保护做出贡献。

《报告》为在贵州建立生态博物馆奠定了理论基础，成为建立贵州生态博物馆群的行动指南。

《报告》为中挪两国间文化合作项目提供了重要的文本依据。1995年6月25日，苏东海先生在挪威出席国际博协大会期间，与挪威开发合作署文化局局长图德汉姆先生就中挪合作建生态博物馆的第一次会谈，递交的文本就是这份《报告》。挪威开发合作署对提交的《报告》进行了充分的论证，认为，这一项目对于在该地区保护自然环境和民族文化遗产具有重要价值，对于中国博物馆界的学术研究具有科学价值和推广新型博物馆的实践价值，挪威开发合作署还认为，中国博物馆学会是可靠的合作者，中国国家文物局是本项目的有力支持者。挪威开发合作署作出决定，向本项目提供70万元挪威克朗（折合人民币88万元）的资金支持。挪方认为，这一项目具有很大的发展前途，存在着继续支持和扩大合作的巨大潜力。

《报告》成为国家文物局和贵州省政府先后批复在梭戛建立中国第一座生态博物馆项目的重要的背景材料，使政府成为这一项目的主导。

梭戛生态博物馆作为中挪两国间文化合作项目，受到两国政府的极大关注，1997年10月23日，中国国家主席江泽民和挪威国王哈拉尔五世在北京出席了该项目的签字仪式，对于中国文博界无疑是一条振奋人心的消息。

作为中挪文化合作项目（第一阶段）梭戛生态博物馆于1997年6月破土动工，1998年10月31日建成开馆，它向国际博物馆领域宣告了中国第一座生态博物馆在贵州诞生，它的诞生正如国家文物局副局长马自树先生在开馆仪式上说：“梭戛生态博物馆的建成开馆，标志着一种新的博物馆类型在中国的诞生，是中国博物馆专家大胆探索的勇气和精神的体现，是中挪两国间文化合作的成果。”挪威驻华大使白山先生发来贺信说：“致贵州省政府、中国博物馆学会及梭戛人民，梭戛生态博物馆的成立实为一项重要成就，在当地政府和人民的努力下，生态博物馆将有利于保护当地独特的文化和增强民族意识，作为贵国的首座生态博物馆，梭戛项目将为全国的文化保护事业起到重要的示范作用。”苏东海先生在总结会上兴奋地说：“成功地在中国建立了第一座生态博物馆；成功地创造了中国生态博物馆的模式；梭戛生态博物馆在中国引起了广泛的注目；我们已经唤起了梭戛人民对保护文化的巨大热情，我们将要发挥他们的民族自尊心。”

梭戛生态博物馆的建立，对建立贵州生态博物馆群是一个良好的开端，挪威政府对此投以巨大的热情。1999 年 3 月，中国博物馆学会与挪威开发合作署又签订了《关于贵州文化遗产活动意向书》，将 1999—2001 年作为贵州生态博物馆群项目的第二阶段，挪方提供 150 万元挪威克朗以资助建立贵阳花溪镇山村、锦屏隆里古城、黎平堂安生态博物馆的规划，并帮助梭戛生态博物馆进一步开发。2002 年元月 21 日，中挪双方在北京举行“贵州生态博物馆馆项目第三阶段”合作协议的签字仪式，挪方无偿援助 300 万元挪威克朗，对完成隆里、堂安两座生态博物馆的建设提供了财政支持。2002 年 7 月 15 日，镇山布依族生态博物馆建成开馆，挪威开发合作署对项目的开展表示满意，希望在项目第一、第二阶段的基础上，继续进行项目第三阶段的合作，实现贵州建成生态博物馆群的共同目标。

2003 年 3 月，挪威驻华大使叶德宏先生和夫人考察贵州生态博物馆期间，出席了隆里古城生态博物馆资料信息中心的奠基仪式。2004 年 10 月 15 日，作为项目第三期的隆里古城生态博物馆建成开馆。2005 年 6 月，为配合“贵州生态博物馆国际论坛”的召开，堂安侗族生态博物馆建成开馆，至此，中挪文化合作项目第一、第二、第三阶段的建设历时 10 年的时间，以堂安侗族生态博物馆的开馆为标志，中挪文化合作项目——贵州生态博物馆群建设画上了一个圆满的句号。

贵州生态博物馆群建成开馆，只是项目的结束，正是生态博物馆运作和实践的开始。它的运作和实践阶段受到来自各方面的挑战。生态博物馆是舶来品，是西方文化，在中国，生态博物馆的建立是以政府主导，专家指导，村民参与的方式出现。在贵州民族地区不可能出现村民自发地建生态博物馆，政府主导是一个长期的过程。苏东海先生一开始就强调生态博物馆本土化的问题，因为各国的文化背景不同，各国的生态博物馆千差万别，没有统一的模式，应该根据中国的国情，建立有中国特色的生态博物馆，而不是照抄照搬别国生态博物馆的模式。为了使贵州生态博物馆有一个长期遵循的原则，中挪两国的文博专家和贵州生态博物馆群的村民代表，共同制定了《六枝原则》。

《六枝原则》在理念上是具有前瞻性的原则，它是贵州生态博物馆建设和实践在理论上的重大贡献，它是生态博物馆必须长期遵循的一个原则，但它同时仍然要接受生态博物馆实践的检验。

生态博物馆在短时间内难以用单一标准来衡量它的成败，只有不断地探索和实践才能得到答案。

目　　录

贵州生态博物馆的建设

一、贵州生态博物馆产生的背景

20 世纪 70 年代，当中国博物馆领域还笼罩在“文化大革命”的阴影之中的时候，在法国，一个新博物馆运动正在兴起，法国生态博物馆的先驱乔治·亨利·里维埃在法国创立了人与自然环境相结合的法国地方公园新模式，成为法国的第一代生态博物馆。与此同时，法国生态博物馆的另一个重要人物雨果·戴瓦兰在法国建立了克勒索－蒙锡生态博物馆，成为法国第二代生态博物馆。1971 年国际博物馆协会第九届大会在法国举行，请法国环境部长出席发表演讲，国际博协领导人乔治·亨利·里维埃和雨果·戴瓦兰向环境部长介绍了他们关于将遗产与环境联系在一起的想法，午餐时，雨果·戴瓦兰偶然说出了“生态博物馆”一词，得到了环境部长的赞同，“生态博物馆”一词就在餐桌上诞生了。

1972 年召开的国际博物馆协会讨论会上，为生态博物馆确定了更准确的解释，并且和区域性博物馆以及社区性博物馆相关联，此定义称为“里维埃定义”。同年，国际博物馆协会和联合国教科文组织联合在智利首都圣地亚哥召开圆桌会议，由拉丁美洲博物馆馆长主导，确立了“整体博物馆”的观点，勾勒了博物馆的责任是服务于社会所有成员，包括被忽视的群体，特别是城市内被忽视的边缘群体，这样，新博物馆学运动在欧洲和南北美洲兴起。在此期间，全世界的生态博馆发展到了300多座，在亚洲，日本出现了“造乡运动，一村一品”，在中国的台湾则出现了整旧如旧的“社区营造”，它们虽然没有冠以生态博物馆的名词，但它们已具有生态博物馆理念的行动。

20世纪70年代末，改革开放为中国博物馆的发展揭开了新的一页，提供了与国际博物馆领域信息交流的通道，促进了中国博物馆向多元化的方向发展。20世纪80年代初，中国开始关注国际生态博物馆运动，这时正是中国博物馆发展的新高潮时期，中国主流博物馆——传统博物馆虽然已经发展到了1000多座，但类型相对单一，在国际新博物馆学的影响下，中国的博物馆人开始寻求博物馆发展的新理念和新途径，生态博物馆的理念和方法被引入了中国。由中国博物馆学会苏东海先生主编的《中国博物馆》杂志开始刊载有关环境科学与生态博物馆的文章。自1986年开始，《中国博物馆》杂志比较集中介绍了一批国际生态博物馆运动有关的论文和资料，其中有里维埃和戴瓦兰的重要文章的中译文，弗朗索瓦·于贝尔的论文的中译文和教科文组织主办的《博物馆》杂志上的其他有关论文的中译文，如1972年在智利举行的“国际博物馆协会圆桌会议”内容，1984年加拿大魁北克会议及其宣言，1987年在西班牙举行新博物馆学会议及决议等，使中国的文博工作者能在中国的刊物上读到法国、加拿大和美国等生态博物馆的材料，我们不能不说苏东海先生是在中国传播生态博物馆理念的先驱。

1986年10月下旬，贵州邀请了北京的一批资深的文博专家到贵州文物保护单位进行考察，中国革命博物馆的研究员苏东海先生也在其中。10月24日下午，苏东海先生在学术报告会上作了题为《国际博物馆发展趋势以及我对贵州七五期间文博事业发展规划的论证》的发言，他说：“在法国，现在新兴一种生态博物馆，这与印第安人博物馆有所不同，它是一种对整体村落的自然景观和社会结构、社会生活进行综合的表现，它不仅是表现过去，而且是一个活生生的现实的生态博物馆，这种博物馆在加拿大也搞起来了，虽然这种博物馆有它落后的方面，但也有它传统文化的精华的方面，这个我就不详细谈了，日本有个阿依努人村落博物馆，索教授（中央民族学院教授）亲自去考察过，请他作介绍。建立生态博物馆也好，建立民族村寨博物馆也好，这是目前博物馆界中的一种良好开端。如果贵州办这样的一个博物馆，那将是全国第一。因此，我提个建议，贵州赶快派出考察组到法国、加拿大、日本、巴西等地去实地考察，看看他们的博物馆是怎么搞的。”报告会后，笔者整理苏东海先生的录音讲话，其中的“生态博物馆”一词也就深深地印入了笔者的脑海里。

1993 年，笔者在贵阳西南 21 公里的地方发现了一个布依族村寨——镇山，想以此为依托，建生态博物馆，但对如何建生态博物馆没有理论上的依据，只好写信求教于苏东海先生，在给他的信中，笔者仍持审慎的态度，没有敢冠以生态博物馆之名，只是说要将镇山建成一座露天民俗博物馆，苏东海先生回信说建镇山露天民俗博物馆很有创意，但他也没有涉及生态博物馆的问题。1994 年，笔者从一份梭戛苗族村寨的材料中，发现梭戛这支贵州西部的苗族很有特色，特别是以长角为头饰的苗族妇女区别与贵州境内其他的苗族妇女头饰，她们的生活习俗、节日庆典等都保存得十分完整，能否作为生态博物馆的一个初选的文化社区？1995 年初，笔者同中国社会科学院工业经济研究所的几位学者前往夏威夷进行了为期一个月的文化旅游经济考察，其中对该岛上的波利尼西亚文化中心将环境和土著文化的保护及利用感触很深，心里萌发以梭戛苗族社区建立生态博物馆的想法。

1995 年 2 月 9 日，笔者从夏威夷回到北京，第一件事想面见苏东海先生。笔者虽然是第一次面见苏东海先生，但有一见如故的感觉，便开门见山地说：“苏先生，请您帮助我们在贵州建一种新型的博物馆。”此时笔者没有说建生态博物馆，只说建新型的博物馆。苏先生很高兴，很爽快地对笔者说：“好啊，我是贵州省的文物保护顾问，我应该关心贵州，为贵州出一点力。”他接着又说：“我们就先在贵州建中国第一座生态博物馆吧。”

苏先生说：“1994 年 9 月，在北京召开的国际博协联会上我结识了国际上很有名望的挪威生态博物馆学家约翰·杰斯特龙先生，他在挪威做了 15 年的生态博物馆馆长，欧美一些生态博物馆都是在他的帮助下建立的，我们请他作为贵州生态博物馆‘课题组’的科学顾问，他一定会同意的。如果贵州方面能提供国内的机票和食宿的话，我 4 月份就可以请他到贵州来。”我当即承诺说：“外宾在国内的费用请苏先生放心，由贵州负责。”苏先生说：“4 月份我一定请约翰·杰斯特龙先生到贵州来。”

笔者和苏东海先生在北京会谈

当时苏先生办公室在座的还有中国博物馆学会的安来顺先生，高个子，国字脸，30 多岁，给人精明能干的感觉。苏先生把他的情况简单地给我说："小安是一位年轻的博物馆专家，他的英语很好，约翰·杰斯特龙先生来可以请他作翻译。"

这次和苏先生两小时的会谈，提出了在贵州建立中国第一座生态博物馆的设想。

二、梭戛生态博物馆的建设

贵州生态博物馆是中国和挪威两国间文化合作项目，根据两国签署的合作协议，分为三个阶段进行：梭戛生态博物馆的建设为项目的第一阶段（1996—1997）；镇山布依族生态博物馆的建设为项目的第二阶段（1999—2001）；隆里、堂安两座生态博物馆的建设为项目的第三阶段（2001—2004）。

1.“课题组”的成立

笔者在北京和苏东海先生会谈时，苏东海先生提出要建立一个贵州生态博物馆“课题组”，他说，能否邀请到挪威的生态博物馆学家约翰·杰斯特龙先生是一个关键，他不但有生态博物馆的理论，而且有生态博物馆的实践，他可以作为“课题组”的科学顾问。苏先生要笔者回到贵州等他的传真。

1995 年 3 月 25 日笔者接到苏先生发来的传真，说：“胡处长，你好，现将杰斯特龙先生行程及生态博物馆调研工作初步设想通报如下：

（一）接杰斯特龙教授电传，他已订好由奥斯陆—北京（4 月 18 日上午抵京）及 5 月 3 日由北京返奥斯陆的机票，他往返机票，我已复电表示同意。我们三人将于 4 月 19 日中午飞贵阳。出发前另行告之。

（二）调研工作设想：1. 建议贵州建立生态博物馆可行性课

题调研小组，由四人组成：苏东海，研究员（中国博物馆常务理事）、《中国博物馆》杂志主编、贵州省文物保护顾问；约翰·杰斯特龙教授，国际博协博物馆学会委员、《挪威博物馆》主编、生态博物馆学家；胡朝相，处长；安来顺，助理研究员，（《中国博物馆》杂志责任编辑，青年博物馆学家）。2. 请王厅长或李副厅长担任调研组顾问。3. 请胡朝相处长、安来顺助研担任调研协调工作。安来顺助研是国际博协博物馆委员会前主席冯·门施教授的研究生，与欧洲博物馆学者有广泛联系和友谊。4. 调研活动：（1）考察镇山民俗露天博物馆及其他可供选择的地点，确定其中一处进行重点研究；（2）与贵州文博界进行学术交流；（3）提出在贵州建立生态博物馆的规划及其可行性报告。（以上设想是我和安来顺向贵州领导的建议，请文化厅胡处长作出具体规划和安排。）

（三）外宾及内宾二人赴黔机票（含机场费）请预寄 3500 元至 100009 北京五四大街 29 号中国博物馆学会安来顺同志收（请通过邮局寄）。

（四）外宾索要贵州省情外文资料，已电传给他。

（五）北京电话、传真。

一共五点，言简意赅。贵州省文化厅导对传真作了批复，明确由笔者全部作出具体规划和安排。

2. 考察前的安排

“课题组”一行定于 4 月 19 日来贵州，时间不到一个月，苏东海先生的电报虽然讲了五个方面的问题，但最主要的问题是确定考察地点的问题，选考察地点有很高的学术含量，不是选风景名胜区，即使是风景名胜区也要分等级，所以笔者的工作重点先是落实考察点。

在很短的时间内如何确定考察地点？贵州有 17 个世居民族，

有1.2万多个自然村寨，全面“撒网”是不可能，只能是有重点的选择。在对民族村寨的文化价值的认识上从来没有一个统一的标准，仁者见仁，智者见智。生态博物馆的选点和民族村寨的选点有相同之处，但又有较大的区别，区别之处在于不仅是一个村寨而是一个文化社区，它涵盖的地域面积宽得多，这个文化社区也可能是一两个村寨，也可能是更多的村寨，甚至有可能是超出县界、省界，只要是同一文化为特点的地域面积，都有可能作为生态博物馆的选点。此外，选点的重点不是更多的考虑交通条件，文化较为独特的村寨也许是交通条件最差的地方，在城镇附近或交通线附近的村寨又是“汉化”程度较高的村寨。

贵州境内民族村寨的文化内涵丰富多彩，但对其文化价值的认识是一过程。根据笔者对文化价值的认识和见解，挑选了五个点供“课题组”考察，这五个点即六枝梭戛、花溪镇山、榕江摆贝、锦屏隆里、黎平堂安。

梭戛是贵州六枝特区境内的以长角为头饰的苗族文化社区，这支苗族生活在贵州西部的崇山峻岭之中，由于长期交通闭塞，很少与外界接触，他们的语言、服饰、工艺、音乐、舞蹈等与其他苗族有很大的区别，保持得非常完整，而且只有4000余人，在贵州众多的苗族文化分支中是一支独具特色的苗族文化。

镇山布依村地处贵阳省城的郊区，在城市现代化生活的包围之中能保持布依族文化特色的村寨实在是不多见。它又是民族融合的一个典型，明朝万历二十八年（1600）因“平播”，江西庐陵县籍的将军李仁宇奉命入黔，（播州土酋杨应龙举兵反叛明廷，明廷调集六省兵力平定了叛乱。）“平播”后李仁宇将军屯兵于石板哨一带，后入赘镇山，与布依族女班氏结秦晋之好，婚后生二子，分别为班、李二姓，传至今已有17代，村寨形成了布依族和汉族文化和谐共存的局面。笔者1993年对镇山进行考察后，拟建为“镇山露天民俗博物馆”，就此问题写信向苏东海先生请教。故苏先生在他的电报中特别提及“考察镇山露天民俗博物馆及其他可供选择的点。”

榕江县摆贝村的苗族文化区别于雷山、剑河、台江等县的苗族文化，在居住环境上也有所不同，摆贝苗寨坐落在高山上的一片枫树林里，寨子的民居全系木质建筑，屋面多数盖杉树皮。在服饰上颇有特色，不但妇女穿裙，男人也穿裙，人们称之为鸡毛裙，手工制作很精美，在苗族服饰上堪称一绝。

锦屏隆里古城在明代是一个“千户所”城，我是在20世纪90年代初听贵州省考古所所长熊水富先生给我谈及隆里的，印象最深的是他说隆里的碑刻很多，有历史厚重感，因此隆里在我的脑子里打下了较深的烙印。隆里古城是明洪武初年在贵州推行卫所制的历史见证，600余年来隆里人仍然固守着他们的汉文化，民俗学家称之为“飞地文化”，这种活态的汉文化保持得非常完整。

黎平县报了两个村寨：堂安和兰寨。堂安地处于黔、桂、湘三省区交界，位于侗族南部方言区的中心地带，这个方言区的区域面积毗连三省，他们生活在有共同的语言、共同的服饰、共同的生产生活习俗、共同的文化心理的地域环境之中。此外堂安有很好的区位优势，从堂安到桂林只有300多公里，从配合发展旅游的角度来说，前景可观，可将桂林方面的游客引至广西龙胜、三江，再到贵州黎平，形成一条侗族文化旅游线。

笔者用较短的时间做了一个可供“课题组”用的考察文本，经领导审查后，同意照此执行。

4月9日，我再次到北京，和苏东海先生第二次见面。他仔细看了我提供的考察方案，很满意。接着他又问了一下天气情况，驾驶员的技术情况，反正问得很详细。

3. “课题组”在梭戛的考察

以苏东海先生为“课题组”组长的中挪文博专家一行，自

1995年4月19日至29日，为在贵州进行生态博物馆选址，冒着绵绵的春雨，先后考察了贵阳市花溪区的镇山、六盘水市六枝特区的梭戛、黔东南苗族侗族自治州榕江的摆贝、黎平堂安、锦屏隆里五个不同文化的社区。

“课题组”在梭戛乡陇戛寨考察

4月21日，“课题组”在梭戛考察。梭戛是六枝特区的一个乡，所谓的“六枝特区”是不同于深圳、珠海经济特区的概念，原来的六枝叫郎岱县，晚清时期置郎岱厅，隶属安顺府，民国以后为郎岱县，仍属安顺。20世纪60年代为开采六盘水地区的煤矿成立三个特区，六枝特区是其中之一，为县级行政单位。

4月21日上午8点，在六盘水市文化局安江局长和六枝特区党委副书记梁宜章、副区长郑学群的陪同下，我们一行4辆车向梭戛进发。从六枝到梭戛乡政府所在地有42公里，属于没有等级的乡村公路，行驶在这条路上，天晴一身灰，下雨一身泥，路况很差，42 公里的路程我们摇摇晃晃地走了两个半钟头。“课题组”一行中，笔者最担心的是苏东海先生，他是快 70 岁的人了，来贵州前身体欠佳。但今天他在车上还挺精神。

大约 11 点，我们到了梭戛乡政府所在地，这是一个小集镇，只有百来户人家，民居沿公路两边而建，行成了“街道”，长不足 100 米，两边的民房建得很乱，一看就知道是没有经过任何规划而形成的一个小集镇。

从梭戛乡政府到要考察的陇戛苗寨还有 4 公里的路程，1994 年前到陇戛苗寨还没有公路，村民到梭戛街上赶集只能走羊肠小道。是年，当地旅游部门为了开发陇戛寨的长角苗风情游，修了一条 4 公里长的毛坯公路，这条毛坯公路只有吉普车能开到陇戛苗寨，若是下雨天即使是吉普车进寨也很困难。

梭戛是苗族、彝族、布依族杂居的一个民族乡，其中以长角为头饰的苗族居住在高山上。当地人称这支苗族为“长角苗”，多数村民的人际交往仅限于 12 个（长角苗）村寨，很少与其他村寨的村民往来。即使到梭戛街上赶集，多是男人出门，妇女出门很少，所以寨里的很多妇女都不会讲汉话。

梭戛乡毛世忠乡长和几个乡干部早已等候在去陇戛的路口，在他的引领下，我们直趋陇戛。因路又陡又滑，我们只好换乘吉普车，到陇戛还有两公里的路程，而且一直是上坡。吉普车绕了两个大弯后，再经过两座石山岔口，就看见陇戛的寨门了。来迎客的苗族村民大多穿著节日盛装，寨门及两边的高坡上站满了村民，鲜艳的服装仿佛像满山盛开的鲜花一样。

我们的到来使苗寨沸腾了，村民的目光一下都投向约翰·杰斯特龙先生，村民们没有看到过外国人，今天外国人来到了他们的面前。约翰·杰斯特龙先生被眼花缭乱的场面镇住了，他被苗族头饰、服饰、项圈、鲜艳的服饰色彩震撼了，他兴奋不已，激动不已，他的嘴唇在颤动。一个人当他来到异国他乡的时候，最大的痛苦莫过于语言不通，不能交流自己的感情，他只好用微笑和招手来表示他的心情，苗民们也不断地向他招手，他和村民们互相对看，好像相互之间总有看不完的东西。

“课题组”先是考察陇戛寨的自然环境和民居建筑。陇戛寨并不大，只有百来户人家，寨子坐落在半山腰上，民居建筑顺山势呈横排依次而上，建筑高低错落，布局比较灵活自由。建筑大致分三种类型：木房盖茅草、夯土墙盖茅草、水泥砖墙平顶。苏东海先生的目光投向了木房，因为从木房的风化程度可以看出该建筑的年代比较早，至少也有 100 多年的历史，整个寨子也仅有 10 栋，它的结构和汉族的民居相差无几，一般为四列三间，堂屋前有“吞口”，“吞口”两侧开月门；屋面覆盖的是茅草，墙壁是用木板横装着，装板的做工比较粗糙，可见当时的社会经济和建筑工匠的手艺不是很高。

房子的开间很小，每间房屋的面积也不过 10 来平方米。堂屋中间有圆锥形，高约 70 公分的煤灶。烧的是无烟煤，常年不熄的炉火，被民俗学家认为是生命的象征。这也是特殊的地理条件所至，寨子的海拔约 1600 米，寒冷的时间比较长，即是夏天的晚上，屋里没有火也不行，为了生活的方便，要做饭、要煮猪食、要取暖，所以一天也不能离开火。

“课题组”一行来到了寨老熊振清老人的家，他今年 69 岁，和苏先生同庚，是全寨公认的寨老，他德高望重，寨里的大小事情村民都要找他出面办理，苏先生说他是寨里的“道德领袖”。熊振清说，他们的祖上原来是住在织金县，两百多年前，官兵打水西，杀了很都苗族、彝族，为了逃避屠杀，祖上逃到大山里来躲避，这一带的森林和竹林很茂密，所以又被称为箐苗。

苏先生问水西是什么地方，官兵打水西是什么时候。笔者说，贵州是以境内的乌江为界，乌江中段的“鸭池河”以西称为水西，以东则称水东。水西泛指今黔西、大方一带。所说的官兵是指清康熙三年，水西宣慰使安昆反叛，清廷命总管吴三桂督云、贵各镇兵分东西两路征讨的战事。而熊振清寨老所说的官兵就是云、贵各镇的官兵，这场战事给水西的彝族、苗族带来了深重的灾难。

我们到寨老家时，他的老伴、儿媳妇、孙女头上都戴着长木角，老伴因长年累月头戴长木角，头发已经十分稀疏了，但她仍然戴着。儿媳虽然戴着长木角，但头发少了也没有再加黑毛线，木角全露在外面，只有他那10多岁的孙女，头上的木角被黑色的毛线缠得高高的，仅在侧面还可以看到一点儿"角尖儿"，因为她个子小，长角头饰显得重一些，为了掌握身体的平衡，她的两只手叉着腰，形成两个对称的"三角形"，她很神气地站在我们的面前，眼睛不时地盯着约翰·杰斯特龙先生，约翰·杰斯特龙先生趁机拍下了她的照片，并打开显视屏，让她看自己的照片，她感到惊奇和诧异。这时，几个女孩也跑过来看，其中有4个是在寨门给约翰·杰斯特龙先生敬酒的女孩，这几个女孩集中在一起，简直成了一组活的"文化景观"，楚楚动人。

接着又来了一对母女，她们是为"课题组"做梳头表演的，平时她们不会梳这种头饰，这种头饰体积大，有一定的重量，操作极不方便，今天是一个特殊的日子，也是她们梳妆打扮的日子。梳这种盛装头饰靠自己是完不成的，必须还有别人帮忙。给女孩梳头的母亲三十出头，她的女儿有10多岁，个子长得不高，见了客人有些腼腆。

这位年轻的母亲动作显得十分麻利，她将约3米长的黑毛线挂在墙上，然后才动手给她的女儿梳头，梳头时先用白绳将约50公分长的木角扎紧，扎好后用手轻轻地摇动一下木角是否捆扎得很牢，然后将长长的黑毛线慢慢地在木角上缠绕，缠绕毕，再用白绳线将缠好的发型捆扎横着的"8"字，一黑一白，色彩对比十分醒目。梳头花了半个小时，动作慢的人要花上约一个小时。

梳好盛装头饰的小女孩转眼之间变的十分神气起来，约翰·杰斯特龙先生“咔咔咔”一连拍下了几张照片，并说待他制作成明片后下次给他们带来。约翰·杰斯特龙先生果不食言，1998 年 10 月开馆时将照片送给了他们。

苏东海先生在梭戛考察

苏先生问梳头的妇女：“你们头上为什么要戴长角？”这位妇女说：“过去不光是妇女头上戴长角，男人们也戴长角。”我们今天过寨门的时候确实看见有几个男子头上扎有长角，平常男子都不戴长角，今天是为了迎接宾客的需要。

这位妇女给我们讲述了戴长角的来历。她说，我们生活的梭戛，几百年前是密密麻密的竹林，我们住在竹林之中，所以把我们这支苗族叫“箐苗”，别人也叫我们“长角苗”，因为大山里有野猪、野山羊、野兔、豺狗，还有老虎、豹子，反正野兽很多，祖先们为了与野兽相区别，所以头戴长角，吓跑野兽，这是我们头戴长角的来历。

另一种说法是为了躲避战乱，箐苗人东躲西藏，走散了怕不认识本族的人，因此在头上戴木角，作为这支苗族的一种标识。

民族学家则认为，苗族是农耕民族，耕地离不开牛，牛成为他们生命的象征，所以头上戴木角是对牛的一种崇拜，这是民族学家们泛指的一种现象。村民所提供的口述材料是不可忽视的，因为苗族是一个多支系民族，又是一个国际性的民族，由于逃避战乱，他们被迫迁徙到深山老林中生活，从而形成差异化的崇拜图腾不同的头饰。住在陇戛山下不到 3 公里的地方住着一支头上插着一把梳子的苗族，他称“歪梳苗”。更远一些的水城南开的一支苗族，他称“小花苗”，男子头饰扎满羽毛，女子头饰则以橙黄相间的绒线包裹，而服装在肩部、袖口等以精美的刺锈图案装饰。在六枝特区毗邻的纳雍、大方县也有一支戴角的苗族，他们头上戴的木角不是横着而是略向上翘，成“V”字形状，当地也称他们为“箐苗”。

“课题组”到了一个正在织布的村民家里，家里的婆婆在纺纱，纺纱机结构十分简单，汉族地区的纺纱机是用手摇，箐苗人的纺纱机则是用脚踏，这样可以将另一只手解放出来。她纺的是麻线而不是棉线。到了春天，陇戛寨每家都要种麻，种的麻可以解决全家人穿衣的布料。改革开放以前，一个人每年只有一丈五尺布票，仅够穿衣用，如果再添制铺笼帐盖就更紧张了。在陇戛寨好多人有了布票也没有钱买布，还是自家种麻，既省钱又能解决一家人的穿衣问题。改革开放以后，尽管市场上各种花色布料应有尽有，但陇戛的村民多数人家缺钱，所以家家户户种麻织布没有中断，一直延续着，唯一的变化是开始到市场上买棉纱织布，比买布经济，儿媳织的布机上的麻线换成了棉纱。

约翰·杰斯特龙先生很关注织布机的保护和工艺的传承，他对正在织布的这位妇女说："这台织布机太珍贵了，要好好保护。"妇女听了后不禁哈哈大笑起来，弄得约翰·杰斯特龙先生不知所措，苏先生问妇女笑什么？妇女说："织布机有什么稀奇，在我们寨子里家家都有。"

约翰·杰斯特龙先生简直出乎他的意料，家家都还保存有织布机，更让他兴奋的是还在继续使用。

婆婆的小女全神贯注地在一张白布上画蜡画，蜡碗烤在火上，蜡融化成一半碗液体，她先是用蜡刀在蜡碗里蘸了蘸，然后在白布上由上至下便画出一条直线来，这条直线和用尺子画的线相差无几，太神奇了。接着又是几条等距离的直线，之后又从左至右，又是几条直线与竖线条相交成一大小相等的格子，约翰·杰斯特龙先生看得出了神，他对苏先生说："也许这就是世界上最精美绝伦的文化！"

约翰·杰斯特龙先生有些不信邪，他拿着蜡刀学着小女用蜡刀先在蜡碗里蘸了蘸，然后在白布上画直线，谁知那蜡刀不听他的指挥，只在白布上留下了弯曲的线条，他颇有些失望，又画了第二次，还是弯的，再画第三次也是弯的，他只好放下蜡刀，不再画了，对小女说："你是我的老师，我是你的学生。"

小女重操蜡刀，蜡刀在白布上如行龙走蛇，动作娴熟。她们绘图时根本不打样，一切图案均出自心中，所绘的图案有方形、有圆形、有花草。从构图上有"二方连续"、"四方连续"，这些美术词汇可能她们从未听说过，但她们手中的刀却能轻易描绘出这样的图案，约翰·杰斯特龙先生对此佩服不已。

一张白布蜡画后还不能算是成品，还要放进染缸浸染多次，用清水漂洗后，再用清水煮沸，将蜡融化之后方显图案的本色。但约翰·杰斯特龙先生等不及成品出来，要小女双手拿着画好的蜡染照相。

“课题组”调查了寨上的鬼司，鬼司，顾名思义，是专门和鬼打交道的人，在苗族社区是神圣的职业，相当于西方人眼里的神父，但鬼司和神父又有不同的地方，神父是专业化和职业化，鬼司非职业化，他的经济来源主要靠农业收入，因此耕田种地是他的主业，而做鬼司的事则是他的副业。鬼司这种职业起源于原始社会，那时对发生的一切自然现象不能解释，自然现象成为人们头脑中主观的臆想，各种各样的鬼充斥着人类社会。到了奴隶社会又有了大的发展，封建社会到了它的高峰时期。随着工业社会的诞生，科学技术的进步，鬼司这一职业也逐渐走向衰落，但在农村，特别在民族地区鬼司仍然存在。

陇戛苗寨的苗民是多神崇拜，他们崇拜山、崇拜石头，崇拜树，又特别相信鬼神，他们认为有一个鬼的世界存在，人生老病死都与鬼有联系，所以鬼司在苗寨是一个神秘而又神圣人物，许多活动都离不开他。每年寨里的一些重大的祭祀活动需要他择日举行仪式，寨里的红白喜事要请他看“期程”，选宅基地和立房子要请他来定“乾坤”，甚至寨里有人生病，虽然去了医院，但还不放心，还要请他卜卦驱鬼，用村民的话来说是“神药两解”，如果光看病吃药，鬼还缠身，所以一定是要请鬼师驱鬼。

鬼司姓熊，名义安，四十开外。苏先生问起鬼司看病、算卦的事，鬼司说，他说 16 岁时因得了一场病，没有钱进医院，只好到山里去求神仙，他拜了山里的一棵古树，晚上做了一个梦，梦见神仙来给他治病，教他认草药，还教他念咒语，特别讲了草药生长的地方，并叮嘱他不要给任何人说，被别人知道了就不灵验了，他醒来是一场梦。这场梦却唤起了他儿时的记忆，他小时拉肚子拉得脱了水，是他的父亲背着他在对门山上采的草药熬汤给他服用好的，他记得这个地方，于是他上山找来了这根草药，把病治好了。寨里的人见他的病好了都感到奇怪，问是谁把他的病治好了，他将他做的梦讲给寨里的人听了之后，寨里的人都很相信，知道是神仙给他治好的病，知道是神仙教他认草药、念咒语。后来寨里有人生病都来找他看。他说他只能治拉肚子的病，其他病治不了，只能为生病的人驱鬼。

据鬼司介绍说，村寨的青年男女的婚姻虽然得到了父母的同意，婚姻能否缔结，仍然要找他打鸡卦来最后作出决定，如果是顺卦就可以结拜为夫妻。

在陇戛寨，老人去世需要请鬼司开路，举行“打戛”也要由鬼司来安排，他的话孝家必须遵照执行。比如要孝家给死者扎“戛房”，祭典要按照早、中、晚三次在“戛房”进行，绕戛时，由一位德高望重的老人用反搓的草绳牵着牛，由鬼司颂经绕戛房，再由鬼司主持祭典活动。鬼司挥刀舞剑，20 多人吹奏唢呐，芦笙、牛角等绕“戛房”，呐喊声响成一片，女人们在这里相互摇着哭丧，为死者驱鬼逐妖。绕戛结束后，还是由鬼司指挥众亲友将灵柩抬出“戛房”，并砍倒“戛房”，整个打戛过程中鬼司是“总导演”。举行“开路”和“下葬”仍由鬼司主持，丧事过三天之后，最后由鬼司来举行亡灵与孝家的告别仪式，葬礼才画上句号。

与之不同是黔东南地区苗寨的鬼司，能作法回到阴间和死去的人对话，他是阴阳两界之间的使者，在去“阴间”之前照样是点燃香烛，然后闭上双眼，双臂做腾飞状，口中念念有词，此时他正在腾云驾雾，朝着“阴间”飞去。不多时到了“阴间”，开始和死者对话，找到了驱鬼的上方宝剑之后，再做腾云状回到阳间，为病人驱鬼。

陇戛寨的鬼司对天干地支，阴阳五行、卜卦择地无一不精通。由于他具备了做鬼司的知识，所以他成为村寨的不可取代的人物，是村寨里公认的“精神领袖”。

“课题组”要看“打亲”活动。

所谓“打亲”，是一位青年男子要到寨里某女子家来求婚，寨里的10多个姑娘都又汇集到这位被求婚的女子家来，她们分别站在女子家大门口的两边，手里拿着一根竹条或树条，等待着这位求婚男子的到来，待这位男子来时，姑娘们便用手中的竹条不断地抽打着这位求婚的青年，打的目的是不让这位青年将寨里的姑娘娶走，这位求婚的青年只有迅速地往家里跑，才能免遭姑娘们的鞭打。

“打亲”活动安排在接待室进行，接待室是整个寨子最好的一栋房子，但屋子里仍有一些阴冷，点了几盏煤油灯，光线很差，录像只能凑合。女方家的亲戚近十来个人都来到了接待室，全是男性。这位求婚的青年要向在坐的亲戚求亲，到每一个人的面前都要下跪，说一通求婚的话，直到被求者点头为止。“打亲”的时间本来不很长了，但约翰·杰斯特龙先生对所有被求婚者的话都要记录下来，这必须要经过翻译才能够将求婚者的话语传达给约翰·杰斯特龙先生。采访时，翻译就多了两个环节，即将苗语译成贵州话，把贵州话说成普通话，再把普通话翻译成英语；反之，也是如此。如此一来，采访花费的时间就很多了，从吃了晚饭6点后开始工作，一直到深夜12点多才结束。

4. 对在梭戛建立中国第一座生态博物馆的论证

“课题组”4月29日回到贵阳，用两天的时间对已考察的5个点进行比较，由安来顺先生执笔，撰写了《在贵州省梭戛乡建立中国第一座生态博物馆的可行性研究报告》（简称《报告》）。5月1日，在贵州省文化厅举行报告会，参加报告会的有贵州省政府办公厅的有关领导和贵州文博界的专家。

《报告》全文8320字，共分四个部分，关于什么是生态博物馆的问题，《报告》说：“生态博物馆是建立在这样一个基本观点之上，即文化遗产应原状地保护和保存在其所属社区及环境之中，从这种意义上讲，社区的面积等同于博物馆的面积；在生态博物馆中，文化遗产、自然景观、建筑、可移动实物、传统风俗等一系列文化因素均有特定的价值和意义；传统博物馆被清晰地界定为拥有一定藏品和特定的博物馆建筑，而生态博物馆则被看作保存和理解某一特定群体的全部文化内涵（包括物质的，也包括非物质的文化因素）长效工作方法。生态博物馆概念中，包括以下关键词：社区区域、遗产、社区人民、参与、生态学和文化特征。”

《报告》对在梭戛苗族社区建立中国第一座生态博物馆从以下几个方面进行了论证：

（1）自然环境。整个村寨隐蔽在高山中，距公路有 4 公里，从外面完全看不到村寨，村寨的后面是一片原始森林。对面山上，建有石头营盘，很显然，他们是出于战争的考虑而选定了这个易守难攻的寨址。其他 11 个村寨也同样建在高山隐蔽处。这个群体很可能是被战争驱赶或逃避其他的迫害到深山中并定居下来。如今陇戛寨的自然环境仍然保持着几百年前的面貌，只有一条 1994 年才开通的公路通到山上，成为封闭的村寨与外界联系的唯一通道。

（2）历史。据已有 69 高龄的寨老熊振清先生回忆，其祖父说，这个寨子已有 200 多年的历史，200 多年前，其先辈从外地被驱赶到此定居，最初只有 5 户人家，现已传至 10 代，目前，全寨共有 97 户，490 人。陇戛寨还有一些老人，通过他们的口碑历史，参考当地的方志，我们大体可以理清此村寨 200 多年历史的脉络。

（3）经济。陇戛寨仍然处于自然经济状态。由于高山水资源匮乏，寨民们开垦旱地种粮，且产量很低，每年有近 3 个月要到山下背水，以解决饮水、用水问题。人们的生活非常艰苦，寨中养有猪、牛、旱鸭等家禽家畜。由于牛是农业生产的主要畜力，所以备受寨民的崇敬，牛角也就成为崇拜物戴在头上。衣服为各家自制，从种植到织布，到染色，到刺绣均在家庭内完成，所以，陇戛村寨基本上处于男耕女织的自然经济状态。

（4）文化。陇戛寨的音乐、舞蹈有独特的风格。长筒三眼箫吹奏的音乐，低调徘徊，如同诉说着战争给他们带来的苦难。芦笙、木叶吹奏的欢快调子，仍然显得不够高亢，不像其他苗族那样短促、明快。礼仪较丰富，男方向女方求婚的仪式要进行一两天，丧葬仪式隆重，遇有死人，12 个寨子都来送礼致哀，寨老在竹竿上刻划符号，记载礼品数量，以便日后还礼。

（5）教育。目前寨子里有一座简陋的学校，设有苗族、汉族两种课程，据称，寨子中最高文化程度已达到初中，多数女孩仍不上学，以刺绣和家务劳动为主。古老的刻竹记事的符号，只有寨老和少数人才能识别。

（6）建筑。全寨仍然是草顶泥墙房屋，还没有现代建筑出现，每户三间草房，在左手第一间设有一年不熄的火炉，做饭、取暖、煮蜡都靠这个火炉。它象征着这户人家的生活红火，因此，全家人都保护这炉火，使其常年不熄。

（7）宗教。苗族信奉多神教。陇戛寨信奉山神，所以每年祭山，鬼司是寨子的宗教领袖，也是精神领袖。他给寨民算命，治病、看风水，还主持祭山、驱鬼，是全寨的精神支柱，享有很高的威望。

（8）日常生活。陇戛寨由三个领袖管理，一是寨主，二是寨老，三是鬼司。寨主是行政管理领袖，寨老是道德领袖，鬼司是精神领袖。这三位领袖都不是选举的，而是在长期生活中自然形成的，其权威地位的产生不需要任何形式。这种管理方式是非常原始的，但又是非常公平的，既不需要竞选，也不需要任命，当地政府在陇戛村寨也任命一名村长，以便与政府保持联系，而这位村长也恰恰是寨主，自然会得到寨民的认可，不过人们不把他称为村长，仍认为他是寨主。

《报告》结论说，从以上情况粗略分析，我们可以看出，陇戛村寨的自然环境、社会结构、经济状况和精神生活仍然保存在一种比较完整的文化生态中，这是一个难得的、活生生的文化整体。尤其可贵的是，这支长角苗族在全世界只有这个社区有4000多人，因此，该文化已经成为全世界文化遗产的一部分，具有很高的保存价值。

5. 如何建立梭戛生态博物馆

如何在梭戛建立生态博物馆，《报告》从4个方面作了说明：

（一）建立（长角）苗族资料信息中心。

《报告》对资料信息中心的功能作了如下阐述：

——作为信息库，记录和储存着本社区特定文化的信息。如，录音记录下来的口碑历史、文字资料、具有特殊意义的实物、文化普查的清单和其他属于本社区的遗产。这个信息库不仅为本地的居民保护和学习自己的文化提供了广博的知识资源，而且为外来参观者和研究者提供了有关本文化的必要信息。

——作为一个参观中心，它利用一个小型的展览向观众介绍即将参观的特定文化的基本情况，并告诉人们作为一名观众（或客人）的行为要求，以及他们将要看到和经历什么，这些工作可以通过视听媒体来完成。

——作为博物馆工作人员的工作场所，为专职工作人员或自愿者提供必要的工作设施。

——作为社区服务场所，提供餐饮、会议室等服务。

根据资料信息中心的功能，《报告》对该中心建筑内容作出了建议。

——（长角）苗族档案室（20平方米）

——工作人员办公室（48平方米）

——简介性展览和视听室（90 平方米）

——餐饮和商店（40 平方米）

——盥洗和其他服务设性空间（20 平方米）

总面积 218 平方米。

《报告》对资料信息中心建筑的建材和建筑风格作了说明：资料信息中心的建筑材料应符合防火要求，建筑外观应与陇戛苗寨的建筑风格相一致。应为今后的可能性扩建留出适当的空间。陇戛苗寨的工匠应参与策划和建设工作。

对于资料信息中心的选址，《报告》认为，“课题组”之所以建议将资料信息中心建在梭戛乡而不建在陇戛寨是出于下列三点考虑：如果建在陇戛寨，将破坏全寨的整体文化风貌，建在梭戛将为今后的可能扩建留出适当的余地和将来为整个梭戛社区增添一项文化设施和旅游景点。

（二）对陇戛苗寨的原状保护。

《报告》强调应尽可能多地保存陇戛村寨文化、历史见证物，即保存全村寨的建筑价值是非常重要的。村内许多建筑已年久失修，所以，在根据原有结构、使用原有技术进行维修的前提下，应注意建筑出现大的改动的可能性。

在村内 100 多处现存建筑中，至少 4 处或 5 处应保持原有状态，作出科学记录。博物馆应对这些建筑作必要的说明和讲解。而对其他 90 余处建筑，应要求所有者至少按原定保存建筑中有火炉的一间，对其他房间的内部改善是可以接受的。

村寨内的工匠具有高超的技艺并熟悉他们的传统技术，他们每年中可有半年时间从事维修工作。在项目的开始阶段，这些工匠必须加以必要的培训，以使他们了解文物保护的基本原则。博物馆应提供所需要的具体的传统建筑材料。

在加固和维修工作中，还应重视保存那些次要建筑，如牛棚、储藏室等。这些建筑构成了陇戛苗寨文化整体的一部分。

同时，对陇戛村寨进行进一步的文化普查是必要的，普查将从文化遗产保护的角度为优先解决哪些问题提供足够的信息。

（三）建立组织结构。

《报告》认为梭戛社区生态博物馆的组织机构将遵循生态博物馆的一般原则，强化苗族文化的特性，尊重苗族的自治传统，并加以必要的法律、方针政策的指导。因此生态博物馆必须分为两个阶段进行：

（1）建设阶段

建设阶段应包括三个组织：一是建馆领导小组，主要负责法律和方针政策方面的领导，主持建设资金的筹措，并对设施建设的质量实施监督和检查。领导小组由省、市和区级文化文物主管部门的代表组成。二是科学咨询小组。主要负责博物馆学科方面的学术咨询和指导。协助在国内外的宣传和推广，推动出版活动，对建设项目的学术质量作出评估。本科学咨询小组由中国博物馆学会和挪威的专家组成。三是策划建设小组。主要负责资料信息中心建设的具体策划和实施，主持陇戛村寨建设的加固和维修，组织对（长角）苗族资料的科学调查、整理和研究工作。策划建设小组由市和区级文化文物主管部门的代表、12 个苗寨的公认代表和具有相应资格的建筑技术人员、管理人员和财会人员组成。

（2）开放阶段

随着建设项目的结束，生态博物馆的组织结构中心和管理权将逐渐向梭戛社区转移。在本阶段应建立一个管理委员会并保留经过调整的科学咨询小组。一是管理委员会，负责资料信息中心建设的日常运作和管理，协助陇戛村寨的原状保护和寨内有关演示活动的管理。管理委员会由区级文化主管部门的代表、12 个苗寨的公认代表和具有相应资格的管理人员和财会人员组成。在管理委员会中，当地苗族代表应占多数。二是科学咨询小组主要负责博物馆学科方面的学术咨询和指导，协助国内外的宣传和推广，推动出版活动。本科学咨询小组由中国博物馆学会、贵州省和挪威的专家组成。在开放一段时间后，科学咨询工作主要由贵州省专家承担。

（四）财政安排有两个方面的内容：一是必须开支的项目；二是资金的来源和筹措。

（1）开支项目

——（长角）苗族资料信息中心的建设（包括：中心的建筑、视听设备的购置、简介性展览的设计和制作、档案室的建设、办公室设备的购置和工作人员的工资）；

——陇戛村寨的原状保护（包括建筑的外部加固和内部改善，寨内演示活动及其报酬）；

——对（长角）苗族资料的收集、整理、研究和出版。

（2）资金的来源和筹措

——省、市、特区文化部门的专项拨款；

——通过科学顾问和行政渠道寻求国家文物主管部门的拨款；

——敦促中国博物馆学会与挪威政府开发两国间新的专项合作项目，以寻求来自国外的可能性赞助；

——服务性设施的可能性补偿。

《报告》认为，开发梭戛社区生态博物馆的宗旨在于保护（长角）苗族的文化特性和推动本社区社会经济的发展，所以，本生态博物馆的任何可能性经济收益均应服务于上述两项宗旨。

《报告》最后认为，“课题组”已考察的镇山布依寨、堂安侗寨、隆里古城三处不同文化的社区具有开发生态博物馆的巨大潜力，这些地方的人民具有强烈的民族文化自豪感，希望外界了解他们独特的文化，各级政府亦有开发这些民族文化资源的强烈愿望，一个分别代表着苗族、侗族、布依族、汉族四个民族的生态博物馆群在贵州的形成有着令人乐观的前景，应在对梭戛社区生态博物馆的建设经验基础上，对其他三处村寨（古城）建立生态博物馆的可行性作出规划和研究。

6. 梭戛生态博物馆项目获得政府批准

1995 年 6 月 8 日，贵州省文化厅向贵州省人民政府呈送了《关于在我省六枝梭戛乡建立中国第一座生态博物馆的请示》（以下简称《请示》），《请示》对在贵州建立中国第一座生态博物馆的目的、意义以及建立生态博物馆的组织机构、项目安排、经费筹措等作了陈述。

1995 年 6 月 21 日，贵州省人民政府以黔府〔1995〕106 号作了批复："省文化厅：你厅黔文物〔1995〕15 号文收悉，省人民政府同意在我省六盘水市六枝特区梭戛苗族彝族回族乡陇戛村建立中国第一座生态博物馆，有关建馆具体事宜，请你厅径与有关部门联系办理。"

抄送单位有：国家文物局、中国博物馆学会、省计委、民委、财政厅、建设厅、旅游局、六盘水市人民政府、六枝特区人民政府。

1996 年 11 月 1 日，中国博物馆学会向国家文物局呈送了《中国博物馆学会与挪威开发合作署官员关于合作建设贵州梭戛生态博物馆第二次会谈的报告》，国家文物局于 11 月 27 日对《报告》作了批复："中国博物馆学会：你会 11 月 1 日《中国博物馆学会与挪威开发合作署关于合作建设贵州梭戛生态博物馆第二次会谈的报告》收悉，我局认为，由你会和挪威开发合作署合作开发在贵州梭戛建设生态博物馆，对于丰富我国博物馆品种，建立具有民族特色的博物馆很有意义。我局将对该馆的建设给予必要的指导和支持。对你会《报告》中所列各点，我局均表示同意，此复。一九九六年十一月二十七日（章）"。

7. 梭戛社区的文化调查

梭戛生态博物馆可行性研究报告说："对陇戛村寨进一步的文化普查是必要的，普查将为从文化遗产保护的角度优先解决那些问题提供足够的信息。"这是建馆之前必须要做的一项重要工作。

1996年9月11日，由贵州省文化厅组织了以文物部门为主体的包括特区、乡领导、村长参加的文化调查小组。调查组成员有：省文化厅文物处张勇（任调查组组长）、六枝特区文化局副局长伍贤富（任副组长）、文管所所长徐美陵、文化馆原馆长黄明友，梭戛乡成员包括党委书记毛世忠、副乡长刘晓林、刘景学，乡干部何向东，陇戛村村长杨洪祥（苗族）等9人。调查时间在半个月左右。贵州省文化厅拨款5万元作为"梭戛社区文化调查"专项经费。

1996年9月，调查组开拔梭戛社区。以长角为头饰的苗族文化社区已经超出了梭戛乡管辖的行政范围，其中还有5个自然村寨分布在六枝特区毗邻的织金县境，一共有12个村寨，总面积达120平方公里。社区内，村与村之间有乡村公路相连，但这些乡村公路只有极少的地段能通吉普车。

调查组前后用了17天的时间，将12个村寨调查完毕。10月21日至25日，调查组张勇、伍贤富、徐美陵、黄明友写出了3万余字的社区社会调查报告。报告共分12个部分，即：一、概况；二、建筑；三、生产生活；四、工艺技术；五、头饰服饰；六、文化教育；七、社会结构；八、风俗习惯；九、节日活动；十、宗教礼仪；十一、音乐舞蹈；十二、民间文学。此外，还附了一张六枝、织金交界分布图。这是调查组成员用辛勤的汗水换来的丰硕成果，已成为梭戛生态博物馆资料的一个重要的组成部分。

8. 资料信息中心的选址

关于资料信息中心的选址，《在贵州省梭戛乡建立中国第一座生态博物馆的可行性研究报告》中说："课题组之所以建议将资料信息中心建在梭戛乡而不建在陇戛村是出于下列三点考虑：如果建在陇戛，将破坏全寨的整体风貌，建在梭戛将为今后可能的扩建留出适当的余地和将为整个梭戛社区增添一项文化设施和旅游景点。"这段话对资料信息中心的选址阐述得很清楚，简言之，除陇戛寨之外，选址可以在其他地方考虑。

1996 年 7 月 28 日，第一次选址是在距梭戛乡政府约 3 公里的公路边，这里是一个苗族、布依族杂居的小村寨，这支苗族他称"歪梳苗"，与陇戛的长角苗在文化上有很大的差异。自然环境和交通都优于陇戛苗寨，村寨旁有一股较大的泉水在哗哗地流淌，还有一口用料石镶砌的水井。在陇戛寨最缺的就是水，整个陇戛寨 100 多户人家就靠寨脚一口井解决人蓄饮水之用，一年中就有半年多的枯水期。建资料信息中心没有水不行，第一次选址无论是距离梭戛乡政府所在地还是箐苗社区的中心寨——陇戛寨太远，约 7 公里，只好放弃。

为了慎重起见，第二次选址将范围锁定在梭戛乡政府所在地的范围内，梭戛乡毛世忠乡长对当地的情况了如指掌，他说在乡政府左侧约 1 公里的地方有一户古民居，那里有一口井，现在是一个彝族村寨，只有几十户人家，掩映在一片树丛中，由于地势较低，所以村寨藏而不露。当我们来到此处调查时，寨子里的确有一口井，但水量不大，仅能供村寨饮用。至于那一栋四合院古民居，也十分破败，还残留有石天井、石梯子、石板路。门窗木雕虽精工，但损坏严重，此处不很理想，只好放弃。然后我们又到了乡政府右边的山腰上，这里地形开阔，但四周荒芜，且缺水，与箐苗社区没有任何联系，比彝族寨子还差，只好再次放弃。

笔者参与资料信息中心选址

8 月 15 日进行第三次选址，直接进入了箐苗社区中心寨陇戛。陇戛寨坐落在半山腰上，左边是营盘山，右下边是一座小山，山上古木葱茏，当地苗族人称之为“神山”，每年三月初，寨老则带着全寨人在“神山”举行祭山活动。就在“神山”的旁边有一块台地，是一块辣椒地，有两亩多宽，这在陇戛寨是最宽最平的一块地了，距寨子不到 100 米，和寨子不在一个平面上，落差大约有 30 米。既有联系但又相互隔离，互不干扰。在辣椒地的西面有一口井，是全寨唯一的一口井，虽说枯水期有半年，但仍有半年的时间有水可以饮用。这是一块“风水宝地”，和前两次的选址比较，各有所长。这块辣椒地最大的长处是紧靠陇戛寨，使资料信息中心建在（长角）苗族文化的“根”上，但又不破坏寨子的风貌。“神山”的树木密集，在整个梭戛社区是很难见到这样的山林了。经与有关方面讨论，第三次选址得以初步确定。

最后请项目领导小组组长苏东海先生定夺。9 月 22 日，苏先生来到陇戛寨资料信息中心的选址，他说："这里很好，有浓郁的苗民生活气息，就定在这里。"他也没有提到可行性研究报告中的选址意见，意见中明确提出要在乡政府附近选址，他是否忘记了，笔者提醒他，他说："在乡政府附近选址不符合梭戛生态博物馆的实际，不如在陇戛好。"

10月3日，六枝特区党委、政府根据苏东海先生对梭戛生态博物馆资料信息中心选址的最后确定的意见，召开生态博物馆立项、用地等专题会议。

10月28日，六枝特区政府〔1996〕六府字14号文正式批准了资料信息中心的用地，29日，六盘水市政府〔1996〕78号文，批准了该中心的用地。

9. 资料信息中心的建筑设计

资料信息中心建筑的设计是由贵州省建筑设计研究院的李多扶副总工程师来承担（人们称他为"李工"）。李工是一位资深的建筑设计师，山东人，早年毕业于清华大学建筑专业，20世纪60年代到贵州工作，他潜心于贵州的古建筑和民族建筑研究，特别是对民族建筑情有独钟，曾和贵州省文物部门的同志深入侗乡苗寨搞建筑调查，他被省文物部门聘为文物保护顾问。

李工是按照可行性研究报告"资料中心的建筑材料应符合防火要求，建筑外观应与陇戛苗寨的建筑风格相一致"的要求来设计的。

在接受设计任务之前，他提出要到梭戛看资料信息中心的选址和对苗族民居作调查。1996年8月初，笔者陪同李工到陇戛寨资料信息中心的选址，他现场测量了这块不到3亩的选址地，然后又对选址地周围的地形作了调查，并在草图上一一作了记录。

进寨后，李工对传统民居作了详尽的调查，包括民居的用材、梁架结构、装修、门窗式样、屋面等的调查。特别是传统工艺技艺的调查尤为仔细。

让李工感到迷惑的是陇戛寨民居的屋面的坡面比较平缓，这样的屋面应该是瓦屋面，为何是草屋面？是否最早盖瓦，后来是否因买瓦发生了困难而改成了盖草？李工询问了寨子里年纪大的几位老人，他们都说从来都是盖的草，没有盖过瓦。然后李工又找来锄头在民居的周围刨了一阵子，也没有发现有瓦片的残片，一时难以找出答案。

李工对着这些屋面画了一个草图，说，如果资料信息中心的建筑是采用草屋面的话，那么水步要提高，下雨时水就流得更快一些，这样的改动会影响建筑的形象，但从视角上显得更雄奇。

在调查中，李工发现陇戛寨的木建筑民居都是横装板，他说这就是黔西北苗族民居装修的风格，与黔东南苗族民居迥然不同，这种装修的最大特点就是工序既简化而又坚固，决定采用这种装修工艺。

李工对门窗的结构都画了图，两次间开的侧门其上为半圆形，民间称之为“月亮门”，这种门旧时在汉族地区的大户人家的住宅有这种做法，由此可见各民族在建筑文化上早就有交流和借鉴。

为了对梭戛箐苗社区的建筑作一个全面的了解，李工又提出再到几个村寨作一些调查，这几个村寨的建筑形式与陇戛寨基本相同，没有新的建筑类型发现。

两个月之后，李工已将梭戛生态博物馆资料信息中心的设计图全部完成。一共有60多张图，分为三个部分：一是总平面图；二是结构图；三是部件的放大图。从总平面图来看，三组建筑均在一个平面上，坐东向西，面向陇戛寨，但平面布局没有用对称手法，这是出于与村寨民居的布局相统一的考虑。三组建筑的平面呈阶梯状，使非常有限的用地在三组建筑的组合下显得很开阔，在局部的不对称中求得整体的大对称，即以右边的“神山”

和左边的土山为两翼，在距离新寨门最远的一组建筑的正大门求出一条中轴线，这条轴线长 60 多米，具有强烈的透视效果，使整体设计平中出奇。大门的设计突出了长角苗族的头饰象征，大门由两根石柱为门框，其上横着一根犹如妇女头上戴着的木角，两端略往上翘，很有象征意义。

在建筑材料和色彩的运用上，房架为石木结构，构架全系穿斗，石墙为防护墙，外墙上灰浆，仿土墙颜色；每栋房屋面阔三间，明间带“吞口”，次间为“月亮门”，小格子窗。屋面为“两坡水”，水步较陡，易于排水。地面下设计为地炉，地炉是借鉴东北地区烧炕的原理，我们担心是否可行，这要在以后的使用中才得以验证。

10. 中挪文化合作项目——梭戛生态博物馆达成协议

第一次会谈

1995 年 6 月 26 日，中国博物馆学会常务理事、贵州生态博物馆“课题组”组长苏东海先生在挪威出席国际博物馆协会大会期间，受中国博物馆学会和贵州省政府的全权委托，与挪威开发合作署文化局局长图德汉姆先生就中挪合作开发中国第一座生态博物馆进行了第一次会谈，并递交了《在贵州省梭戛乡建立中国第一座生态博物馆的可行性研究报告》，挪方对报告进行了充分的讨论，认为，这一项目对于在该地区保护自然环境和民族文化遗产具有重要的价值，对于中国博物馆界的学术研究具有科学价值和推广新型博物馆的实践价值。挪威开发合作署还认为，中国博物馆学会是可靠的合作者，中国国家文物局是本项目的有力支持者。

1996 年，挪威开发合作署作出决定，向本项目提供 70 万元挪威克朗（折合人民币 88 万元）的资金支持。挪方认为，这一项目具有很大的发展前景，存在着继续支持和扩大合作的巨大潜力。

中方认为，贵州省政府已下文正式决定在该省六盘水市六枝特区梭戛乡建立中国第一座生态博物馆，并为此建立了专门机构协调项目的实施。六枝特区政府为建资料信息中心已征购土地1.3万平方米，价值为136万元。省、市、区文化部门已开始科学调查工作，征集了该地区第一批历史文物和民族文物，录制了第一批音像资料。中国国家文物局投入30万元文物征集费和库房修建费用，这一支持项目已列入国家文物局1996年年度预算。

中国博物馆学会已正式聘请国家文物局马自树副局长担任这一项目领导小组顾问。贵州省政府副秘书长曹新忠担任本项目实施小组顾问。

第二次会谈

挪威开发合作署为了对中挪文化合作项目——梭戛生态博物馆的筹建情况进一步了解，1996年8月，特派该署高级建筑顾问阿蒙德·辛丁拉森先生来华，与中国博物馆学会全权代表苏东海先生就该署向正在规划和建设中的中国梭戛生态博物馆的无偿援助进行磋商。

1996年8月20日，笔者接到苏东海先生的电话，要求笔者和贵州省文化厅王恒富厅长在本月24日到北京参与挪威开发合作署高级建筑顾问阿蒙德·辛丁拉森先生会谈，要贵州方面做好梭戛生态博物馆的前期准备情况汇报。

8月24日上午10点，中挪双方代表在国家博物馆接待厅举行会谈，安来顺先生担任翻译，会谈由苏东海先生主持。苏先生把对贵州生态博物馆考察和建馆的目的意义以及中国国家文物局、中国博物馆学会对该项目的支持意见作了通报，接着由王恒富厅长把贵州省文化保护的基本情况以及对梭戛生态博物馆项目的支持作了较全面的介绍，并将贵州省副省长龚贤永给挪威开发合作署总干事的一封信递交给阿蒙德·辛丁拉森先生；笔者对梭戛生态博物馆的准备情况作了具体的陈述，并出示了贵州省政府对建梭戛生态博物馆的批文，出示了由贵州省建筑设计院副总工程师李多扶先生绘制的资料信息中心的平面图等，还附有文字和照片说明。阿蒙德·辛丁拉森先生仔细地看了一遍，不时点了点头。他和我们的对话并不多，他更多的是听取贵州方面对梭戛生态博物馆的情况陈述。他说，他将出一份会谈的文字报告给中挪双方的代表。

不到10天，贵州方面收到了阿蒙德·辛丁拉森先生的文字报告，题为《梭戛生态博物馆》。报告中写了三个问题，他在引言中写道："在我本人因此项目与挪威开发合作署联系之前对梭戛生态博物馆并不了解，自1995年7月以后，挪威开发合作署与负责此项目的非政府性机构中国博物馆学会之间的对话并不多，在北京与介入本项目的有关方面的会晤，只能是以非常富有建设性和愉快的洽谈为特征。"

"本项目将是生态博物馆概念国际性研究的试验个例，它将可能在贵州乃至中国引导出一系列相关的项目。本项目的延续与否主要取决于其是否具有开发性意义和其文献资料中心能否有效地根据当地社区的需要而进行工作，而且能为当地社区所使用。所以本项目的概念需要更好地建立起来。"

阿蒙德·辛丁拉森先生认为，由于本项目的概念关系到文化遗产、自然环境和当地社区在转化中发展问题为目标和衡量标准，本项目的概念非常具有挑战性和价值。

他认为中国博物馆学会与贵州省之间的联系是非常良好的，苏教授已任贵州省文物保护顾问多年，并将由省文化厅厅长监督本项目，贵州已为本项目的开发工作成立了包括苗族代表在内的富有经验的工作小组。

阿蒙德·辛丁拉森先生指出，相关的项目文件以及总体的项目程序仍需要进一步完善，建议对于生态博物馆的"运作阶段”的规划需要尽快开始。“建设阶段”和“运作阶段”必须做到平衡发展。在资料信息中心的建筑结构上要体现“苗族特征”，在设计和施工中要使用“当地苗族的工艺和材料”，在项目中要积极使用“苗族工匠”，从而为本地区培养新一代工匠作出贡献。

从阿蒙德·辛丁拉森先生提交的《报告》来看，他是中国博物馆学会与挪威开发合作署签订贵州生态博物馆项目的重要专家，他希望在合同讨论之前，中国博物馆学会协调并提供经有关出资方认可的最终项目进度表及其实施细节，要求合同条款达成一致，并在1996年11月签订合同。同时他认为，合同一经签订后，挪威开发合作署的资金应当能在1997年2月之前划入中国国家文物局为此项目建立的专门账号。

这次会谈为中国与挪威开发合作关于贵州梭戛生态博物馆项目的合作协议起了重要的作用。

11. 中挪文化合作项目协议内容

1996年8月20日，中国博物馆学会向挪威开发合作署递交信函，希望挪威开发合作署为贵州梭戛生态博物馆的建设提供支持。挪威开发合作署同意中国博物馆学会的要求，为此双方签订了如下协议。

第一条：范围和内容

1. 本协议中，挪威开发合作署向中国博物馆学会提供资助的条款和步骤是依据本协议附件1所作的表述。

挪威开发合作署所提供的资助是为了支持和补充中国博物馆学会1997年至1998年计划期间内开发贵州文化事业所作的努力。

2. 本项目已在1995年7月10日中国博物馆学会提供的项目文件（以下简称项目文件）中得以表述。

本合作的目标：支持和促进在生态环境中对文化遗产的了解和认识，保护梭戛社区苗族一个独特分支的全部自然和文化财产。

合作的目的：在梭戛建立一座生态博物馆。

3. 在计划期间内，用于本项目的资金总额预计为344.2万元人民币；

中方投入约计为256万元人民币。

第二条：合作——通报——管理

1. 挪威开发合作署与中国博物馆学会将通力合作，以保证本项目的目标得以成功实现，为此，各方将在认为必要时向对方提供所有与本项目相关的信息。

2. 中国博物馆学会将对项目负有全部责任。项目的组织结构（项目小组和工作实施小组）已在先前1996年8月20日提供的文件中作了表述。

第三条：挪威开发合作署的投入与义务

1. 挪威开发合作署将在国会所属经费中，根据有关条款和手续向中国博物馆学会提供不超过70万挪威克朗的财政资助，专用于本项目的部分财政支出。

2. 挪威开发合作署在遇到下列情况之一时，随时保留停止付款的权利：

——项目的发展与约定的目的和目标相违背时；

——在事实上出现脱离已达成一致的计划和预算；

——项目的财政管理不善。

3. 在被发现资金被错误使用或账目管理不善时，挪威开发合作署保留要求全部或部分返还已付资金的权利。

4. 在出现停止支付或要求返还情况出现之前，双方将共同协商，寻求解决方案。

5. 随本资助自然增值的任何利息，根据双方的书面协议可以被使用于本项目。

第四条：中国博物馆学会的投入和义务

中国博物馆学会将作出一切必要的努力使本项目得以成功完成，在这里，中国博物馆学会将：

1. 在1995年7月10日项目文件对项目所作描述及本协议附件2所列预算和进度表的基础上实施本项目。

2. 确保本资金如实反映与当地认可的开发计划中，会计账目要遵循可以被广泛认可的记账惯例。

3. 为本捐款及第一条第三款所述的中方投入所可能的要求，提供资格可靠的当地人员及财政和其他资源，以便本项目成功完成。

4. 协助获得所有涉及本项目实施中所可能需要的必要的批准手续、进口许可证和外汇兑换。

5. 及时通知挪威开发合作署所有阻碍或威胁阻碍本项目成功实施的任何情况。

6. 协助挪威方面的代表出于本协议相关的目的获得访问中国任何地方的许可，考查所有相关的记录、物资和文件。

第五条：采购

1. 中国博物馆学会承担本项目所有物资的采购和选择决定服务性活动，并负责所有合同的签订。

有关合同的复印件要同时提供给挪威开发合作署作为资料。

2. 所有采购活动将遵循普遍接受的原则和物资采购惯例，遵循中国有关物资采购活动的规章制度。

第六条：支付

1. 中国博物馆学会依据下列条款提出支付资金要求：

在本协议签订之后即汇入35万挪威克朗。

本项目第二年的支付要求将根据并结合业已得到认可的1997年度报告，并附一份会计审计报告。任何一笔已经汇出但尚未完全使用的资金，如果有利息，包括利息在内，都应支付要求提出时予以考虑。

2. 资金将汇入挪威开发合作署要求并认可的国家文物局为此设立的专项的可以立即使用的账号中。

国家文物局将即刻以书面的方式通知资金已经收到。

第七条：报告

1. 挪威开发合作署将收到项目的进展报告和项目的年度审计报告，审计报告由一个外部的、国际认可的审计部门承担。

1998年4月1日，截止到1997年12月31日阶段；

1999年4月1日，截止到1998年12月31日阶段；

终结报告，不迟于1999年6月1日。

审计报告将证明：

——审计期间所遵循的原则；

——资金的全部流通情况，从相关中心部门收到资金至资金在各种活动中的实际使用情况；

——具体、准确的账目数字及在本项目的实际反映；

——审计中的任何重要说明。

进展报告和终结报告以本协议附件3所提供的格式提交。

2. 挪威开发合作署在其认为必要时对本项目进行独立的考察和评估。

第八条：生效——期满——终止

本协议自签字之日起生效，有效期至双方完成其所规定的义务时，双方共同协商义务是否完成。对前款如有异议，双方可以终止本协议，并于3个月内以书面方式通知另一方。

本协议经双方代表签字，正本一式二份，用英文书写。

挪威开发合作署（职务）　中国博物馆学会（职务）

12. 中挪文化合作项目——梭戛生态博物馆正式签字

中挪两次会谈之后，于1997年10月23日，中国国家主席江泽民和挪威国王哈拉尔五世、王后宋雅在北京人民大会堂出席了《挪威开发合作署与中国博物馆学会关于中国贵州梭戛生态博物馆的协议》签字仪式。中国国家文物局张文彬局长和挪威外交大臣沃勒拜克分别代表中国和挪威政府在协议上签字。出席签字仪式的还有国务院副总理钱其琛、全国人大副委员长王汉斌、全国政协副主席朱光亚、国家科委副主任朱丽兰、中国驻挪威大使朱应鹿、挪威驻华大使白山等。

中国《文物报》11月2日报道说，《挪威开发合作署与中国博物馆学会关于中国贵州省梭戛生态博物馆的协议》列入1996年《中挪1995—1997文化交流项目》之中。这一项目的任务是中国和挪威博物馆学家合作在贵州创建中国第一座生态博物馆，贵州省政府据此作出了在梭戛乡建立中国第一座生态博物馆的决定并立即开始了前期准备工作，国家文物局对此项目十分重视，拨付了建设经费。挪威开发合作署根据中国博物馆学会的申请，对此项目给予了财政支持，目前建馆的各项工作进行顺利。

生态博物馆是国际博物馆界开发的一种新的博物馆形态，是对社区（包括民族社区）的自然遗产和人文遗产进行整体保护的新形式，整个社区就是一座生态博物馆，它以各种方式记载和保护这个社区的自然环境和文化精华，并推动这个社区向前发展。生态博物馆是博物馆融入社会的新探索，全世界已有300多座生态博物馆，分布在欧美地区。中国第一座生态博物馆是参照外国经验，根据中国的实际开发的，它将会是一座具有中国特色的生态博物馆。

13. 梭戛生态博物馆建设会议

1997年1月31日，贵州省文化厅与六枝特区党委、政府在贵阳研究梭戛生态博物馆资料信息中心建设中提出了三个问题：一是经费到位情况；二是建设用地情况；三是对李多扶先生负责设计的资料信息中心设计图的认定。

经费有关方面均已拨付到位：国家文物局20万元、省政府20万元、文化厅20万元，挪威70万挪威克朗（折合人民币80万元，已拨到国家文物局），先期拨付20万元，以保证资料信息中心建筑的开工。

建设用地：已经六盘水市和六枝特区土管局批准，取得了土地使用证，征地面积20亩，为了不占用村民的耕地，20亩地包括“神山”在内，除“神山”外，实际用地还不到4亩。

李多扶先生的设计图一共有60多张，有平面图、建筑施工图和局部放大图。平面图布局为梯形，房屋坐东向西，但每栋房屋大门都有自己的中轴线，互不遮挡，形成曲线形的建筑空间。在不到4亩的土地上，由于建筑均向后移，使前面的院坝显得十分宽敞和舒展，这是一个建筑师设计的高超之处。这栋建筑为石木结构，面扩三间、两层，其形制和陇戛寨苗族民居相同，明间有“吞口”，两侧次间的门框为“半月门”，木结构部分的板壁为横装板，此装板采取苗族民居装板工艺。屋面为“两坡水”，其上覆盖茅草。此屋面也与陇戛寨苗族民居屋面同。从生态博物馆的建筑理念来讲，资料信息中心建筑应是陇戛寨苗族民居建筑传统工艺的传承和创新，该中心体现在创新上是屋面的坡度角度小于苗居屋面的坡度，下雨时屋面水流更快，停留时间缩短。其次，为了使用功能的需要，将室内烧火炉改成烧地炉，这样使室内更加暖和、卫生。与会者一致同意李多扶先生的设计。

14. 资料信息中心破土动工

资料信息中心由贵州镇远古建筑工程队承建，镇远古建筑工程队成立于20世纪80年代，是一支民办古建筑工程队，队长潘光福系镇远县的一位民间能工巧匠，1986年曾参加过全国重点文物保护单位镇远青龙洞的维修，90年代初成立了由省建设部门批准的具有资质的古建筑工程队，先后承担贵州境内部分省级文物保护单位的维修。

建筑施工由六技特区文化馆徐美陵馆长负总责。徐馆长是贵州省的老文物工作者，20世纪80年代被借调到贵州省文化厅文物处参加近一年的古建筑和民族建族的测绘，具有一定的古建筑维修知识，对文物工作十分敬业。他是文化馆长同时又兼文管所所长。梭戛生态博物馆的调查、建设筹备他都处在第一线，资料信息中心工程的建设施工他是最合适的人选。

资料信息中心的开工时间根据六枝特区党委、政府的意见定于1997年6月10日。

1997年6月10日是一个阳光灿烂的日子，村民们都云集到这不到4亩宽的辣椒地上，工程队正在用石灰画房屋基线。上午11点钟，工地上摆了长条桌和条凳，这些都是为来参加资料信息中心开工的有关领导安排好的座位。11点半，省实施小组组长胡朝相，六枝特区党委副书记梁宜章、梁光义，建设银行王行长，梭戛乡党委书记毛世忠，文化馆长徐美陵等，整整齐齐地坐在前排。开工仪式由乡党委书记毛世忠主持。

六枝特区党委副书记梁宜章在开工仪式上说：“中国第一座

生态博物馆在六枝梭戛苗族社区破土动工，这是梭戛苗族村民的一件大喜事，建生态博物馆的目的是要保存和弘扬以长角为头饰的这支独特的苗族文化，是我们苗族人民的幸福和骄傲，我们苗族村民要积极参与生态博物馆的建设，按图施工，保质保量，按时完成建设任务，以感谢中央、省市文化主管部门以及挪威对梭戛生态博物馆建设的大力支持。”简短的讲话之后，进行基础的开挖仪式，承担土建的村民一起上阵，施工队点响了串串鞭炮，施工场地场面非常热烈。

1997 年 6 月 19 日，苏东海先生从北京来到施工现场，工地不到 10 天的工夫，房屋的地基基槽全部挖好，施工的全是陇戛寨的苗族村民，挖土方的工作全部由妇女承担，她们将基槽里的泥巴全部用背篼背走，每天收工时她们就能领到几十块现金。

陇戛寨的青壮年男人们也参与了工程，他们的主要任务是开山采石砌保坎。资料信息中心工程的开工建设直接增加了陇戛苗民的收入。

苏先生到工地现场按图检查时说：“展厅的面积不到 60 平方米，因为从设计上既要考虑陇戛民居特点，同时也要考虑到其使用功能，在设计理念上仍然受到了传统民居的束缚，因而在使用功能上受到了很大的限制，这为以后建生态博物馆资料信息中心提供了借鉴。”

15. 梭戛生态博物馆开馆前的准备

开馆前的准备工作有三件事：一是陈列布展；二是资料信息中心设备购置；三是确定出席开馆仪式的单位和专家领导人的名单。

梭戛生态博物馆资料信息中心已于 1998 年 8 月竣工，开馆时间经苏东海先生同意定在 10 月 31 日。

（1）展览制作。展览制作的时间只剩下两个月，展览是开馆的重要内容，陈列如何定位，是一个学术问题。《在梭戛建立中国第一座生态博物馆可行性研究报告》中指出：“作为一个信息中心，它利用一个小型的展览向观众介绍即将参观的特定文化的基本情况，并告诉人们作为一名观众（或客人）的行为要求，以及他们将要看到和经历什么，这些工作通过视听媒介来完成。”因此，生态博物馆资料信息中心应该由文字资料、影像资料、图表等内容组成。展览只是其中的一个内容。虽然生态博物馆是对传统博物馆反思的结果，这种反思是建立在对传统博物馆研究的基础之上，可以说，没有传统博物馆的历史沉淀，就不会出现新博物馆学和生态博物馆，生态博物馆的展览和传统博物馆是一种继承关系，不是一种对立关系，它是属于技术层面的工作，继承和借鉴传统博物馆的陈列手法显得特别的重要。另一方面，生态博物馆的陈列是对社区文化起到“导读”的作用，虽然不需要从村民家里去征集文物，但必要的生活实物和生活场景应在陈列中得以体现。

设计布展人员根据这一理念，进行构思和设计，并赴四川三星堆博物馆参观学习，从该馆的陈列展览中吸取营养，用于梭戛生态博物馆资料信息中心的布展陈列。

陈列分为三大部分：

第一部分是苗族村民生活场景的复原。苗族生活场景的复原不需要像传统博物馆在偌大的展厅空间中营造一栋苗族民居，因为资料信息中心的所有建筑都是传统民居建筑的“复原”，而且有周围环境的衬托，本身就构成了苗族生活外景的气氛。这种复原场景不能美化和拔高，让村民代表参与室内生活场景的复原，村民的积极性非常高，也是激发他们文化自豪感的一种有效措施。由村民参与的复原场景，使村民感到格外的亲切和温馨，也能让参观者体验到真实自然的民族文化。

展厅的陈列也由专业人员和村民代表共同完成，这是生态博物馆陈列展览在理念和方法上的创新。在陈列上继承传统博物馆的理念：有稳定的主题、内容、展品，有比较完美的艺术形式。在内容上要体现生态博物馆的理念，作为陈列的主题，要向村民和观众回答什么是生态博物馆的问题，因为这是中国的第一座生态博物馆，生态博物馆对于村民和广大观众来说既神秘又陌生，因为生态博物馆不是在村民中自发产生的，也不是当地政府的意图，梭戛生态博物馆是专家传播的产物，很多人并不理解生态博物馆。因此理念，只能用文字来表述。

第二部分是用社区图，解读生态博物馆不是一栋有围墙的公共建筑，而是一个社区；《在梭戛建立中国第一座生态博物馆可行性研究报告》中指出："生态博物馆是建立在这样一个基本观点之上，即文化遗产应原状地保护和保存在其所属社区及环境之中，从这个意义上讲，社区的区域等于博物馆的面积。"以长角为头饰的梭戛苗族社区包括12个村寨，其中有5个村寨在与六枝交界的织金县境内，这个文化社区已经打破了行政区划的概念，是有共同的生存环境、共同的语言服饰、共同的生产生活习俗和信仰、共同的文化心理的文化社区。它不局限于一个村寨，陇戛苗寨仅是梭戛苗族文化社区的一个中心寨，因此，梭戛生态博物馆的面积等于梭戛文化社区的面积。让村民和观众认识到生态博物馆不是村寨博物馆，更不是一个以公共建筑为标志的传统博物馆。

第三部分反映箐苗精神和物质文化方面的图片和实物。从理念上应坚持生态博物馆是村民的博物馆，村民是文化的主人，村民不但要参与生态博物馆的陈列展览工作，而且要让他们用自己使用过和正在使用的生产生活实物参展。村民们积极性更高，他们将自己亲手制作的精美的服饰、蜡染、刺绣、手工工艺品等踊跃拿来参展，他们对此感到十分荣耀。在陈列展览过程中，村民是真正的艺术家，服饰和手工制品如何摆放才凸显出艺术效果，他们最内行，特别是整个梳头过程的10多张照片，如何摆放，博物馆的专业人员还得请教他们。最重要的不是展览做得如何的精彩，而是村民的直接参与。

生态博物馆资料信息中心的资料有两大部分，一是实物和文字资料，二是影像资料。开馆之前曾作了一次社区文化调查，仅文字调查就达 3 万余字，还有照片、录像、录音等。这些调查材料为开馆前建立“箐苗记忆”数据库奠定了基础。它的功能是：作为信息库，记录和储存着本社区特定文化的信息，如录音、记录下的口碑历史、文字资料、具有特殊意义的实物，文化普查的清单和其他属于本社区的遗产，这个信息库不仅为本地的居民保护和学习自己的文化提供了广博的知识资源，而且为外来参观者和研究者提供了有关文化的信息。为在开馆前做好信息库的工作，课题组的安来顺先生从北京购来电脑，国家博物馆派专业人员到生态博物馆对“箐苗记忆”库进行业务培训。

为了体现资料信息中心的传播功能，开馆前建立影像室的工作同步进行。影像室是资料信息中心的重要组成部分，在经费紧张的情况下，因陋就简，用电视代替投影仪，省文化厅协助制作了《梭戛生态博物馆》专题片，内容包括了生态博物馆理念、梭戛社区的自然环境和文化。村民从专题片中看到了自己生活的家园和文化，增进了对本民族文化的自豪感，使生态博物馆起到“镜子”的作用。

（2）购置设备。资料信息中心不但是博物馆工作人员的工作场所，同时也是为专家学者提供考察和研究的基地，开馆之前购置办公用具、客房用品和生活用具是一项繁重的工作，这些都是开馆前的准备工作。

（3）确定出席开馆仪式的单位和专家领导的名单。10 月 31 日的开馆仪式由六枝特区政府承办。出席开馆仪式的北京方面的领导和专家等由中国博物馆学会邀请；贵州有关领导和专家由省文化厅邀请。

10 月 28 日，苏东海先生电告前来参加开馆仪式的领导和专家有：国家文物局副局长马自树先生、中国博物馆学会副理事长李文儒先生，梭戛生态博物馆“课题组”苏东海、约翰·杰斯特龙、安来顺先生，于10月31日中午12点45分由北京飞抵贵阳。

就邀请省领导出席开馆仪式一事，8月中旬，贵州省文化厅即向省政府打了《报告》，10月下旬，省政府办公厅正式通知省文化厅，由分管文化的龙超云副省长出席开馆仪式。

龙超云副省长出席梭戛生态博物馆开馆仪式

10月20日，贵州省文化厅通知省直文博单位，有省博物馆、省文物考古研究所以及九个地州市文化局和花溪、锦屏、黎平县文化局等单位参加开馆仪式。同时特邀参加开馆仪式的单位有《贵州日报》、贵州电台、贵州电视台、《贵州民族报》、《贵阳晚报》和驻黔新闻单位新华社贵州分社、《光明日报》驻贵州记者站等。邀请的省直相关单位有：省委宣传部、省民委、省民族研究所、省财政厅、省计委、省建设厅、省环保局、省旅游局等。

根据六枝特区政府的要求，凡出席开馆仪式的来自省内外人员名单务必于10月25日之前传真给特区政府。

六枝特区党委和政府非常重视这次开馆仪式，在交通方面，已由养路工人突击将六枝到梭戛42公里的县级公路进行填土凿平；梭戛到陇戛4公里的乡村公路由梭戛乡政府组织群众修整；由公安派出交警负责六枝到梭戛生态博物馆公路沿线车辆的疏导；六枝特区邮电局将梭戛开馆仪式作为首日封发行。

16. 梭戛生态博物馆举行开馆仪式

梭戛生态博物馆定于1998年10月31日举行开馆仪式。上午10点钟，在陇戛寨寨门处响起了三声铁炮声，炮声响彻山谷，预示着苗寨大喜将至。村民们身穿节日盛装，欢迎光临开馆仪式的各方客人。参加开馆仪式的有国家文物局马自树副局长，中国博物馆学会副理事长李文儒先生，中国博物馆学会常务理事、贵州生态博物馆项目领导小组组长苏东海先生，中国博物馆学会、课题组协调人兼翻译安来顺先生，挪威生态博物馆学家、贵州生态博物馆科学顾问约翰·杰斯特龙先生，贵州省政府领导龙超云副省长，还有省直单位、九个地州市、六盘水市、六枝特区来的领导和佳宾，盛况空前。资料信息中心的院坝里站满了人，他们很多是来自附近村寨的村民，有苗族、彝族、布依族，他们身穿民族盛装前来参加开馆仪式。会场的喇叭里传来了《甜蜜的事业》、《在希望的田野上》等歌曲。在办公室上方悬挂了一条横幅，“梭戛生态博物馆开馆仪式”。

10月31日上午10点半，开馆仪式由六枝特区人民政府副区长郑学群女士主持，先是请龙超云副省长讲话，龙超云副省长说，梭戛生态博物馆的建成开馆，是贵州文化建设史上的一件大事，是新中国成立以来贵州的第一个国际间文化合作项目，感谢国家文物局和中国博物馆学会对贵州文化建设的重视和支持，感

国家文物局副局长马自树在梭戛生态博物馆开馆仪式上的讲话

谢挪威政府对贵州梭戛生态博物馆建设的无偿援助。梭戛生态博物馆的建立，必将推动贵州民族村镇的自然和文化遗产的保护，为贵州民族文化的保护注入了全新的理念和方法。梭戛生态博物馆是建在社会经济十分落后和文化又非常独特的苗族社区，它的建立本身就赋予了现实意义和挑战意义，对贵州贫困地区如何保护民族文化是一种大胆的尝试。梭戛生态博物馆的诞生正处在国家实施西部大开发的重要时期，我们一方面要保护梭戛生态博物馆自然环境和文化遗产，一方面要关注梭戛苗族社区的社会经济发展，只有富裕起来的村民才能投入社区的文化保护。目前，政府要全力解决梭戛通水、通路、通电问题，解决生产生活中的困难问题，让梭戛生态博物馆所在的社区和其他地区同步发展，走共同富裕的道路，早日进入小康社会。

第二位讲话的是国家文物局马自树副局长，他说，梭戛生态博物馆的建成开馆在中国博物馆领域具有里程碑意义，是中国博物馆专家学者对新博物馆学的勇敢探索和大胆尝试的成果。梭戛生态博物馆的建成开馆，为中国的博物馆领域增加了新的门类。生态博物馆20世纪70年代诞生在法国，它是法国博物馆学者对传统博物馆长期反思和实践的结果。生态博物馆的理念在不到30年的时间，在国际上得到了迅速的传播，现在全世界已有300多座生态博物馆，梭戛生态博物馆成为中国第一座生态博物馆。国际博物馆界出现了生态博物馆和新博物馆学运动说明了什么？说明它是现代生态意识从觉醒开始走向行动。博物馆从单纯地保护文物藏品，发展到生态博物馆将人们的生存环境和文化进行整体保护的新思维，不但要保护物质的，而且还要保护非物质的。传统博物馆以公共建筑为馆舍发展到生态博物馆是一个文化社区为“馆舍”，从而扩大了生态博物馆的社会含义。传统博物馆是由专业人员管理运作，生态博物馆则由村民参与管理，村民成为了生态博物馆的主人，这一切都是生态博物馆的新概念新思维的体现。梭戛生态博物馆的成功建立也体现了贵州各级政府的主导作用，没有各级政府的主导，生态博物馆只能是停留在学术研究领域，不可能付诸实施。梭戛生态博物馆的建设成功，还要感谢挪威政府的帮助，1997年10月23日，中国国家主席江泽民和挪威国王哈拉尔五世在北京人民大会堂出席了梭戛生态博物馆的签字仪式，为中挪文化合作开辟了广阔的前景。挪威政府的支持不仅是资金上的无偿援助，而且派出了国际上颇有影响的生态博物馆学家约翰·杰斯特龙先生作为贵州生态博物馆的科学顾问，在理论上和实践上给予指导，在此，我向约翰·杰斯特龙先生本人表示诚挚的谢意。

安来顺、约翰·杰斯特龙先生在梭戛生态博物馆开馆仪式上

生态博物馆毕竟是属于西方文化，在中国建生态博物馆如何将国际生态博物馆的理念与中国的国情相结合，成为具有中国特色的同时又被国际所认可的生态博物馆。这将是一个长期探索和实践的过程，在实践中，生态博物馆还将面对来自各个方面的挑战，我国处在社会主义初级阶段，生态博物馆不但要关心自然和文化遗产的保护，同时也要关注生态博物馆所在社区的社会经济的发展。生态博物馆这种先进的理念，决定了它存在的价值和意义，国家文物局将一如既往地支持贵州生态博物馆的建设，并将生态博物馆的理念推向全国的其他省区，使中国的博物馆领域更加丰富多彩。最后，祝梭戛各族人民幸福安康！

当郑学群副区长请约翰·杰斯特龙先生讲话的时候，苗族村民热烈鼓掌。三年前，他是第一位走进苗寨的挪威专家，他被扑面而来的长角苗族文化所打动，这次他来，村民不再好奇，仿佛是一位远方的亲戚又来走亲了。今天约翰·杰斯特龙先生西装革履，非常庄重，这是他来梭戛第一次穿西装。他只讲了两句话："祝福梭戛苗族人民为自己创造文化感到自豪、光荣、骄傲！祝梭戛苗族人民生活幸福美满！"当安来顺先生翻译完最后一句话时，全场又响起了热烈的掌声。然后，约翰·杰斯特龙先生将他1995年在梭戛考察时所拍的照片制成的画册，当场赠给苗族代表。

接着是村民代表熊华艳发言，熊华艳是两年前从另外一个村寨嫁到陇戛寨来的媳妇，她初中毕业，是陇戛寨学业最高的一位青年妇女。她说，梭戛生态博物馆的建成开馆，是他们长角苗族人的一件大喜事。为什么有从挪威来的、从北京来的、从省里和市里来的这样多的领导和专家参加开馆仪式，说明了我们的长角苗族文化非常有吸引力，我们自己感觉不出我们的文化好在哪里，是生态博物馆的专家发现了我们长角苗族文化的价值，我们才认识到长角苗族文化的独特性。

我们长角苗族只有4000多人，祖祖辈辈生活在贫困山区，长期以来过着艰苦的生活。我们寨原来只有一条山路通往外面，都是男人出山，妇女们在家里搞纺织和蜡染。很难有机会出门，所以我们妇女没有上学读书的机会。生态博物馆为我们陇戛寨带来了新建学校的机会，去年新建的"希望小学"开学了，原来只有两个女孩上学，现在有100个女孩上学，这是生态博物馆带来的巨大变化。刚才，挪威的约翰·杰斯特龙先生送了一本他拍摄的长角苗族的画册给我，要我为自己的文化感到自豪和骄傲，我们很感谢他对我们长角苗族的鼓励。但过去我们认识不到我们长角苗族的文化，因为我们没有上学的机会，没有具备这样的知识。现在全寨的女孩子差不多都上学了，这些女孩子有了知识，才会懂得长角苗族文化的重要性，我们才会为自己的文化感到自豪和骄傲。

熊华艳的发言，引起全场热烈鼓掌，许多记者对她进行采访。

村民熊华艳在梭戛生态博物馆开馆仪式上

会上还宣读了挪威驻华大使白山先生的贺信："致贵州省政府、中国博物馆学会及梭戛人民：梭戛生态博物馆的成立实为一项重要成就，在当地政府和人民的努力下，生态博物馆将有利于保护当地独特的文化和增强民族意识，作为贵国的首座生态博物馆，梭戛项目将为全国的文化保护事业起到重要的示范作用。

"在我今年早些时候访问梭戛期间，您们的热情与好客精神给我留下了难忘的印象，因此，我相信梭戛生态博物馆将一定会获得成功。我对挪威有幸获得这一开创性作出贡献的机会感到十分自豪，并为 1998 年 10 月 31 日梭戛生态博物馆的开幕向您们致以最衷心的祝贺。您诚挚的（签字）挪威王国驻华大使白山。"

与此同时，挪威开发合作署也发来贺电："贵州省外事办、生态博物馆建成典礼，亲爱的先生们：关于贵方邀请挪威开发署秘书长参加1998年10月31日举行的博物馆建成典礼传真，我们已收到。对此邀请，我们感激不尽，但是很遗憾，由于另有安排，秘书长将不能出席该典礼。然而，我们对这个项目的进展情况感到非常满意。祝愿开馆庆典和今后的工作一切顺利。你忠诚的多尔·朵主任，拉美、亚洲部。”

开馆仪式的第二个仪程是种植“中挪友谊树”，由龙超云副省长和约翰·杰斯特龙先生先执铲，培下第一铲土，接着马自树副局长、李文儒、苏东海、安来顺先生又去培土。村长、寨佬、苗女们接着去培土浇水，两棵松树亭亭玉立，与会者都纷纷在此合影留念。

17. 梭戛生态博物馆总结会

梭戛生态博物馆开馆仪式结束后，于11月2日在贵阳市花溪区301宾馆举行总结会。上午10点钟，总结会在一楼会议室举行，会议由贵州生态博物馆领导小组组长苏东海先生主持。与会者有梭戛生态博物馆馆长、贵州省、市、特区文化部门的领导和省文物博物馆的专家共10余人。

苏东海先生首先对梭戛生态博物馆建设作了回顾。他说，20世纪80年代中国人开始关注国际生态博物馆运动，这时正是中国博物馆发展的新高潮时期，为什么中国会关注生态博物馆呢？一方面，中国正处在工业化的进程中，经济发展很快，但先进国家工业化带来了生态失衡和环境破坏也在中国重演，并且愈演愈烈，因此环境保护日益被中国政府和中国社会所关注。另一方面，中国博物馆已经发展到1000多座，受到新博物馆学的影响，博物馆的改革也在寻找一种扩大保护文化遗产以服务社会的新道路、新方法，于是生态博物馆的思想和方法就被引入中国。1995年4月，我们成立了生态博物馆“课题组”随即赴贵州六枝梭戛考察，当《在贵州梭戛乡建立中国第一座生态博物馆的可行性研究报告》提出后，立即得到渴望加强文化遗产保护的我国政府的支持，也得到了对环境保护十分关注的挪威政府对这一项目的财政支持。1997 年中挪两国领导人在北京人民大会堂出席了该项目的签字仪式，我则被任命为这一项目的领导小组组长，杰斯特龙先生为科学顾问，安来顺先生为项目协调人并兼翻译。胡朝相被任命为项目实施小组组长，为贵州方面的代表。有了政府的主导、专家的知识、财政的支持和村民的欢迎，中国第一座生态博物馆——梭戛生态博物馆顺利诞生了。

在贵州贫困的苗族社区建立生态博物馆旨在使这些独具特色的苗族文化在现代化的过程中不会丧失自己。但是，生态博物馆思想是后工业时代的产物，是一种深刻的理念，它不可能在距离这个时空都非常遥远的中国山村自发产生，要使村民接受生态博物馆，需要走很长的路，村民重视眼前的利益，所以我们首先做的是运用挪威政府的捐款和中国政府的拨款，进行引水上山，引电上山的工程，并修筑出山的路，使村民的生活、生产得以改善，村民很快就接受了生态博物馆项目，村民同时又参与资料信息中心的建设，增加了他们的收入，又盖起了自己的文化活动中心。博物馆对村里的年轻人进行培训，他们运用照相、摄像、录音等技术开展“文化记忆工程”，这样一来生态博物馆的价值开始逐步得以实现。

最后苏东海先生对梭戛生态博物馆开馆作出了 4 点评估：

（1）成功地在中国建立了第一座生态博物馆；

（2）成功地创造了中国生态博物馆的模式；

（3）梭戛生态博物馆在中国引起了广泛的注目；

（4）我们已经唤起了梭戛人民对保护文化的巨大热情，我们将要激发他们民族的自豪感。

约翰·杰斯特龙先生在总结会上谈了两个方面的问题。他说，首先就两个方面的事作一些介绍，这两个部分的内容一是个人对项目的看法，二是从生态博物馆总体意义上的一些思考。

他说，首先我要向在座的各位表示诚挚的谢意，对我来说是一生中一次独特的经历，中国在历史、文化遗产、工艺方面都有非常独特的珍贵的价值，我非常荣幸和苏教授、安先生、胡先生们致力于生态博物馆的开发和研究。在这方面，从开发项目本身所具有的中国对整个全人类的贡献。苏教授不仅是一位历史学家，而且是一位哲学家，这是一种荣幸，和学术大师在一起工作，学到很多东西，正是出于上述考虑。我们过去的 4 年中，愉快的工作，希望今后能继续合作很多很多年。

关于生态博物馆的一些看法，可能在上次会议上已经提到了，现在重新提它。就生态博物馆而言，喜欢这样一个词：尊重。应该成为一个关键词，这一点在生态博物馆以及社区是一个关键。尊重、尊敬是一个词，从三个侧面反映出来，第一层含义是自我尊重，或者说是一个自豪感、自重。第二层含义是被别人尊重。第三层含义是尊重别人。这样一些理解再引导到我们的行为和实践之中。

现在我们所处的时代是一个全球化的时代，需要对各种文化的认同、评估，各种文化有自己存在的价值。就在几周前我在澳大利亚出席国际博物馆协会大会，博物馆与人类文化的联系，对澳大利亚的土著文化进行了激烈的讨论。18 世纪殖民主义进入澳大利亚，在我看来这些土著文化受到了严重的冲击，直到今天还受到不公正的待遇。当我第一次参加这样的讨论，我听到土著居民发言时说，我们的未来是我们的过去。因为在他们考虑自己未来的时候，实际上是回归到自己的过去。就来自澳大利亚土著民族的呼声我是这样理解的，当他们在回归和反思曾经拥有的价值和权力的时候，他们真正找到了价值的支点。类似于这种情况，在拉丁美洲、挪威少数民族当中是比较普遍存在的情况。因为现在全球化的趋势，商业化的趋势等产生的压力非常大，作为少数民族文化在这种压力之下，找到自己的支撑点，如果不能承受这种压力，那么，他们自己的文化将消失，这不是一种好的现象，在座的各位有共同看法，所以才有生态博物馆。

我们这个项目在实际的操作和建设中给我留下了深刻的印象，为保护少数民族文化发挥了巨大的作用。在此表达意愿：对生态博物馆的印象很深刻，在如此短的时间之内建成，所产生的结果和产品是出乎我的预料的，在短短的一年多的时间，一个完整的建筑群的出现，可以看得出是一项艰辛的工作，在那样环境下施工，困难是可想而知的。在此，我向在座的各位表示崇高的敬意！向资料信息中心的设计者李多扶先生表示敬意！建筑符合苗族文化的特点，又符合功能，是令人满意的。

另一个感受是开馆仪式，充分反映出这个项目的巨大意义和作用，更主要的是当地居民对开馆仪式给予巨大的热情，全身心地投入这个项目之中。我认为这样一个开馆仪式是当地社区的一个重大的事件，对各级政府和国家都是一个重大事件，我会感到非常荣幸！我将参加这次活动以及大使对梭戛生态博物馆所发的贺信向挪威开发合作署和挪威政府作出报告。另一个重要的活动事项——在梭戛种植“中挪友谊树”也会作出报告。

下面一点需要说到的，也是重要的一点，开馆之后又在梭戛待上两天，深入苗族村寨之中，村民对生态博物馆表现出极大的兴趣和拥有感，这是最重要的结论。虽然我不能一一列举，我单独考虑，我坚信，开馆仪式确实属于当地苗族人民的。

在资料信息中心的展览中，苗族妇女在不断地交谈，这些场面都收入了我的摄像机。比如说，村民们进进出出，很直接、很自然，可以说资料信息中心不是陌生的东西，因为这样与传统博物馆形成了鲜明的对比，公众和博物馆有差距，博物馆成为珍贵馆，台阶很高，老百姓是博物馆的局外人，梭戛生态博物馆的老百姓可以自由进出，你们所做的工作是非常成功的。

最后在苗寨考察，有对寨老、寨主、鬼司的采访，他们对文化的未来报有积极的态度，对生态博物馆有感情，和三年前的采访的感觉是不一样的。

生态博物馆是涉及自然与文化保存和保护的，它更是注重发展，不能将活的生活放在玻璃罩里，生态博物馆是在变革，应该变什么，文化价值观是什么？在这里应该鼓励的是老百姓对于自已的价值、对自己文化认同作出正确的选择，从这样的观点出发，梭戛生态博物馆有促进生产发展的意义。

第三部分是对今后发展的看法，今后发展的过程可以提出两条线索，可以交叉和协调进行的。第一条，梭戛社区的社会、经济、生产在该社区的发展；第二条，文化遗产、文化传统的保护，对于采取具体的行动纲领，这方面我完全同意大家的意见。

我提出 5 点意见：一是从社会、经济发展的角度，改进和促进供水的问题。二是生态博物馆本身应该给陇戛更多的权力和自由来运作博物馆，这一点是有共识的，你们已经考虑这方面的事。三是在村寨中选择具有代表性的建筑进行维护和保护的问题，在三年前提供了的研究报告中将典型建筑的维修列为重要的项目也是不可缺少的环境因素。我在维修上提出三个层次的建议：第一层次是选择非抢救不可的建筑进行抢救维修，然后提供资金来维护它。第二层次是对寨子的维修和加固要确定最有价值的建筑，有木墙的，有石墙的，有土墙的，但要选择最有文物价值的。从经济生活、社会文化即有典型意义的建筑进行保护。第三层次是从建筑的总体上来讲，加固、维修是使它更坚固，增加承受力，在房屋的结构上不发生变化，是一种改善。主要从社会发展、改善社区居民的居住条件出发，可以推广到其他寨子里去。这种加固和维修让 12 个村寨的老百姓来做，对经济生活是一种补偿。这种工作需要几年的时间，从技术上达到什么水平？

从文物保护达到什么水平？我不能解决，要由你们去做。四是当地民间工艺项目开发的问题，在短期内不要变成被旅游业污染的领域，游客还不会大规模进入生态博物馆。工艺开发我有4个方面的建议：第一方面对工艺的质量，这些东西首先考虑是（长角）苗族的，用于出售的东西是（长角）苗族的，是上乘的，制作的工艺品应有（长角）苗族的证书。他们是这一项目的生产者。第二方面研究开发哪些工艺品？哪些东西可以卖？哪些东西不能卖？要有一个标准，否则会将本民族那些珍贵的东西卖掉，要进行鉴定，生态博物馆和村寨的专家共同协商这种标准。第三方面生产程序和内部的组织工作，生产的组织和管理按照村寨的管理，以家庭为生产单位，以家庭为单位是最合适最实际的，如果搞工厂会破坏社会结构。第四方面市场问题，如何销售的问题，生态博物馆现应提供场地和承担销售责任，这样可以在寨子里买到，也可以在资料信息中心里买到，可以和国内、省内签订一些合同帮助销售，民间手工艺可以覆盖其他11个寨子，他们可以参与。根据我的经验，高质量产生高价格，大量的事实证明，由于质量不能保证则会失去市场。五是进一步深化调查研究、登记。可以从两个方面考虑：一方面可以在12个寨子调查，尽可能由他们自己进行；另一方面调查登记整理要从博物馆的角度进行，这个调查项目在当地、贵州、全国都有影响，对这个调查项目要进行评估，要不断总结经验，对生态博物馆进行评估，对其他生态博物馆产生影响。

在发言的最后，我想说，中国各级政府支持这个项目，中国博物馆学会和挪威对这个项目作出了贡献。

苏东海先生对今天的总结会感到满意，他说，约翰·杰斯特龙先生总是捍卫一种文化的独立性，杰斯特龙先生说他在这些古典文化里，他是一个保守主义者，希望保持这种文化的纯洁性，这就是他的生态博物馆的观点。

出席梭戛生态博物馆总结会成员合影

苏东海先生宣布：中国第一座生态博物馆——梭戛生态博物馆在中挪双方的共同努力下，在贵州省各级政府的支持和梭戛村民的积极参与下，建设工作取得了圆满成功。

18. “课题组”第二次到梭戛考察

1999 年 8 月 1 日至 10 日，“课题组”在梭戛进行了为期 10 天的社区考察，这是继 1998 年 10 月开馆之后的一次社区的专题考察。这次考察活动苏东海先生因有事未能参加，但他仍主持了 11 日在贵阳与贵州省政府领导人参加的梭戛生态博物馆座谈会。“课题组”科学顾问约翰·杰斯特龙先生和安来顺先生第二次走进梭戛。

这次考察活动的任务是：(1) 更全面地了解梭戛整个箐苗社区的综合情况，以便明确资料信息中心所在的陇戛寨在整个社区中具有典型性。(2) 通过与不同村寨的领导人直接交流，了解他们从社会及文化角度对生态博物馆现状的看法，特别是对生态博物馆的作用的态度。(3）启动“箐苗记忆”项目，对村民进行培训，是箐苗村民用本民族的语言记录下自己的口碑历史及传说。(4）为中挪文化合作项目——贵州生态博物馆（第二阶段）建设制定文件。

这次考察活动是在炎热的夏天进行，“课题组”成员翻山越岭，徒步考察走访了7个村寨，与16个村民委员会主任座谈，基本摸清了梭戛社区的综合情况：梭戛箐苗社区共12个村寨，有996户人家，人口为4069人。居住于海拔1400米至2200米的大山中，生产和生活条件十分艰苦。主要农作物为玉米和马铃薯，而且只有少部分村寨不缺粮。卫生医疗条件差，儿童的死亡率（5岁之前）比较高，有的村寨甚至高达10%。这种情况与饮水的严重匮乏有着直接的关系，所以改善供水条件成为与生态博物馆这一文化性项目密切相关的社会发展内容。因生态博物馆项目，特别是资料信息中心的建设，在1998年，有4个村寨通了电、通了公路。在梭戛社区的中心寨——陇戛，于1997年新建了一所小学，入学率由原来的30%猛增至92%，特别是女孩子入学由原来的2人增至100余人。但除陇戛寨外其他村寨的入学率很低，只在30%～40%，还有两个村寨的儿童在私人家中读书，其中还有一个村寨还没有1名女孩上学。

社区的12个村寨中所调查的7个村寨的建筑从用材、结构、装修、屋面都与箐苗所生活的环境有密切的关系。所谓“箐苗”，是生活在竹林中的一支苗族，他称“长角苗”。他们生活的区域据寨老回忆，在1958年大炼钢铁之前不但有森林，而且还有茂密的山草。为他们建房提供了优质价廉的建筑材料。但由于建筑材料的日益匮乏，他们不得不改用夯土墙和石墙以及现代建材制作而成的水泥瓦甚至出现石棉瓦，这一方面反映的是时代发展的必然产物，因此对村寨中的传统民居的保护成为生态博物馆文化遗产保护的一个重要组成部分，特别是那些时间比较长的传统民居的保护尤为重要。陇戛寨已将上百年以上的10栋传统民居作为“贵州生态博物馆合作项目（第二阶段）”的抢险加固的工作任务。

这次考察活动，“课题组”用了3天时间对村民进行“箐苗记忆”技术层面上的培训。由约翰·杰斯特龙先生授课，有8位村民妇女参加培训。她们用摄像机、照相机、录音机记录了村寨的历史和文化，作为资料信息中心信息库的重要资料。

由杰斯特龙先生亲自拍摄和录制的1100多张照片、12小时的录像资料、9盘录音磁带成为“箐苗记忆”的重要组成部分。

“课题组”与16个村民委员会主任座谈，他们对生态博物馆的认识主要有以下几个方面：

（1）认为生态博物馆是保护其传统和文化遗产的工具；

（2）认为生态博物馆是促进社区发展的工具；

（3）认为生态博物馆为整个箐苗人民提供了一个社区活动中心。在生态博物馆建成之前，他们缺少这样的中心；

（4）箐苗人民在希望保护自己的文化传统的同时，期望社会经济发展，以改善生活水平。

村委会的领导们认为，生态博物馆能够帮助实现这双重目标并保持保护与发展之间的平衡作出贡献。

“课题组”的这次考察，为贵州生态博物馆群项目（第二阶段）中挪合作以及梭戛生态博物馆的管理和运作做了重要的铺垫。

19. “课题组”与贵州省政府有关领导座谈

1999年9月10日，苏东海先生由北京飞抵贵阳，主持在贵阳云岩宾馆召开与贵州省龙超云副省长关于梭戛生态博物馆开馆后管理和运作为内容的座谈会，陇戛村民代表杨洪祥、村委王星红应邀出席了座谈会。

苏东海先生说，今天我们召开有各方代表参加的座谈会，龙副省长将对生态博物馆的建设与发展采取的措施提出意见，我先将北京方面的意见讲一下，然后听一下挪威方面的意见，为贵州生态博物馆群的建设取得共识。

苏东海先生首先通报《关于1999年至2001年贵州生态博物馆群的预算草案》已经国家文物局和中国博物馆学会通过的情况，要求龙副省长解决贵州方面的配套经费。其次，就梭戛生态博物馆开馆以来存在的问题提出了整改意见，一共六点：

第一，生态博物馆不是一般的旅游景点，它是一个特殊的博物馆，不能当成一般的博物馆和一般的旅游景点。生态博物馆社区居民应该以主人的角色和主人的姿态接待来访者，应该热情好客，将自己优秀的文化奉献给客人。具体措施是在资料信息中心开辟一个叫博物馆商店或者叫服务部，把一切商业行为和接待行为都集中到服务部来。生态博物馆不收门票，可设捐赠箱，在捐赠箱上写"请帮我们建设"，把村寨的《简介》免费送给客人，表示主人的心意。

第二，设计梭戛的卡片作为礼物赠送客人，如果是两张以上可以收费。

第三，将寨老、寨主、鬼司的照片和织布机、刻竹记事、苗族盛装、风景照片要定价出售，另外，村民使用的东西不能卖，能卖的是手工艺品。手工艺品要标明制作者的姓名，而且要高价出售。

第四，可以制作一些文物复制品，如刻竹记事，是谁刻制的要刻上名字。要把自己手工艺品的文化品位提高，不要低价出售，对个人可以赠送，总之，要考虑的出发点是维护主人的自尊。出售的工艺品要精心制作，价格一定要高。为了出售而制作的工艺品才是商品，因而要保证质量，保持品牌。出售的工艺品要超过大众的纪念品，但也可以有一些大众纪念品，原则上，商业行为必须统一，文物必须保护。

第五，和旅游部门要共存、共融，保护与开放相结合，保护是为了可持续发展，为了开放。通过开放，使文化得到更好的保护和弘扬。

第六，我们共同努力了好几年，取得了成果，我希望大家想一些具体办法，保护民族文化，增加村民经济收入，与旅游部门保持良好的关系，使梭戛生态博物馆朝着健康的方向发展。

龙超云副省长说："今天是深入研究生态博物馆的会，我再次感谢挪威政府、约翰·杰斯特龙先生、苏东海先生对贵州生态博物馆的大力支持，我讲三个问题：

第一，梭戛生态博物馆建设的意义和作用已日益显露出来，使我们更加深刻地认识到贵州的民族文化、原生态文化是非常珍贵的，因为我们生活在贵州，过去见奇不奇，见怪不怪，习以为常，通过梭戛生态博物馆的建设，深知保护民族文化的重要性，有的成为世界的稀有文化，因此，要引导各级政府认真担负起保护好我们民族文化的责任，认识到保护民族文化要和下一个世纪的发展联系起来，和生态环境保护联系起来，任何以牺牲民族文化为代价的做法都是一种自杀行为，在世界上一些国家都有这种惨痛的教训。梭戛生态博物馆的建立使我们提高了民族自尊心，使我们更加热爱自己的民族文化和自己的传统。梭戛生态博物馆的建设使我们改变了过去博物馆管理的观念，随着贵州生态博物馆群的建设，对生态博物馆意义的认识还要加深。

第二，对苏东海先生提出的关于生态博物馆的经费问题作一个表态，涉及贵州方面的经费，如贵阳市、六盘水市、六枝、花溪等地的配套经费我感觉到没有问题，这些经费一定确保到位。原投放梭戛的经费一定要专款专用，要用好每一分钱。贵州生态博物馆的每一个项目，包括第二期项目都要确保成功。梭戛生态博物馆所在的各级政府、文化部门一定要落实好苏先生讲的六点措施，我们要学习苏东海先生、约翰·杰斯特龙先生热爱生态博物馆的精神来从事这项工作。

梭戛生态博物馆的主人形象是一个很重要的问题，我们接受苏先生的批评，在今后的工作中，不要使梭戛生态博物馆的文化受到亵渎，特别是树立主人形象的工作要抓好，这是贵州少数民族对外的国际形象。

关于文化价值问题，要将纪念章、照片、卡片、宣传资料设计好，要成为精品，包括服务部，规范商业行为。大家注意到，苏先生提出的一个观念，发展生产和经济才能保护好我们的民族文化传统，一旦我们的文化丢失了，人家就不会来了。

第三，贵州下一步的基本打算，就此问题说四点：(1) 要把生态博物馆作为一个系统工程来抓。昨天跟分管旅游的副省长开会研究古镇和民族村寨保护问题，要在贵州列出一批古镇和民族村寨进行保护，村寨的道路、自来水、公厕、排污问题要逐一解决，标志性建筑要维修，包括绿化问题都要作出规划，4 个生态博物馆列为第一批。所以，生态博物馆的建设可以在省政府的统一领导下协调完成。(2) 建立一个新的管理模式，准备成立贵州生态博物馆群管理委员会，管委会成员有各部门参加，当地政府和村寨也应参加，文化部门是主管部门，通过管委会形式，对贵州生态博物馆群实行有效管理。(3) 关于立法问题，今年搞调研，明年出台民族村寨保护管理办法。鉴于生态博物馆群的特殊性，由村寨搞乡规民约进行自我管理。但仅此不够，应用地方法规来管理好生态博物馆，防止有损于生态博物馆的事情发生。(4) 继续巩固和完善梭戛生态博物馆的建设。梭戛迫切问题是解决饮水问题，文化厅要会同地方政府搞好引水工程的规划，并付诸实施。省政府准备在今年年底在六枝召开梭戛生态博物馆现场会，通过现场会，研究如何解决梭戛饮水、道路、绿化、村民看电视等问题，可以通知花溪、锦屏、黎平等县的县长开现场会，为生态博物馆群的建设做好准备。”

约翰·杰斯特龙先生他很赞成龙副省长的讲话。他说，刚才龙女士和苏先生谈到了民族自尊自信的问题，这是生态博物馆的一个重要的理念，我们应该坚持这个理念。他将法国旅游团在梭戛参观时，村民围着客人兜售的情况在会上作了通报，他说，这样的事情会越来越严重的发生，首要的是大力提倡村民的自尊问题，胡先生很敏感这个问题，他提出要村长们参加这次座谈会，村长又是寨主，是有一定的号召力，村长的言行都会影响到一个寨的村民，村民的自尊是至关重要的。他同意苏先生的看法，梭戛苗族社区如果不存在困难和挑战，就不需要建生态博物馆了，这是在社会的变革中，村民遇到了前所未有的挑战，需要通过生态博物馆的理念来解决。

约翰·杰斯特龙先生说，我是从一个科学家的眼光来看这个问题，今年 3 月份，挪威环境大臣到贵州考察之后，要求在今年 10 月份做好贵州生态博物馆群的建设规划，我参加了这项工作。这次到贵州来调查也是为了这项工作。关于贵州生态博物馆群一揽子方案，挪威政府作了安排，并邀请安来顺先生到挪威一起完成项目文件，保证在 10 月 1 日前中挪双方认可条件下签订协议。

约翰·杰斯特龙先生说，这次来梭戛生态博物馆社区进行了为期一周的考察，和 12 个村寨的村长、寨老讨论了文化的保护和传承问题，讨论了村民自我教育、自我管理的问题，我们得出的结论，生态博物馆的理念必须坚持。我对第二阶段贵州生态博物馆的建设充满了信心。

苏东海先生作了小结，一共四点：

第一，我们的共识：梭戛生态博物馆的建设已经取得了成功，为建立贵州生态博物馆群预示了良好的前景。

第二，第二阶段项目经费预算在资金分配上，北京、贵州包括挪威在内取得了一致的意见。这个预算仅是一个初步的预算，国家文物局、中国博物馆学会请安来顺先生到挪威完成项目文本，之后，在中挪双方认可的条件下，正式签署文件。约翰·杰斯特龙先生虽然是挪威政府聘请的项目文件的科学顾问，但他是中国同行的老朋友、好朋友，贵州生态博物馆注入了他的思想，我们向他表示诚挚的谢意。

第三，龙超云副省长传达了贵州省人民政府和她个人对该项目作出的决策和措施，是非常有远见的，是非常有力量的。

第四，我们所遇到的问题是前进中不可避免的问题，把保护文化遗产和发展经济，把优秀的民族文化提供给全国和全世界人民，是一件引以为自豪的文化事业，我们一定要作出百般的努力。预祝贵州生态博物馆群的建设不断地取得新的进展！

这次座谈会，是继 1995 年 5 月对《在贵州省梭戛乡建立中国第一座生态博物馆的可行性研究报告》论证会之后的又一次重要的会议，它是一次有贵州省政府分管副省长参加的高规格的会议。这次会议是在梭戛生态博物馆建成开馆近一年后出现的旅游和文化冲突的情况下，在开启贵州生态博物馆群第二阶段建设的关键时刻召开的；这次会议为花溪镇山、锦屏隆里、黎平堂安三座生态博物馆的建成，而最终实施贵州生态博物馆群项目的建设举行的预备会议，是贵州生态博物馆群建设史上一次重要的记录。

20. 梭戛生态博物馆现场会

根据 1999 年 9 月 10 日“课题组”在贵阳云岩宾馆座谈会上龙超云副省长提出关于在年底召开民族村镇会议指示精神，贵州省政府于 11 月初召开了有省文化厅、建设厅和省民委参加的预备会。会议明确以省政府的名义召开“梭戛生态博物馆现场会暨贵州省民族村镇保护与建设会”，由省文化厅承办。会议时间定于12月1日至2日，1日参观梭戛生态博物馆。并邀请省人大、省政协的领导光临大会，同时也邀请国家文物局、中国博物馆学会的领导、专家光临指导。会议确定了参加这次会议的有关省直单位、地州市建设、文化部门，六盘水市和六枝特区政府、与生态博物馆建设有关的花溪、锦屏、黎平县政府，参加的新闻单位有《贵州日报》、贵州电台、贵州电视台。

12月1日，苏东海先生和国家文物局博物馆司李耀申处长、中国博物馆学会安来顺先生应邀出席这次大会。

12月1日，龙超云副省长在与会的省直单位领导的陪同下，于中午到达梭戛生态博物馆，六盘水市、六枝特区的有关领导等候在那里，由某旅游公司上月在生态博物馆保护区内建宾馆一事被省政府通报之后，施工现场已经停工，工人们不知去向。但见施工工地一片狼藉，一块绿色的菜地挖得像战壕，因开挖基槽时的取土将一块块长方形的地基堆成了小山。

六枝特区区长朱绍能对龙副省长说：“我们也下令停止施工了。”龙副省长说：“发展旅游必须以保护文化为前提，建旅游宾馆不要建在生态博物馆社区内，可以建在社区之外，建在社区内就将文化景观破坏了，文化景观遭到了破坏，优势就不存在，我们拿什么来发展旅游?”

就建宾馆一事，在第二天的大会上，郑学群副区长代表六枝特区政府作了在梭戛生态博物馆内停建旅游宾馆的五条意见，使这一问题最终得以彻底解决。

12月2日上午9时，“梭戛生态博物馆现场会暨贵州民族村镇保护与建设会议”在六盘水市召开。与会代表100余人。龙副省长作大会报告，她在报告中讲了三个问题：第一个问题，梭戛生态博物馆的建立和推进贵州民族村镇保护与建设的重大意义；第二个问题，贵州民族村镇的现状和存在的问题；第三个问题，贵州民族村镇保护和建设的措施。第一个问题，龙副省长用了大量的篇幅，论述了用世界文化的视觉来审视贵州民族村寨保护的重大意义，她指出在现代化和经济全球化的当今世界，保持文化的多样性尤显重要。在谈及贵州民族村镇的现状和存在的问题时，龙副省长说，市场经济的大潮对民族村镇的保护是一个巨大的冲击，历史文化遗产的保护受到了严峻的挑战，以营利为目的的民族村镇旅游开发给历史和民族文化造成了极大的伤害，但我们相当一部分人还认识不到它的严重性，我们应该警觉起来，绝不能为了短期的经济利益损失掉珍贵的民族文化。龙副省长对最后一个问题强调说，我们要借鉴生态博物馆的理念去推动我省民族村镇的保护和建设。第一，我们应该扩大民族村镇保护的含义，将环境保护纳入民族村镇保护的内容。第二，民族文化保护不仅是对有形文化遗产的修复和保护，更重要的是提高民族村镇的村民对文化的自尊心和自信心，提高对文化价值的认同。第三，提高民族村镇社区居民的物质文化生活水平，充分享受改革开放的成果，只有富裕起来的村民才是民族文化保护的中坚力量。龙副省长的讲话，对这次大会有很重要的指导意义。

贵州生态博物馆项目领导小组组长苏东海先生在大会上发言是重点谈旅游与文化的关系。他特别引用了国际旅游组织负责人谈旅游是一把“双刃剑”的问题。他讲述了自第二次世界大战以来，由于现代化进程的推进和航空事业的发展，推动了世界旅游的迅猛发展，成为很多国家发展经济的一个朝阳产业，而民族文化遗产则成为发展旅游的灵魂和物质载体，但过度的旅游开发虽然获得了一份丰厚的经济收入，同时也对文化遗产造成了极大的破坏，从而有断送旅游景点的危险存在。由此他阐述了生态博物馆和旅游的关系。苏先生认为，生态博物馆是一个特殊的旅游景点，它适应不同层次的游客。它的特殊性在于它的文化的独特性，梭戛苗族文化有其地域特点，是区别于其他地区的苗族文化，如果过度的旅游开发势必对环境和文化造成破坏。另一方面，生态博物馆对待游客的接待理念不同于一般的旅游景点，生态博物馆称游客为“来访者”，所谓“来访者”是到生态博物馆社区村民家里来做客的，是来体验文化，是来研究文化的，因此，生态博物馆对“客人”是有行为规范的，比如，在没有得到主人的同意时是不能擅自进入主人的家里。而对于村民来说，必须是用主人的身份来迎接客人，热情、真执、诚信，把自己优秀的文化介绍给客人，对客人不能有欺骗和勒索行为，在金钱面前要保持民族的自尊和自重。

生态博物馆作为传播知识和社会教育的终身课堂是不能收门票的，收门票就不是生态博物馆，而是一般的大众的旅游景点。鉴于此，生态博物馆必须控制游客人数，如果大量地涌入游客，就会造成对环境的污染和文化遗产的损坏，会直接干扰社区村民的生产生活。

生态博物馆更能适合一些特殊的人群，即专家学者型的游客，如环境学者、生态学者、人类学者、民族学者、民俗学者、文化学者、博物馆学者等，当然也不排斥一般的游客，只是说要控制一般游客的数量。如果将生态博物馆当成一般的开放的旅游村寨，为旅游团队搞歌舞表演，也就失去了建生态博物馆意义，生态博物馆只能降低到一般的旅游村寨。

苏先生认为，旅游和文化应找到一个平衡点，形成合力，达到双赢的目的。像某旅游公司在梭戛生态博物馆范围内建旅游宾馆，既不利于民族文化的保护，又不能使旅游达到可持续发展的目的，这种追求短期经济效益的做法是不利于双赢的。

这次会议是以梭戛生态博物馆为基础的第一次贵州民族村镇保护与建设的工作会议，会议取得成果是：（1）生态博物馆的理念引入了民族村镇保护与建设之中。（2）通过现场参观，提高了关于文化和旅游的双赢关系的认识。（3）这次会议确定成立分管文化和旅游的两位副省长为组长的“贵州民族村镇保护与建设联席会议制度办公室”，确定了第一批包括4座生态博物馆在内的13个民族村镇的保护与建设的名单，后来扩大到20个民族村镇。（4）民族村镇的保护与建设进入了程序化，即民族村镇的保护与建设有规划论证方案，有专门的组织机构，有经费保障（即将13个联协会议制度办公室的成员单位如省财政厅、省计委、省建设厅、省文化厅、省民委、省旅游局、省扶贫办等有关专项经费集中使用，形成合力），有专家指导（如规划专家、建筑专家、文物专家、民族学民俗学家、旅游专家等），有民族村镇保护与建设条例，在管理上有法可依。可以说这是新中国成立以来贵州民族村镇保护与建设领导规格最高，组织机构和法规最健全，学术含量最高，保护的民族村镇最多，经费最充足的一次保护行动，它将载入贵州民族文化保护的史册。

三、镇山布依族生态博物馆的建设

1. “课题组”考察镇山

1995年4月19日，“课题组”在镇山考察。

镇山是省会贵阳市西南郊区的一个布依族村寨。考察的头一天，花溪文广局提前进寨做好准备，安排拦路酒和中餐。上午10点，“考察组”一行冒着毛毛细雨到了镇山。

苏先生是第一次到镇山，他对镇山的自然和人文景观都很感兴趣，他说，镇山是一个准生态博物馆了。

“课题组”先到了镇山上下两寨，因为下着毛毛细雨，只好在室外短暂停留后就到老支书班仕强家里避雨。约翰·杰斯特龙先生没进屋，他顺着屯墙走了一遭。屯墙始建年代无考，但很有可能是贵州清代咸同兵燹时所建。屯墙依山势而建，周长约700

约翰·杰斯特龙先生在镇山

余米，高2米至3米不等，全系石头砌筑，有建在山头之上，有筑于绝壁之间，虽显雄奇，但多已残垣断壁。约翰·杰斯特龙先生便在屯墙上架起三脚架，拍最险的那一段屯墙。他说，镇山屯墙有点像欧洲中世纪的屯堡。之后，他又转向拍石板房，他对大家说，石板房在挪威也有，但房上盖的石板不是乱盖的，石板与石板之间穿有孔，是用铁丝连接起来的。镇山民居屋面是用大小不等的石板叠放而成，民间称为“乱架柴”，俯瞰屋面，是由若干条曲线组成的“画面”，像印象派的作品一样。

“课题组”一行冒着细雨来到水库边，宽阔的水面碧波荡漾，半边山倒映其间，构成了一幅美丽的风景画，平添了布依族村寨的秀丽。约翰·杰斯特龙先生看着宽阔的水面兴奋不已，他说挪威像这样的水面和海湾很多，水很干净。他看见村寨里的生活污水直接排入水库，他不断地摇着头说，环境的保护是生态博物馆的一个重要内容，是否能通过生态博物馆的建设，解决生活污水直接排放水库的问题。

“课题组”一行又走进了几户村民家里，村民们见来的都是稀客，又有一位外宾，他们感到很荣幸，都安排在堂屋里入座。镇山的布依族村民非常讲究卫生，八仙桌、条凳、木板壁都用水洗得发白，非常干净。堂屋是镇山村民家里最神圣的地方，在堂屋的正面都安放有神龛（贵州的汉族称为“香火”），是供奉祖宗牌位的地方，在镇山村家家都有神龛。神龛高约1.5米，长约1.2米，做工讲究，装饰木板全系镂空雕刻，雕刻手法娴熟，是一件木雕艺术品。

神龛上方正中书有“天地君亲师位”六个大字，右边竖写“班氏祖宗之位”，两边还有对联一副。神龛是汉族儒家文化的一个象征，在贵州境内其他布依族村寨民居的堂屋是见不到神龛的，在镇山则表现得十分突出，因为班、李的始祖是400多前来自江西的汉族。约翰·杰斯特龙先生认为镇山布依族是一个与汉族融合的文化体。

然后，我们又到了上寨的一位叫李秀良的村民家，他只有一只手臂，在农村算是丧失了劳动力的人，但他是一个靠智慧生活的人，为了赢得更多的游客到他家用餐，他将他家那栋老屋布置得“庭院深深”。一进庭院的左边，有一间小的工艺房，在梯级式的展板上，摆放着许多工艺品，这些工艺品都是用当地石材制作的，有石板房、石屯门、石碓、石磨、石桌，形态逼真。李秀良老者说，目前观赏的人比较多，买的人少，可能是石制的工艺品不方便携带，对此要再作改进。他还利用右边的墙体嵌放有直径50公分至70公分的人工打制的圆石板，其上刻有赞美镇山布依村的诗词歌赋。他的老屋的一、二楼都变成了展厅，楼的堂屋和明间展出的是布依族的各种款式的服装，还有挑花、刺绣等布依族的手工艺品，大多工艺品都出自他女儿之手。在他家的二楼举办的是“镇山布依族传说故事画展”，是用了上百幅画来表现镇山的故事。这是镇山第一家用“文化搭台”的经营理念。课题组认为虽然是为了招揽客人，但不可否认这是一种文化的“自觉”行动。他是在表现自己的布依族文化。镇山自1995年初发展20多家文化旅游户以来，为了招揽生意，好多家都安上了卡拉OK，购置了麻将桌，平常布依族的歌声被卡拉OK声淹没，被麻将声取代了。苏先生说，一个在经济上处于贫困的群体，是经

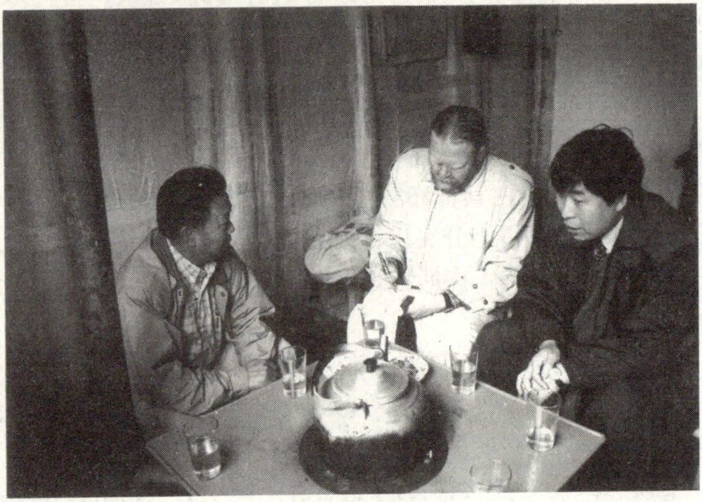

安来顺、约翰·杰斯特龙先生在镇山考察

不起金钱的诱惑，他们可能完全抛弃了自己的文化，去迎合游客的需要，像李秀良这样的村民是不多见的，他在捍卫着自己民族的文化，而且通过旅游的开发，将自己的文化传播出去，这正是生态博物馆所要提倡的。

“课题组”一行人的中餐安排在老支书班仕强家，餐桌上摆的菜全是家常菜，有油炸洋芋片、油炸花生米、油炸阴辣椒、阴包谷，油炸小鱼儿；有凉拌狗牙瓣（一种野生菜），凉拌折耳根；

蒸菜有腌肉、血豆腐、香肠；炒菜有辣子鸡、瘦肉炒笋子、瘦肉炒魔芋，最后一道菜是小豆酸菜。酒有两种：镇山米酒（镇山布依族人自己酿造的米酒）、啤酒，这是一桌丰盛的酒宴。吃饭时，先是老支书家两口子向苏先生、约翰·杰斯特龙先生唱歌敬酒，老支书的妻子不但菜炒得好而且歌也唱的好，人们称她“歌手”。她的嗓音很好，最拿手的是会编歌，所谓“见子打子”，即见到什么样的客人马上就编什么的歌，见到什么样的场合就唱什么样的歌。他们两口子一连给约翰·杰斯特龙先生唱了三首歌，喝了六杯酒，约翰·杰斯特龙先生脸上泛起了红晕，但他没有醉意。不一会来了 4 个布依族姑娘，每人拿着一只小酒杯，带头的是一个高个子布依族姑娘，姓罗，名不详。我叫她小罗，她是由外村嫁到镇山的媳妇，不但人才出众，而且歌也唱得好。敬酒的目标好像都是对准了约翰·杰斯特龙先生。老支书打招呼叫她们杯里少倒一点酒，对外宾敬酒不要勉为其难，这 4 个姑娘是用汉语唱的布依族的歌，用惠水县一带布依族的《好花红》曲调。歌词唱道“远方客人来镇山，镇山村民好喜欢；一杯米酒敬客人，布依村民乐开怀。”这种以歌敬酒的就餐方式对于一个外宾来说还是第一次。安来顺先生将歌词内容翻译给约翰·杰斯特龙听了以后，他特别的高兴，他说，这也是文化传承的一种方式。生态博物馆不仅仅是要保存文化，而更重要的是要将文化传播出去。

2. 建立镇山布依族生态博物馆的可行性

自然环境和区位优势。在繁华喧闹的省城贵阳西南仅有 21 公里的郊区，掩藏着一个美丽的布依族村寨——镇山，它有着其他民族村寨不能相比的区位优势，仅有半个小时的车程便可以到达该村，但她不是城市的一角，也不是现代建筑充斥的“新农村”，而是以布依族文化为代表的典型的村寨，被国家博物馆专家苏东海先生誉之为“都市里的村庄”，它镶嵌在真山真水之中，没有人为的雕凿和粉饰。

该村坐落在半岛之上，濒临花溪水库，三面环水，水域长约8公里，形成一个幽静的深水峡谷，顺水而下，可达素有“高原之花”美誉的花溪公园，逆水而上，能通集山、水、林、泉、洞的天河潭公园；镇山村麓最宽水面约300米，水平如镜，在贵阳有“天池”之美称。

历史。镇山，这个名不见经传的布依族村寨，400多年来一直流传着汉族和布依族联姻的动人故事：明万历二十八年（1600），播州（今遵义地区）土酋杨应龙举兵反明，贵州的北部一时烽烟四起，明朝政府调集了六个省的兵力约20万人，由兵部右侍郎李化龙率部进剿海龙屯。是时，江西吉安府卢陵县大鱼塘李家村出身科第的李仁宇将军，奉命以军务入黔，领数千兵在安顺等府驻扎，后又屯兵石板哨、镇山，其夫人随军因水土不服而不幸仙逝。事后，在镇山与美貌的布依族女子班氏结为秦晋之好。过了几年，班氏生了两个儿子，李仁宇将军打破了父权姓氏的传统，将大儿子姓李，二儿子姓班，实为同宗异姓的汉族和布依族联姻的大家庭。400年来，班、李宗族在镇山这个依山傍水的地方生息繁衍，他们不仅仅有地缘关系，还有血缘亲情，现已传至17代。班、李二姓400年来有不成文的规定，两姓氏之间是不能通婚的。但在族属上不论班、李，均自称为布依族，事实上汉文化和布依族文化在该村共生共存，和而不同。在镇山村，现有144户人家，其中布依族104户，全部居住在镇山自然村，另有38户全系苗族，住在与镇山隔水相望的小关自然村。在镇山村布依寨的节日节庆方面，没有明显的界线，包括苗族在内，一年中的不同节日都成为他们共同的节日，如春节、正月初十苗族举行的“跳场”，布依族村民不论男女老少人人参加。“六月六”布依族歌节，苗族村民也在其中，热闹非凡，这是在其他任何布依族村寨所不能看到的文化现象。

（1）物质文化

屯堡，周长约700米、高2米至3米不等，全系石头砌成，依山势而建，高低错落，均不是在一个等高线上，形成不同高度的“落差美”。有屯门两洞，成为进寨唯一的两道门户，现存有约一半的残墙和一个保存完好的屯门。屯堡的始建年代不详，这种军事防御设施缘起于明代洪武年间在贵州推行的卫所制度的产物。镇山的屯堡与明万历二十八年（1600）“平播”事件后李仁宇将军入赘镇山屯兵有一定的渊源关系，现已成为镇山的一道历史建筑景观。

古墓葬。主要有镇山班李氏始祖李仁宇将军墓，在镇山对面的李村西侧，还有在小关苗寨左侧山上李仁宇将军两个儿子的墓葬，被明廷封为德武将军和振武将军。历史和考古价值最高的是李仁宇将军墓。此墓墓碑清楚地镌刻墓主人的籍贯、职务、入黔以及入赘镇山的史实，是镇山建寨历史和汉、布依联姻的实物见证。

民居建筑。镇山布依寨不同于一般的自然村寨，首先在选址上独具匠心，其地在明清时期是贵阳府通往广顺州（今长顺县广顺镇）的重要粮道。寨脚濒临花溪河，顺水路可通贵阳府，交通便利。镇山下寨的建筑风格以及由此而形成的建筑空间则与上寨迥然不同。下寨之所以叫下寨，是因为在历史上它本也不在屯兵的范围。1958年建花溪水库以前，下寨是在花溪河畔，民居建筑是“长五间”或“长三间”，横排式布局，而且户与户之间又相通，不是封闭的。1958年修花溪水库时民居从河边搬到了屯墙下面，形成了三级梯级状态，仍称之为下寨。

上寨则是历史上镇山建筑平面布局的原型。屯墙依山势而建，唯有上下两道屯门可以通向屯外，是一个完全封闭的具有防御功能系统工程。而屯内的民居亦然，是封闭观念的产物。武庙则占据了上寨的中心位置，始建于明万历年间，清咸同年间毁于战火，光绪三十四年（1908）重建，这是李仁宇将军尚武的实物见证。通往上寨的路是一条狭长而幽深的巷道，让人神秘莫测，望而却步。民居多为三合院，多数民居都有朝门，它和大门形成两条不同的中轴线。倘若关上朝门，使人感到安全和宁静，它的建筑理念和北京的四合院，安徽、江西、湖南等省的封火墙“一颗印”建筑是一脉相承的，这是汉族建筑的一大特点。另一方面，在选址上，充分吸收了布依族村寨选址的特点，民居的朝向上也是依山势而选择方向，而不像北方的民居建筑，是千篇一律的坐南朝北，因而上寨的民居建筑各抱地势，形成了丰富的建筑空间。

民居的装修主要体现窗棂方面，木雕精工，刀法娴熟，线条也比较流畅。多数民居的窗棂不失为木雕的精品。

上寨民居的大门一般都设有腰门。它的作用是什么呢？有两种说法：一是不让家里的财源外流，二是安全因素所致，不让小孩往外跑。此外，在大门的上方都安有门簪，它除了起到装饰作用以外，还体现祈求富贵的思想观念。一般门簪上都写有“福禄寿喜”四字，可惜现在保留下来的不多了。

在上寨的民居中，最为突出的是家家户户堂屋里设置的神龛，现在还遗存有上百年的神龛，木雕的花纹十分讲究，做工精细，是镇山木雕的上乘，可见对祖先的崇敬，镇山人不惜请最好的工匠和最好的材料来打制祭祖神龛。

镇山布依族村寨的石头建筑是贵州中西部石头建筑的代表，所不同的是，在门窗的式样和雕刻艺术上融入了汉族建筑的元素。汉族、布依族建筑文化的交融在镇山的民居建筑中得到了完美的体现。

服饰。主要体现在妇女服饰上有自己的特点，它没有特别的节日盛装，也没有其他一些民族服饰的鲜艳夺目的色彩和华丽的装饰，比较简朴大方，适应生产和劳作。服饰的色调为青色、藏青色和蓝色。布依族女青年的服饰有头帕、绣花青布衣服、绣花长裤、绣花围腰等。银饰品一般在节日期间才佩戴。布依姑娘的着装显得朴素、简洁、清爽。男装多为对襟短衣。

（2）非物质文化

工艺技艺。镇山布依族的刺绣工艺主要体现在围腰上，围腰绣花部件的图案中多用花鸟图案，最常见的图案有喜鹊、公鸡、蝴蝶、鲤鱼、狗牙瓣、水草、辫子、水仙、牡丹、竹、梅、荷。

镇山妇女的聪明才智都集中体现在挑花和刺绣上，她们的挑花刺绣手法常见的有：平绣、贴绣、十字挑花、抽纱、窜纱、缠绕、盘绣、架纱、吊十三针、绲边、抛纱等。一套有挑花刺绣工艺的布依族女子服装有很高的艺术价值和审美价值。

节日。在镇山，由于400多年来民族文化的碰撞和交融，节日活动方面不是单一的，而是多元的。如在镇山社区的布依族、苗族也同样和汉族一样过春节，汉族的端午节、七月半、重阳节等，镇山的布依族和苗族也过。而汉族、布依族也同样过苗族的跳花节。汉族和苗族也同样过布依族的“三月三”、“六月六”，总之，一年四季的节日比较多。

每年农历正月十二、十三、十四这三天，镇山的苗族、布依族都要举行“跳花节”活动，场上盛况空前，布依族、苗族青年男女身着节日盛装，会集在一起，青年男女围着花树唱歌、跳芦笙舞。每年“六月六”是镇山布依族的传统节日，又是“断秧节”，插秧完毕，要包粽子，还要举行对歌活动。

信仰。镇山村民的信仰和禁忌也是多元的，在镇山，既有汉族式的以神龛为载体的祭祖活动，又有自由崇拜祖先的布依族的祭祖传统。十分有趣的是每逢农历的“六月六”，村寨不论是汉族还是布依族，男女老幼都要开展祭树活动，以求风调雨顺，消灾祛病，家家平安。

口头文学。镇山还是民族民间文学和艺术的宝库。镇山的布依族和其他的民族一样，由于没有自己的文字，都是口传心授，民歌、民间故事、传说等都是口传文化的重要内容。镇山的民歌是以惠水布依族的《好花红》的曲调为主调，歌词是随口编唱，非常灵活，充分显示镇山布依人的聪明才智。镇山流传着许多动人的故事，在没有电视的时代，讲故事是镇山人的一项重要的文化活动。现在镇山流传的故事有：《蚩尤战黄帝》、《半边山的由来》、《半边山的万马奔腾》、《半边山三岔河跳花场的由来》、《盘古开天地》、《伏羲兄妹造人间》，这些故事内容丰富，情节生动，引人入胜。

器乐曲。镇山的民族民间乐器也比较多，有芦笙、唢呐、姊妹箫、箫筒。曲调有芦笙调和唢呐调，曲调悦耳动听。

“课题组”认为，镇山和其他村寨的不同之处是：由于明代万历年间在贵州的“平播”事件，江西的李仁宇将军入赘镇山，给镇山注入了汉文化，400 多年来，镇山不但有浓郁的布依族文化，而且也有厚重的汉文化。两种文化集于一村，得到很好的传承和发展。镇山作为一个布依族村寨进行保护具有它的典型性。

镇山村是以石头建筑著称于世，成为贵州西部石头村寨的一个代表，因镇山一带盛产石材，该村民居的墙体、屋面、道路、屯墙以及家庭的生活用具如石磨、石碓、石桌等均就地取材。村寨建筑依山临水，风景优美，因此从环境到村寨的外部形象都有很大的吸引力，特别是鳞次栉比的石头建筑有强烈的审美视觉效果。

难得的是，镇山布依村寨虽地处都市的郊区，但没有被现代都市文化所取代，仍然保留和保存着村寨文化传统的活体。但他们并不排斥现代生活，现代家用电器和现代的交通工具已经进入了他们的生活之中，只是对现代文明成果的共享，而不是改变。

“课题组”认为，镇山村在贵州省各级文物部门和政府的支持下，作为一个经贵州省人民政府批准的省级民族文化村，自1993年以来对自然环境和文化遗产等做了大量的保护工作，屯墙、武庙得以抢险加固，对寨容村貌进行了全面的整顿，并为筹建“镇山露天民俗博物馆”开展了对文化遗产的调查，收集了大量的文字资料和拍摄了文物照片，利用维修好的武庙，举办了“镇山历史文化”图片展，还对村民进行了文化遗产知识的培训。苏东海先生说镇山已是一座“准生态博物馆”了，对建成一座完全意义上的生态博物馆打下了很好的基础。

3. 中挪文化合作项目——贵州生态博物馆群（第二阶段）文本的形成

1999年3月16日，国家文物局局长张文彬与挪威王国环境大臣古露·弗耶兰格女士在北京举行了会晤，双方就各自国家的政策和文化遗产管理领域内现在面临的问题以及今后在这方面继续合作的前景进行讨论。会谈中，双方认为，为了保持持续稳定的发展，确保后代的生存环境，在平等互利互信的基础上，今后应加强双边在两国文化领域内的广泛合作，并重点进行传统文化和自然遗产的整体保护，加强这方面的研究、交流和信息交换。此前，中国博物馆学会与挪威开发合作署签署了《关于贵州省文化遗产活动的意向书》。《意向书》就挪威开发合作署为贵州省的文化遗产活动（项目）提供了进一步的帮助等问题达成一致。决定在1999—2001年，挪威开发合作署提供150万元挪威克朗，以资助建立贵阳市花溪区镇山村、锦屏县隆里古城、黎平县肇兴乡堂安生态博物馆的规划；帮助梭戛生态博物馆的进一步开发。

挪威环境大臣古露·弗耶兰格考察镇山

同年3月19日，挪威环境大臣古露·弗耶兰格考察镇山，随行人员有：克雅伦先生，他是环境大臣的配偶，还有环境大臣顾问、环境部行政与环境经济司司长、环境部国际合作司副司长、环境部国际合作司顾问、环境部文化遗产中央办公室执行主任、环境部文化遗产中央办公室顾问、挪威发展合作局顾问、环境部信息司副司长、挪威自然保护学会项目官员、挪威驻华使馆科技环保参赞、环境大臣私人助理及挪威语翻译、挪威代表团随行记者；中方陪同人员有：国家环保总局国际合作司副司长程伟雪、国家环保总局对外合作中心项目官员涂瑞和，国家文物局外事处项目官员杨晓明，中国博物馆学会、贵州生态博物馆项目协调人安来顺先生。

挪威环境大臣古露·弗耶兰格在与贵州省政府的座谈会上，对贵州生态博物馆群这一合作项目前景持乐观态度，对镇山布依族生态博物馆的建立表示出极大的热情，她说，镇山布依族村民对她的热情接待给她留下了深刻的印象。她认为镇山的自然环境和文化都十分独特，建立生态博物馆更加有利于促进它的整体保护。

9月，“课题组”协调人兼翻译安来顺先生受国家文物局和中国博物馆学会的派遣，赴挪威起草《中国贵州生态博物馆群项目文件》，这是一份未经签署的中挪文化合作项目文件。文件说，1998年10月31日，梭戛生态博物馆作为中国第一座生态博物馆正式对外开放，贵州生态博物馆第一阶段的工作成功完成，项目的第二阶段将是在贵州省建立一个分别代表不同少数民族社区文化和独特生态环境的生态博物馆群。中方提议，贵州生态博物馆群项目从1999年开始进入第二阶段，主要内容将包括：进一步开发和完善第一座生态博物馆，即梭戛生态博物馆，促进该博物

苏东海先生代表中方在中挪合作项目协议书上签字

馆所处的箐苗社区的发展，同时启动其他贵州三座生态博物馆的建设进程，即指镇山、隆里、堂安生态博物馆的建设进程。而其中的镇山布依族生态博物馆列为中挪文化合作项目（1999—2001）第二阶段必须完成的项目。

11 月底，贵州省文化厅向省政府呈送了《关于申请建立镇山等三座生态博物馆的请示》，12 月 9 日省政府作如下批复："经研究，同意在花溪区镇山村、锦屏县隆里镇、黎平县堂安寨分别建立贵州花溪镇山布依族生态博物馆、贵州锦屏隆里古城生态博物馆、贵州黎平堂安侗族生态博物馆。建馆具体事宜，请与有关部门联系办理。"

至此，镇山生态博物馆的建设正式获得了贵州省政府的批准。

4. 镇山布依族生态博物馆的建设方案

2000 年 1 月，贵州生态博物馆实施小组根据《中国贵州生态博物馆群项目文件》和贵州省人民政府《关于建立贵州花溪镇山等三座生态博物馆的批复》，制定了《镇山布依族生态博物馆的建设方案》（以下简称《方案》），经项目领导小组批准，同意按照此方案实施。

第一，《方案》在建馆的目的意义中说，生态博物馆的建立，使镇山布依族文化生态和自然环境得以长期的保护，在城市现代化的进程中仍然较好地保持文化的独特面貌，为地处城市郊区的民族村寨的自然和文化整体保护提供有益的经验。

为研究文化人类学、民族学、社会学以及生态博物馆的研究建立基地。

为配合花溪区以旅游为龙头的经济发展战略，以生态博物馆的形式，让观众能体验活态的布依族文化，创新民族文化的展示手段和新的模式。

第二，建馆的组织机构。在项目领导小组和贵州省文化部门的指导下，经花溪区人民政府批准，成立“花溪镇山布依族生态博物馆实施小组”，由分管文化的副区长任组长，其成员有区文化、建设、财政、旅游、国土、环保、石板镇、镇山村等单位，办公室设于区文化局。

第三，经费管理。在区文化局建立“生态博物馆建设”专账，来自各个渠道的资金打入专账。经费的使用严格按照预算执行，实行项目审计，任何人不得挪用、截留，一经发现，项目领导小组有权停止对项目拨款，并追究负责人的责任。

第四，工作安排。

（1）2000 年 6 月 30 日之前完成镇山生态博物馆的总体规划，规划应遵循以下原则：

——自然和文化遗产整体保护的原则；

——对具有历史、科学、艺术价值的建筑物（包括屯墙、屯门、武庙、古民居、古巷道等）实行“整旧如旧，不改变原状”的原则；

——对村寨的规划实行“可持续发展”的原则

规划可分为以下三个区：

——文化遗产保护区；

——传统农耕文化保护区；

——村民新区。

（2）2000 年 6 月 30 日前完成生态博物馆资料信息中心用地 13 亩的征地手续；完成环境测评报告。

（3）2000 年 6 月 30 日前完成资料信息中心的设计任务。7 月初送北京项目领导小组审批。

第五，资金安排。根据中挪协议和贵州省人民政府（黔府函〔1999〕194 号）批复意见，资金用途如下：

——贵阳市政府下拨的 30 万元用于镇山古屯堡的加固维修；

——花溪区政府下拨的 8 万元用于资料信息中心建设用地的征地费；

——挪威无偿援助经费、国家文物局、贵州省政府下拨的经费用于资料信息中心的建设、购置设备、布置展览、人员培训、出版、自然和文化遗产的调查等费用支出。

5. 镇山布依族生态博物馆的总体规划

1999 年 12 月 1 日，贵州省政府在梭戛生态博物馆召开现场会议，用生态博物馆的理念推动全省首批 13 个民族村镇的保护和建设，贵州生态博物馆的建设也列在其中。

2000 年 1 月，贵州生态博物馆实施小组在《镇山布依族生态博物馆实施方案》中要求在镇山布依族生态博物馆建设之前，必须对镇山作出保护规划。

承担镇山布依族生态博物馆保护规划的单位是贵州省建筑设计研究院，这是贵州实力雄厚的一家建筑设计研究院。

设计人员在对镇山全面调查的基础上，根据生态博物馆理念，将镇山规划为 4 个方面的内容：

第一，环境规划。自然环境的保护是生态博物馆的重要理念，由于镇山特殊的地理和自然环境，保护的重要性凸现出来。镇山地处贵阳市饮水水源——花溪水库的中段，成为一个三面环水的村寨，每天都有来自镇山村村民的生活污水排入水库之中。长期以来没有引起重视。生态博物馆在镇山的建立不得不提出对排污的治理问题。规划提出保护水体是环保的首要任务，其次是垃圾的处理和环境的绿化。

对于水体的保护，规划认为通过生态博物馆的建立排污应得以彻底的根治，即要从镇山村民的生活区建立一条长达 8 公里的排污管道，将生活污水完全排出水库区之外。这项规划需要大笔资金，近期实施困难。对此也有不同的看法，认为生活污水不同于化工工业的排放物，通过水体可以自然得到净化。而且生活污水排放量很小，不会影响水体造成污染。但规划部门还是坚持要建排污管道，哪怕在近期内不能施行，不能不对此作出规划。

第二，文化遗产保护区规划。文化遗产保护区即镇山村上寨和下寨两个部分。上寨列为核心保护区，其理由是，上寨民居全部建在屯堡之内，是400多年来屯堡内民居布局的原貌，有很高的历史和建筑艺术价值。民居多为三合院，朝门向东西两个方向对开，形成了幽静的古巷道。正房的大门全部依山势坐南朝北，东西为两厢房，天井均由石板镶嵌，给人以“庭院深深”的感受。在大门下方装有“腰门”，故名思意，门的高度至人的腰部，在功能上防止小孩出大门摔倒，但从房主人的思想观念来说是防止财源外流。门的上方安有两个门簪，次间门上方同样安有两个门簪，四个门簪上刻有“福禄寿喜”四字。民居的门窗装饰非常讲究，有镂空雕刻的葵花、蝙蝠作窗心，也有用木条作成格子窗和冰裂纹窗。明间为堂屋，堂屋的后壁安放有雕刻精美的神龛，这是供奉祖宗神位的地方，不容许堆放杂物。这些民居建筑无论从坐向、平面布局、门窗装饰和建筑的理念，都反映出汉族建筑文化的显著特点。

规划说，核心保护区的民居是汉族建筑文化在镇山的历史见证，是重要的文化遗产。这类建筑必须视同文物一样对待，在对其进行抢险加固中坚持“整旧如旧，不改变原状”的原则。在维修中，要注意保留建筑的历史信息和工艺技艺，必须用与建筑相同的材料、传统的工艺进行维修，使其恢复健康状态。

下寨的三排木建筑民居虽然是因1958年建花溪水库时搬迁于此，但它已是上百年的历史民居，是核心保护区的一个组成部分，因而对其原貌和材质和使用功能不能进行随意的改变。

寨内的10余栋红砖墙建筑具有时代感，从结构上与历史民居有大的区别，用生态博物馆发展的观念，在一个文化社区中应该同时存在不同时代不同风格的建筑，这是为了与村寨的整体石头建筑风貌相协调，因此，规划认为，可以在这些红砖房的外墙体贴石板，这一观点为村民所接受。

对于有军事价值的屯墙没有必要进行整体恢复，只对坍塌的部分墙体进行抢险加固，尽可能保持其历史原貌，对其不能造成建设性的破坏。在濒临水库区一段墙体为观景区，可作整体的修复，但切忌用现代建筑材料。

对历史上形成的一条古巷道也列为核心保护内容，保持古巷的步道结构。

对上寨和下寨的电线、电缆线等全部下埋，彻底清除建筑上空的“蜘蛛网”。

第三，村民新区规划。在遗产区内已无寸土面积的宅基地，自 1995 年该村旅游业的兴起，在旅游经济刺激下，村民扩大建筑面积，腾出更多的房间做“农家乐”餐厅、供旅客住宿的客房。所以在传统民居之上加一至二层楼房，甚至有加到三层楼房者，使古朴的历史村寨变得光怪陆离，这一情况在下寨尤其严重。当地政府虽然进行整改，但未从根本上解决问题。因此在这次的总体规划中，按 15 年人口增长的情况进行新区规划，为了不影响文化遗产区的建筑风貌，在距村寨西北方向约 300 米的一个小山头规划为“村民新区”。新区前面的一片树林也纳入整体规划之中。新区的建筑形式可以多元化，不拘泥于传统民居的式样，在用材上可以采用现代建筑材料，由村民自己选择。新区的规划注重村民对现代化成果的享用，比如绿化地在新村中所占的面积比例、公共道路、停车车位、电线和电缆的布置、自来水的设置、排污和垃圾的处理都全部纳入规划之中，新区的基础设施部分明确由政府直接投入。

第四，传统农业耕作区的规划。贵州的生态博物馆不同于西方的生态博物馆的诞生地，西方的生态博物馆是选择在工业区，如法国的克蕊苏—蒙特梭人生态博物馆都是建立在一个工业小镇，工业遗址则成为生态博物馆的一个重要内容。贵州的生态博物馆是以农耕为业的民族社区，在这样的社区建立生态博物馆不能忽视其农耕基地，不能只局限于村寨建筑方面的遗产保护，传统的农业耕作技术是文化遗产的重要组成部分。因此将镇山西北方向的百余亩稻田作为传统农耕作区纳入保护规划是非常必要的，规划圈定了农田的现存面积，除国家建设用地之外，一般情况下不能作为宅基地征用。

由贵州省建筑设计研究院所作的《镇山布依族生态博物馆总体规划》，经省内有关专家论证获得通过。项目领导小组认可此规划，并认为，此规划是在梭戛生态博物馆建设基础上的继承和发展。

6. 资料信息中心的选址和设计

贵州生态博物馆科学顾问约翰·杰斯特龙先生于1999年8月到镇山了解资料信息中心的选址情况，他在选址上仍然坚持梭戛生态博物馆可行性研究报告中所提到的原则，资料信息中心的选址尽可能不要破坏村寨的文化风貌。选址尽可能与村寨保持一段距离，最好不要在村寨的视线之内，与村寨既便于联系，又保持一定的距离；既方便村民参与活动，但又不干预村民的生产生活。

镇山的选址不同于梭戛，梭戛选址不涉及饮水水源，而镇山地处花溪水库中段，花溪水库是贵阳市的主要饮水水源，是建房最敏感的地区，因此，资料信息中心的选址非常艰难。在水库附近可选的地址只有两到三处，但由于濒临水库，排污问题无法解决，只好放弃。按照选址原则，省实施小组和花溪区政府、镇山村领导和专业人员在镇山周围进行实地勘察，最后选定在镇山村西北约200米的一座小山上。山上长满了低矮的荒草和刺丛，土层很薄，为水层岩结构。山的前面正对东南面的半边山，这块地的最大优点是不占良田好地，属于荒地，处于该山的中心位置，坐西北面东南，远居于花溪水库之上，可望而不可及，视野十分开阔。选址最后得以确定。花溪区政府从发展的角度考虑，由原来确定的建筑面积 5900 平方米增加为 8658 平方米，特别又扩大了该中心的绿化用地，2000 年 5 月，征地手续全部办理完毕。

镇山布依族生态博物馆资料信息中心的设计由贵州省建筑设计研究院承担。

设计的理念：在建筑内部以满足使用功能为前提；在建筑外部与镇山屯堡和民居建筑风格保持一致，同时可以兼收并蓄贵州西部屯堡建筑的元素加以丰富和提高。使资料信息中心建筑成为贵州西部建筑文化的精品，建筑外观有很强的审美视角效果，建筑营造技艺上可供后人借鉴。

按照设计理念，从资料信心中心建筑的外形基本和布依族民居保持一致，但由于内部使用功能的需要，又不能完全抄袭民居的式样，因为它不是为了恢复一栋民居，而是要满足资料信息中心的使用功能，应该有别于梭戛的设计。梭戛的资料信息中心因为建筑的民居化，在使用功能上受到很大的局限，特别是展厅和影视厅的使用受到了很大的局限。因此该中心的设计在总结梭戛的基础上，坚持形式设计为内容服务的原则，将资料信息中心的设计分为五个区：（1）公共活动区：多功能厅（多功能厅主要用于影像放映、学术论坛、村民的培训等）、展厅、会议室；（2）“文化记忆”区：（包括资料室、档案室、图书室）；（3）办公区：有办公室、接待室、馆长室、财会室；（4）专家工作室（含客房）；（5）服务区：厨房、餐厅、工艺小买部、停车车位。

在营造工艺上，不拘泥与传统建筑的穿斗式结构，为达到国家的抗震标准，可以用现代建筑材料的框架结构。此外尽可能就地取材，用当地产的石材作墙体、屋面和地面之用，以增强建筑自身的防火性能。

2000年6月，贵州省建筑设计研究院完成了资料信息中心的全部设计，设计图为总平面图、一层平面图、正门立面图和侧立面图、施工图，占地面积为5900平方米、建筑面积790平方米，容积率为13.4%，绿地率为60%，停车位为6个。平面布局为长方形。展厅和多功能厅不在一个面上，展厅和多功能厅面积达150平方米，均满足了功能的需求。在侧立面设计有碉楼一座，它是贵州西部屯堡建筑的重要标志。

7. 镇山布依族生态博物馆举行奠基仪式

2000年6月，由贵州省建筑设计研究院设计的镇山生态博物馆资料信息中心图获得了生态博物馆项目领导小组的批准。土地的征用业已完成，但建设经费缺口很大，仅有挪威方面的经费拨付到位。为了按建设日程表进度实施，在与花溪区政府商量后，决定于2001年4月3日举行奠基仪式，国家文物局博物馆司司长孟宪民先生和项目领导小组组长苏东海先生届时参加奠基仪式。

4月3日是一个阴冷的天气，没有一丝阳光，但奠基现场却显得很热闹。在进入资料信息中心的入口处的两块荒地里，插了10多面红旗，20多个工人头戴黄色的钢盔帽，手拿铁铲，等候在一旁。村民们也陆续来到了工地参加奠基，又有10多个穿着盛装的布依族姑娘端着盘子等候着剪彩。

4月3日上午10点钟举行奠基仪式，参加奠基仪式的有国家文物局博物馆司、中国博物馆学会、贵州省文化厅、省建设厅、省民委、省旅游局、省建筑设计研究院、贵阳市、花溪区等部门的领导和专家。奠基仪式由花溪区政府副区长、花溪镇山生态博物馆实施小组组长井绪西女士主持。井副区长说，镇山布依族生态博物馆的建设是花溪文化建设的重要项目，也是保护镇山布依族文化的重大举措。花溪区政府将镇山布依族生态博物馆的建设作为2001年的八件大事来抓，我相信，在国家和省、市的关心支持下，在挪威的无偿援助下，镇山布依族生态博物馆一定按计划完成。今天仅是举行一个奠基仪式，还不是资料信息中心的正式开工典礼，但它标志着项目的启动。

苏东海先生说，镇山布依族生态博物馆是中挪文化合作项目（第二阶段）建设项目，是贵州生态博物馆群之一，自1999年3月挪威环境大臣考察镇山以后，中挪双方在北京草签了文化合作意向协议，去年9月，以龙超云副省长为团长的贵州省政府代表团在挪威首都奥斯陆出席了中挪文化合作第二阶段协议的正式签字，镇山则列入了协议的内容之中，国家文物局对此给予指导和支持。今天我很高兴参加镇山布依族生态博物馆的开馆仪式，祝镇山布依族生态博物馆如期建成。

同年6月23日在《贵阳商报》上公布招标公告。6月29日，在花溪区文广局召开了标前会。7月3日，区文广局召开了招标答疑会，标底由“黔正工程造价事务所”完成，并于7月10日上午直接送贵阳招投标交易公司，当场宣布标底、标书，由专家现场对投标书单位打分，宣布中标单位——贵阳市建筑公司。自8月15日，开始第一次放线定位，由于设计单位改变了建筑的定位方向，贵州省生态博物馆项目实施小组与建设单位再次会审图纸，为了今后有更多的专家学者到此进行研究，又在原来5间专家工作室的基础上再增加了一倍，满足接待小型的学术研讨会的需要。其次是图纸设计的多次改动，直到经北京生态博物馆项目领导小组批准才付诸实施。8月31日，按设计总图第二次放线，经建设单位验线后得以认可，9月2日破土动工。

在施工过程中遇到了不少的困难和障碍，发现地基有溶洞以及平整基础时的石渣、松土厚达6米，给施工和工程质量带来了不利，贵州省建筑设计研究院设计人员到现场办公，决定将部分基础改为独立柱基和孔桩处理。9月21日验槽，在验槽过程中因没有地质资料，区质检站要求进行扦探，经半个多月的扦探，省设计院重新按照提供的扦探资料设计修改，直至11月13日才完成基础设施图，在此基础上又经了4次修改，到22日基础工程图才正式完工，使整个工程推迟了3个月才竣工。在主体工程上，从11月24日开始砌一层砖和石墙，在施工过程中按原设计施工图纸有很多尺寸不符，省设计院认定要更改，因而等待通知修改后再施工，就主体工程部分设计单位就修改了10多次，这样使整个工程进度受到了影响。由于发现地基有容洞，地质扦探和基础改为柱基和孔桩，增加了工程预算，省国土厅认为该工程不属于省重点工程，又补交了开垦费2万多元，这部分增加的费用从何而来又成了问题，只得先由承担工程的单位垫付。

花溪区政府主持几次现场办公会，并对施工单位提出要求，要按合同规定的时间完成施工任务，保证开馆如期举行。

8. 开馆前的准备

社区自然和文化遗产调查：对资料信息中心陈列作准备，由花溪区组织的“社区文化遗产调查组”进入镇山布依族文化社区开展调查工作，但对调查有两种不同的意见：第一种意见认为，镇山是贵州首座布依族文化生态博物馆，是贵州布依族人民的自豪和骄傲，布依族文化的调查和陈列不应该局限于镇山一个村寨，应该把调查拓展到贵州境内的布依族生活的社区，使镇山成为贵州省布依族文化的研究中心。第二种意见认为，布依族在贵州分布比较广泛，虽然同属布依族，但由于居住的地理环境的差异形成了文化的差异，服饰上就有很大的区别，如果都集中在镇山进行展示，就失去了镇山布依族文化的特点。因为现在所建的是“镇山布依族生态博物馆”而不是“贵州布依族生态博物馆”，生态博物馆的理念是保护和传承镇山布依族的活态文化。生态博物馆并不是单纯的文物陈列，如果仅是陈列贵州布依族文化的实物，那就不是生态博物馆，而是传统博物馆。生态博物馆是表现村民们真实的生活，而贵州省各地布依族的生活只能是在他们生活的社区才能得到很好的展现，而不能搬到镇山来展现，因此，镇山生态博物馆只能展现镇山的布依族文化和他们的生活，而不能展现其他地区布依族的文化和生活。

“社区文化遗产调查组”认为，这种调查虽然不能拓展到贵州境内，也可以在镇山文化社区进行，因为镇山文化社区不局限于镇山村，而是和镇山布依族文化相同的广大的布依族居住的地区。苏东海先生是支持后者的意见。

这一问题后来引申到国际论坛，2005 年在贵阳召开的“贵州生态博物馆国际论坛”之后，苏东海先生给法国生态博物馆的创始人之一的雨果·戴瓦兰先生写信，用在云南勐海县章朗村建立的布朗族生态博物馆的例子写道：“文化交流展示中心，征集和展示的不仅是本村的文物，而且有很多别的村寨的文物，是向布朗族历史博物馆的方向发展，这显然是政府的愿望和行为，本村没有能力做到这一点的，而且也不一定有兴趣做，如果政府撤除，这个交流中心是无法存在和发展的，为此黄映玲（云南省西双版纳傣族自治州宣传部长）建立了指导委员会以保证政府和专家行为的连续性，并聘请我为总顾问。我对这种把遗产的区域化保护扩大到民族化的做法是怀疑的，因为贵州镇山布依生态博物馆这样做已经失败了。”

雨果·戴瓦兰先生就此问题给苏东海先生回信说：“我认为这样一个博物馆可以（甚至应当）演化为整个民族的研究中心，（我们在贵阳会议上见到了其他的一些博物馆可能也是这样），这样一个中心将来可能会辐射到各个村寨催生一些更小的社区博物馆，或其他的分支机构，当然这一切都要以当地人的意愿和文化的演进水平为转移。”戴瓦兰先生说他在“贵阳见到了其他一些博物馆”即指镇山布依族生态博物馆，因为陈列展览的概况中有一幅贵州省布依族分布图，在服饰展览中也有其他地区的布依族服饰。

贵州的生态博物馆正处于实践之中，在国内没有可借鉴的经验，生态博物馆在国际上已没有固定的模式，镇山布依族生态博物馆处于实践和探索之中，不论它的成功与“失败”都是有意义的。在这两种不同的观点之中，“社区文化遗产调查”组都不排斥，在对镇山社区的调查中更关注对非物质文化的调查。

陈列的设计思想：开放、立体、活泼、创新。

陈列的第一部分从“镇山村沿革”中介绍布依族的分布状况。布依族主要分布在贵州、云南、四川等省，人口 200 余万人，其中贵州 100 余万人，居住在黔南、黔西南两个自治州和贵阳、安顺地区。布依族语分为三个土语区，没有古文字，1956 年创制字母文字。

从第二部分至第四部分是对镇山的文化进行解读。

第二部分“镇山民族融合”中写道：李仁宇系江西籍人氏，明万历年间率部平播进入贵州，在花溪一带屯兵，其夫人因水土不服去世。次年，李仁宇与当地班氏女子结婚，入赘镇山，生二子，长子姓李、次子姓班，班、李为同宗兄弟，现已传到 17 代。

然后用家谱、谱系、李仁宇将军墓葬照片作为汉族、布依族融合的证据。

第三部分“镇山文明形态”是陈列的主要内容，分为物质和非物质两大部分，为了表现镇山布依族人的生活，在展厅复原了家庭生活场景，主要凸现房屋中的堂屋部分的复原陈列。有神龛、八仙桌、条凳、靠椅。此外还复原了卧室一间，有床、衣柜、火盆等。在堂屋雕塑有布依族妇女劳作的造型，形态逼真。

反映生产方面的实物主要有农具、酿酒工具模型、纺车、犁、锄、镰等。

非物质文化通过音响和影像设备来记录布依族的音乐、舞蹈，如《好花红》、《酒歌》。表现民间文学有镇山民间文学复印本；手工工艺品有蜡染、刺绣、竹编、雕刻、银器、服饰。

第四部分“前进中的镇山”，表现为生态博物馆不同于传统博物馆理念，生态博物馆不但要表现过去，而且要表现现在和未来。法国生态博物馆学家雨果·戴瓦兰先生说：“我认为，所谓传统博物馆和社区博物馆（他一般都将生态博物馆称为社区博物馆）的主要区别在于后者永远处于进化过程中，而前者是一个产品，被设计成并视为一个完整的组织，所以，不管社区博物馆最初是如何建立的，重要的是在之后的数月，数年以至数十年间都要不断努力。我们的挑战在于要长时间参与这一演变过程，并帮助当地人民，使其越来越多地担当起博物馆各方面工作的责任。”所以，“发展与进步”是这一部分的主题，通过教育、卫生设施的改善，在生态博物馆建设中村民参与社区文化遗产保护和村民家庭生活中现代家用电器、现代交通工具等照片来反映这一主题。

陈列的结束语说：“镇山的故事没有完结，她的生命根植于多民族的土壤中，她的成长来源于民族融合，它的发展得益于开放的空间和包容的情怀。一个民族，保存了最多的传统，就最具有民族性和世界性；一个民族，不固守传统，就最富有生机活力，镇山为世界展示了这样的民族文化生态的风采。”

9. 镇山布依族生态博物馆举行开馆仪式

2002 年 7 月 15 日，迎来了镇山布依族生态博物馆开馆仪式。7 月中旬，骄阳似火，贵阳地区的温度竟达到了摄氏 33 度！创贵阳夏季气温新高。尽管如此，在镇山布依族生态博物馆资料信息中心，人头攒动，旌旗飘扬，热闹非凡。在临时搭建的会场台子后面是巨幅宣传画，画面上是布依族村民穿着节日盛装载歌载舞的场面。画面上方横批为：“热烈庆祝镇山布依族生态博物馆开馆暨六月六布依族歌节”。会场上，人们打着花花绿绿的雨伞与烈日抗衡。前排就座的有原国家文物局副局长马自树，中国博物馆学会苏东海、安来顺先生，贵州省副省长龙超云，贵州省政府副秘书长姚亚非，原贵州省政协副主席王思民，还有省直有关厅局领导、贵阳市、花溪区、石板镇等有关领导，贵州省布依学会的专家学者，六枝特区及梭戛生态博物馆的代表，锦屏县政府及隆里古城生态博物馆的代表，镇山布依族村民，共千余人出席了开馆仪式。

苏东海先生在镇山布依族生态博物馆开馆仪式上讲话

开馆仪式由花溪区副区长井绪西女士主持，区长致词。致词说，镇山布依族生态博物馆是中挪文化合作项目在花溪区的实施，生态博物馆的建成是将布依族文化推向国际的一个重大举措，是布依族人民的一件大喜事，是布依族文化走向世界的一个重要的里程碑。我们要用生态博物馆的理念，推进镇山乃至花溪区的自然环境和布依族文化的保护。保持花溪山水、田园、农庄的特色，为发展花溪的文化旅游经济作出贡献。

贵州生态博物馆领导小组组长苏东海先生致词说，今天是镇山布依族生态博物馆开馆的大喜日子，我代表项目领导小组表示热烈祝贺，对镇山的村民们和各级领导，各方面人士所作出的努力和贡献表示衷心的感谢。镇山布依族生态博物馆是继梭戛苗族生态博物馆之后建成的贵州第二座生态博物馆，是运用国际生态博物馆的理念与中国本土实际相结合的第二个试验点，是贵州生态博物馆建设中的第二个里程碑。正像梭戛生态博物馆为以后建立生态博物馆提供的经验一样，镇山生态博物馆也要为贵州第三座、第四座生态博物馆提供新鲜的经验，为中国生态博物馆运动作出新的贡献。

会上还宣读了挪威驻华使馆环境参赞雷朗铎先生发来的贺词，贺词说："亲爱的苏东海教授：在 7 月 15 日第二个生态博物馆在镇山开幕之际，我非常高兴您能转达我的致意，请替我宣读以下致词：我受挪威王国驻华大使叶德宏先生的委托，在这个重要的时刻，向大家转达他热情的问候和祝贺。大使先生指出，生态博物馆概念的目的就是推进对自然环境和文化遗产的认识和保护意识，他非常有信心，在镇山成立的贵州省第二个生态博物馆，对保护布依族珍贵的传统和遗产将产生重要的作用，同时也将推进镇山社会经济的发展。大使本人并没有到过镇山，但他已从别处得知镇山有着令人着迷的历史。许多富有奉献精神的人，在镇山，在贵州，以及其他机构中的许多人，付出了很多心血，促成这个生态博馆的建成，今天我们看到了他们辛勤工作的成果，见证到生态博物馆正式开放，从而感到由衷的高兴。大使再一次向出席今天活动的所有人表示热烈的问候和祝贺。"

《中国文物报》及相关报纸对镇山布依族生态博物馆开馆均作了报道。

10. 总结会

开馆结束后的当日下午，项目领导小组苏东海先生召开了总结会，与会者有国家文物局原副局长、贵州生态博物馆群顾问马自树先生、贵州生态博物馆实施小组、梭戛、镇山、隆里三座生态博物馆所在地的政府和文化等部门的领导及专业人士。

苏东海先生回顾了1999年3月16日，由中国国家文物局局长张文彬先生和挪威环境大臣古露·弗耶兰格出席的《关于贵州省文化遗产活动的意向书》签字仪式之后，挪威开发合作署提供了150万元人民币的资金，将镇山布依族生态博物馆列为中挪文化合作项目（1999—2001）第二阶段的建设，在各个方面的努力下，从2001年4月初的奠基，到2002年7月15日建成开馆，是中国生态博物馆建设史上的一件大事，挪威开发合作署十分关注镇山生态博物馆的建设。期间的2000年5月初，挪威开发合作署副署长斯托洛肯先生、挪威开发合作署中国项目协调人特维特女士、挪威环境部顾问克兰先生、挪威驻华使馆环境参赞雷朗铎先生一行到镇山考察。5月10日贵州省政府分管副省长出席了“2000年中挪项目年度协商会。会上，挪威开发合作署副署长斯托洛肯先生肯定了中国国家文物局、中国博物馆学会和贵州省的各个方面对这一项目所作的努力，高度评价了生态博物馆项目对于环境保护和文化遗产保护，推动社区社会经济发展的重大意义。并表示这一项目存在着广阔的合作前景。

苏东海先生说，我们应该看到，生态博物馆已经超出了项目本身的意义。它对于本民族对文化的认同感和自尊心起到了重要的作用。今天的开幕式又是布依族传统的“六月六”歌节。周围的布依族村民顶着烈日汇集在开馆仪式的会场，没有人离开，他们为有自己的博物馆感到自豪。在多功能厅，200 多名村民在观看播放他们的生活纪录片，没有人退场，而且人越来越多，这说明了一个事实，他们热爱自己的文化。

马自树先生说，镇山布依族生态博物馆的建成开馆，已经证明了政府主导、专家指导、村民参与的路子是成功的。生态博物馆在贵州的建成，不但体现了专家在理论上的传播意义，同时更有利于实践上的探索。由于生态博物馆是活的博物馆，它的任务已经不只是单纯的文化遗产保护概念。它是一个复杂的系统工程，它涉及生活在社区村民的衣、食、住、行的各个方面，生态博物馆社区不是一个凝固的文化社区，是一个随着社会的发展而发展的社区，村民一方面生活在传统文化的氛围中，一方面他们迫切要求改变自己落后的现状，他们迫切希望能享受到改革开放所带来的成果。他们处在改革开放的好时代，希望尽可能的富起来，发展经济是第一位的，在这种情况下，传统的文化观念发生了变化，文化保护会被放到次要地位。我两次来看到的镇山村就发生了很大的变化，1998 年 10 月梭戛开馆结束后，我看到的镇山的建筑风貌保持得非常好，与周围的环境很协调。但这次来看到的情形不一样了，该村的下寨为了适应旅游业的需要，在原建筑上加层，有的加一层，有的加二层至三层，使村寨变得奇形怪状，三排梯级式的传统民居被挤压在中间，以石板为特征的民居建筑风貌遭到了破坏。这就是中国生态博物馆面临的一个重大课题。发展经济和保护传统文化形成了一对尖锐的矛盾。如果将旅游的重担全部压在一个文化保护价值很高的民族村寨上，它对文化的保护势必带来不堪重负的压力，这种形式下，我们必须要开辟新的产业发展的途径，如种植业、养殖业和加工业。总之，要形成在保护自然和文化遗产的前提下发展旅游业。否则，文化遗产被破坏殆尽之时则成为旅游业关门之日。

花溪区的领导完全同意马自树先生的看法，过度的旅游开发对文化遗产的保护是一场严峻的挑战。自1999年确定在镇山建立生态博物馆之后，给镇山注入了品牌效应，游客大量地涌入镇山，在经济利益的刺激下，镇山的乱搭乱建的情况越来越严重。政府采取了对违章建筑进行强拆，违章建筑虽然被强拆了，但政府和村民之间产生了严重的对抗情绪，对文化遗产的保护产生了抵触情绪，他们甚至认为文化遗产保护是套在他们头上的一道枷锁，妨碍了他们的经济收入。一旦有机会，他们又开始乱建房屋。政府已经意识到强拆违章建筑只是一种权宜之计。只能是治标，而不能治本。加强对村民的文化遗产意识的培训，提高他们对文化遗产的保护意识，才是保护的根本出路。

苏东海先生说，政府的保护体现国家对文化遗产保护的意志和行动，但不能取代村民的保护，生态博物馆强调的是文化遗产原地保护，村民自己保护。生态博物馆的存在在于村民对文化遗产的态度，没有村民参与社区文化遗产的保护，生态博物馆只能是流于形式，失去了建生态博物馆的价值意义。村民自己保护是一个漫长的过程，这个过程就是社区物质文化生活的极大提高和村民文化遗产保护意识得以加强，因此，通过生态博物馆对村民长期的遗产知识的培训，是生态博物馆面临的一个重要任务，这需要几代人坚持不懈地工作。镇山和梭戛各自有不同的情况，镇山面临的是过度旅游的挑战，而梭戛受到来自贫困的挑战，这两种挑战都是不可回避的，都是要面对的现实，我们只有从实际出发，才能制定出符合生态博物馆的运作计划。

镇山布依族生态博物馆的开馆，宣告贵州生态博物馆群项目（第二阶段）建设任务的完成，在梭戛、镇山两座生态博物馆建设的基础之上，我们将为生态博物馆第三阶段的建设提供有益的经验。

四、隆里古城生态博物馆的建设

1. 中挪文化合作项目——贵州生态博物馆群（第三阶段）文本的形成

2001年10月6日，中国博物馆学会、贵州生态博物馆项目协调人安来顺先生向贵州生态博物馆群项目领导小组负责人苏东海先生呈送了《关于与挪威国家文物局官员工作会晤情况报告》，并同时呈送国家文物局博物馆司孟宪民司长。

《报告》说："2001年10月初，挪威国家文物局外事处主任莱顿·维阿女士致函贵州生态博物馆群项目领导小组，希望在其前往昆明出席国际旅游城市大会途经北京时与项目中方负责人进行短暂的工作会晤，以便就贵州项目的进一步合作交换意见，我受项目领导人苏东海研究员的指派，于10月5日下午与莱顿·维阿女士以及挪威驻华使馆参赞雷朗铎先生在北京进行了约一个小时的工作会晤，首先，挪威文物局、挪威开发合作署对项目的顺利展开表示满意。挪方重申，此项目从1997年以来一直遵循着1995年《可行性报告》所确定的基本框架，即作为一个完整的国际合作项目，挪方分不同阶段参与贵州生态博物馆的开发，目前第一、第二阶段工作进展顺利，挪方有愿望和信心，继续在项目第三阶段，即最后完成阶段与中方合作，实现在贵州建成由4个生态博物馆组成的生态博物馆群的共同目标，同时为该项目画上一个圆满的句号。挪方表示，如果中方有相同的意愿，从项目的连续性和完整性出发，第三阶段可以从2002年1月开始，至2004年结束。其次，挪方认为，中挪两国的领导人和政府部门都对此项目给予了相当大的关注。1997年10月，江泽民主席、挪威国王亲自参加项目第一阶段协议的签字仪式，中国国家文物局张文彬局长和挪威外交大臣代表双方在协议上签字。1999 年 4 月中国国家文物局与来访的挪威环境大臣进行了会晤和讨论并签署了项目第二阶段合作意向书，使第二阶段的工作得以启动。对于有望从 2002 年 1 月开始合作的第三项目阶段，挪方表示希望将协议的签署纳入 2002 年 1 月下旬挪威首相对中国国事访问的正式日程，挪威客人还评价道，就一个双边文化合作项目而言，它是以两个国家的最高领导人的亲临为合作起点，如果六年后再以两国领政府首脑的亲临为标志画上一个圆满句号的话，这至少在挪威是绝无仅有的。再次，挪方在了解了项目的一些进展情况后，希望中国博物馆学会能继续与贵州省有关部门通力合作，尽快完成第三阶段项目文件的准备工作，以便使挪威开发合作署在最短的时间内完成有关审批手续。

根据中国博物馆学会、项目领导小组和贵州有关方面提供的信息以及挪方专家实地考察的情况，挪方表示，在第三项目阶段，挪方提供 300 万挪威克朗的无偿援助是可能的，如果此方案得以实施，挪方为本项目三个阶段无偿资助是可能的。挪方为本项目三个阶段无偿资助的总额将达到 520 万挪威克朗。挪方还表示，虽然相对中方的投入而言挪方的资助是非常有限的，但挪方在保护文化遗产方面与中方合作的愿望及其精神价值是远远超过其经济价值的。”

安来顺先生在报告中说：“我作为中国博物馆学会的一名工作人员，在国家文物局和项目负责人的领导之下，有幸在 7 年里参加了该项目部分服务性工作，如仍承蒙不弃，也愿就此与挪方人员的工作会晤提一点浅见。我认为，项目第三阶段的准备工作应从两个渠道同时展开：

第一，在业务准备方面，要立即与本项目在贵州省领导人龙超云副省长通报有关情况，与贵州省文化厅进行协商，北京、贵州两地同时落实项目所涉及的具体业务问题，特别要尽快落实贵州方面的政府文件，土地使用证和主要项目活动框架及其预算，力争在11月15日前完成项目文件初稿，11月30日前完成项目文件正式文本。

第二，根据挪方此次提供的最新信息，如果协议签署被纳入明年1月挪威首相访华正式日程，这将是一项重要的国事活动，事关重大，应像第一、第二阶段一样尽快以中国博物馆学会的名义向国家文物局做出专门报告，在国家文物局的统一部署下，本着一切服从和服务于国家国事活动的原则，在确保高学术水准、高国际化程度的前提下，以最快的速度完成项目文件，同时及时有效地向国家文物局提供所需要的项目背景资料，完成领导交办的各项任务。”

10月8日，国家文物局博物馆司孟宪民司长将此报告批转博物馆处：“请博物馆处研究意见，明年前应有所表示。”同日，博物馆处就此报告作了批复：“宪民同志：中国博物馆学会安来顺同志提供的关于贵州生态博物馆群项目的情况非常重要，我处遵示作了研究，意见如下：一、似可将安来顺同志报告内容转请贵州省文物局研究，建议该局就项目第一、第二阶段的进展情况（附有关材料）、第三阶段的准备工作及能否将第三阶段的协议签署纳入明年1月挪威首相访华日程等，尽快向我局写出专门报告，以便商外事处报局领导研究。二、鉴于我局已将贵州生态博物馆群建设项目列入国家重点支持的特色博物馆范围，似应请贵州省文物局抓紧组织制定并报送有关项目建议书，以及文物征集、文物维修、安防工程的具体方案，以便审核并纳入我局‘十五’期间的经费补助项目库。”

10月9日，贵州省文化厅收到了国家文物局的阅批件，并附上安来顺先生的《报告》。

10月15日，省文化厅以黔文函〔2001〕35号文件，就中挪文化合作项目——贵州生态博物馆第三阶段配套资金问题商省财政厅、省交通厅、省建设厅、省民委。函件说："中挪文化合作项目——贵州生态博物馆群自1997年至2001年业已完成了第一、第二阶段的工作，挪威政府已无偿援助220万挪威克朗，在国际上产生了积极的影响，对于保护贵州民族文化遗产，振奋民族精神，弘扬民族文化，提高贵州在全国乃至全世界的知名度作出了贡献。挪威对贵州方面的工作表示非常满意，愿继续支持项目第三阶段（2002—2004）工作。挪威政府表示对隆里、堂安两座生态博物馆无偿援助300万元人民币，并要求贵州省政府配套500万元人民币，国家文物局要求在2001年11月30日之前将贵州省政府配套资金文件准时寄给中国博物馆学会，作为第三阶段项目文件附件，于2002年元月该项目列为挪威首相访华时签署协议的正式日程。"

11月27日，贵州省政府以黔府函〔2001〕560号文件就贵州生态博物馆群第三阶段建设资金安排作了批复，并在各厅局的资金分解上作了调整。批复说："经研究，同意对中挪合作项目贵州生态博物馆群第三阶段项目（建设黎平堂安侗族生态博物馆、锦屏隆里古城生态博物馆）配套500万元资金。其中：省计委从省基本建设投资中安排博物馆资料信息中心建设资金120万元，从以工代赈资金中安排乡村公路建设资金150万元，建设厅从小城镇建设资金中安排村镇基础设施建设资金80万元；省民族宗教事务委员会安排治理环境和民族节日活动场地建设资金50万元；省爱委会安排改水改厕资金50万元；博物馆资料信息中心土地征用费30万元由当地政府承担；省财政厅安排20万元，用于文化遗产的征集、陈列、展览等。以上资金于2002年内全部到位。"贵州省政府向挪方承诺生态博物馆500万配套资金文件经1个月零13天终于得以落实，距国家文物局要求的时间即11月30日还有最后三天。

2002年1月21日，北京长安街两侧悬挂着中挪两国国旗，挪

中挪文化合作项目在北京签字

威王国首相访华，在此背景下，当天下午 1 点 45 分，中挪贵州生态博物馆群合作项目（第三阶段）签字仪式在北京中国大饭店举行。

签字前，中挪双方进行了简短的会晤，中国国家文物局局长张文彬代表国家文物局，向出席中挪文化合作项目——贵州生态博物馆群签字仪式的挪威客人表示热烈的欢迎，并对该项目一如既往支持表示诚挚的谢意。

张文彬局长说，中挪文化合作项目——贵州生态博物馆建设始于 1997 年，同年 10 月 23 日，中国国家主席江泽民和挪威国王哈拉尔五世在北京出席了该项目的签字仪式，经中挪双方的共同努力，该项目的第一阶段和第二阶段的工作进展顺利，取得了可喜的成绩。生态博物馆的概念产生于 20 世纪 70 年代的法国，随后在国际上产生了深远的影响，挪威也将这一理念引入国内，建立了不同类型的生态博物馆，同时在挪威生态博物馆学家的帮助下，将生态博物馆的理念引入中国，首先又在贵州建立了中国第一座生态博物馆——梭戛生态博物馆，在我国的博物馆中取得了重大的实践成果，在此基础上又拟将建不同文化类型的生态博物馆，开我国新博物馆学运动的先河。根据双方的协议要求，贵州省已将生态博物馆建设列入今年的工作重点，国家文物局同样将贵州生态博物馆列入今年工作重点之一。我相信，生态博物馆在贵州将会得到健康的发展。

挪威环境部长博耶·布伦德先生说，我很高兴参加今天的签字仪式，今天正好是世界环境日的开端，我对生态博物馆有很大的兴趣，生态博物馆不但强调对文化遗产的保护，而且同时也注重居民生存环境的保护，是环境科学的一个重要内容。我很高兴随同首相访问贵国，我们参观了西安的秦始皇兵马俑，我们不能不佩服中国对环境和文化遗产的保护力度。今年正好是生态旅游年，文化遗产年，在这样的背景下，我们共同签订贵州生态博物馆建设项目具有特别的意义。

挪威开发合作署署长托弗·斯特兰德女士说，我也高兴地出席今天合作项目的签字仪式，我认为建设生态博物馆可以理解为既是一个环境保护项目，又是一个文化遗产保护项目，因此生态博物馆的建设具有双重意义，我听说，中国有的地方建立了生态博物馆网络，这对于推进生态博物馆建设具有积极意义，贵州生态博物馆的经验起到了先锋作用。

双方会谈完毕之后，中方代表苏东海先生和挪方代表托弗·斯特兰德女士在贵州生态博物馆项目（第三阶段）协议书上签字。项目第三阶段挪方无偿援助300万元人民币，将在2005年前建成隆里、堂安两座生态博物馆，最终形成了代表不同文化特色的贵州生态博物馆群。

2. “课题组”考察隆里古城

1995年4月26日，“课题组”考察隆里古城。

4月26日上午，“课题组”一行从黎平到了隆里古城的东门城楼，城楼为二层歇山顶，面阔三间，砖木结构，建于石拱城门之上，其势显得有几分巍峨。城楼的山墙早已斑驳，歇山顶屋面四角吊的风铃在微风的吹动下，不时发出清脆的声音，平添了几分幽古之情。

隆里村支书胡炳祥给“课题组”介绍隆里古城的历史，他先将“课题组”一行留在东门外，讲解东门的历史。东门又叫青阳门，原来在城门外有一栋建筑叫“勒马回头”，北方的城池称之为“瓮城”，是军事上的一道防御工事。“勒马回头”是建在城门外的一栋四合院，和城墙相连接成为统一的防御体系。进东门而不从东面开门，是从南面开门，正对的是北面的一栋面阔三间的平房，犹如进入城里的一间民房。但要进城必须折向东，方能进城，这是区别北方“瓮城”的营造理念。瓮城的三道城门都是在一条中轴线上，没有隐蔽性，城门一开，一目了然，无非是多了两道城门作防卫。“勒马回头”是隆里古城建筑特色，可惜这组“勒马回头”建筑早已被夷为了平地。

进城后是3米宽的鹅卵石铺就的路面，一直伸向西门，由于日久天长，鹅卵石已磨得很光滑了。路的两边是古老民居建筑，形成了长长的街景。建筑具有徽派民居的特点，全系砖石结构，防盗功能很强。排楼面阔三间，大门为石库门，石库门两边刻有对联，两次间开窗很小，窗的两边也有对联。大门的顶端施以彩绘，山间为封火墙，当地又叫马头墙。墙边缘也施以水墨彩绘。

大凡砖木结构的民居，其形制大同小异，不同的是门楣的上方是人工用砖砌成的矩形框，施以白粉，书有不同题字，有“三槐第”、“济阳第”、“开科第”、“关西第”、“清白第”、“五柳堂”、“四知堂”、“百忍堂”、“耕读为本”、“身在家声”等，这些都说明房屋主人的地位和名望；有的民居虽然是新居，但仍用红漆写上“三槐第”和“开科第”的字样，这些反映名望和地位的文化现象，在贵州的任何村镇都很难看到。

胡支书带着“课题组”来到了乡政府门前，他指着往南延伸的那一条宽大的鹅卵石路，这条路叫“蜈蚣街”，因用鹅卵石镶嵌了一条蜈蚣的图样，故此而得名。此时苏先生问他为什么要镶嵌蜈蚣的图案呢？他说，是因为吴三桂派员到隆里所废了隆里守御千户所，变军户为民户，从此隆里人失去了高贵的身份，故十分痛恨吴三桂，将吴三桂比喻为一条蜈蚣虫，并将这条蜈蚣虫图案镶嵌在南街的地面上，让千人踏万人踩。2004 年，县政府争取到一笔旅游贷款，在隆里古城搞“三线”下埋时因要挖暗沟，历经几百年的鹅卵石路面要重新翻修，即重新铺的鹅卵石路，仍然按原样铺就，让“蜈蚣虫”不会从隆里人的脚下逃走。

往西是隆里古城最长的一条街道，有两米宽，路边有一口井，井口也被提水的索子勒下了一道道索痕，现在还有村民在此提水浣衣。胡支书说，古城原有三街六巷九院子七十二口井，三街六巷的古城格局现依然存在，可是这七十二口井现在只剩下十几口井了，很多井都被埋掉了。七十二口井即是七十二家姓氏的代表。隆里古城的先民来自十三个省，有七十二家姓，每姓人家便有一口井。现在的隆里也没有七十二家姓氏了，古城里的姓氏也只有十多家，其中有胡、王、江三大姓氏。那么还有将近五十多个姓氏到那里去了呢？胡支书说，因经历了七次战火，每一次战火有好多人家搬出了古城，到外地安家，这样古城里的姓氏也减少了许多。

隆里街道的交接处都呈“丁”字形，不是“十”字街。“丁”其寓意为人丁兴望，而“十”乃有失守、失火之意。这在贵州的古镇街道布局中是唯一的。

古城的北门只是一个称谓而已，从来闭门不开，从封闭北门的观念来看，是受中国历朝都城由于多受来自北方的侵扰，乃患外心理所至。现在的北门只剩下一栋门楼，破烂不堪了，有几个年近八旬的老人在等候“课题组”的到来，按这里的风俗，有老人在此等候，算是对客人的最高礼仪。他们是隆里有文化的老人，城楼上安放一张小桌，有几张打字纸，还有墨、碗、毛笔等。一位老人拿着毛笔要苏先生题字，苏先生题毕，又是安来顺先生、约翰·杰斯特龙先生题词。最引人注目的是约翰·杰斯特龙先生的题词，他可能是第一次用毛笔写英文，毛笔是中国的文化，一个老外拿着它似乎有些别扭，他从左到右，写了两行洋文，谁也不认识，安先生立即将其翻译出来：“祝隆里人民生活幸福、美满！”

北门的城墙下面有一条100余米长的暗沟，约有80公分高，现在是一条明沟了。胡支书说，原来这一条暗道可通城外，清咸丰同治年间，农民起义军破城后，有100多人从暗道逃生，现在还保留这条暗沟的原样。

城外有座状元桥，此桥是为了纪念唐朝诗人王昌龄贬谪隆里而建（王昌龄贬谪隆里是一种传说），因王昌龄曾中博学鸿词科第一，隆里人尊称他为状元，故修桥以纪念之。桥建在距古城西北约500米的龙溪河上，始建于明万历二十二年（1594），崇祯二年（1629）重建，全用长方形石料砌成，桥面铺长条石板，现仍坚固结实。在桥的右侧的真武山下立有十余通状元桥碑记，为历代文人墨客和黎平太守所作。状元桥在旧时成为黎平府的八景之一。城内还有很多古迹，如龙标书院，江氏宗祠、王氏宗祠、陶家大院等。

胡支书说，隆里古城的人们长期自我封闭在城里，生产生活方式、风俗习惯、宗教信仰等都沿袭了几百年来的传统，春节有玩龙灯，唱汉戏，各家都有祭祖活动，天黑时“喊街”（有专人敲锣喊街防火）。苏东海先生说，这就是一座活态汉文化古城。

3. 建立隆里古城生态博物馆的可行性

（1）自然环境和古城历史

隆里古城位于云贵高原东部边沿的锦屏县南部，距省会贵阳470公里，距锦屏县城42公里，距黎平支线机场20公里，是锦屏通往黎平堂安生态博物馆的必经之路。隆里古城坐落在群山环抱的田畴之中，东有五骢山、文笔山、洪钟山、长庚山、凌云山、禹门峰，加之跃龙潭形成的隆里“八景”，西有龙溪河绕城流过，形成一条天然的“护城河”，风光绚丽。

隆里属于中亚热带季风湿润气候，雨量充沛，冬无严寒，夏无酷暑，年平均气温摄氏16.4度，无霜期314天，降水量1400毫米。

隆里古城是明代推行卫所制度在贵州幸存的一座完整的军事所城。明洪武十八年（1385），明太祖朱元璋第六子楚王朱桢带兵平“剿”义军，实行军屯，置隆里千户所，留丁兵300人驻所城，守城官兵来自河南、甘肃、江苏、江西、山东、福建等省，共72姓，全系汉族。600余年来，其屯军官兵的后裔在隆里繁衍生息，传承着他们自己的文化。古城现有居民834户，3400多人，是一个活生生的汉文化共同体。

（2）物质文化

隆里古城虽经600年的岁月沧桑，至今仍保持卫所城的军事防御功能体系的建筑格局，古城的平面布局略为正方形，占地约9万平方米，是一座亦兵亦农、能战能防的军事城池，其防御体系十分缜密，城四周建有护城河，设东、西、南、北四门，东、西、南三门建有“勒马回头”（即瓮城）。“勒马回头”在建筑手法上不同于北方城池的“瓮城”，瓮城是两道城门均在一条轴线上，而“勒马回头”的城门是由两条轴线相交，构成一组四合院，进入四合院如同进入了迷宫，给人以惊恐，不敢久留，只好策马回头。这种明通暗堵，虚虚实实，暗设机巧，是隆里古城在防御功能上的独创，在全国古代营造城池的瓮城上是少见的。但唯北门闭而不开，为能在战时紧急撤退，故在北门城墙内建有一条长 100 米的暗沟通向城外。

城内以千户所“衙门”为中心，向东、西、南三个方向建三条街，为城内交通的主要干线。三条大街又分为六条巷道，街道的交叉处不为“十”字形，而呈“丁”字形，因“十”与“失”谐音，为军事城池所忌讳，“丁”则可寓意人丁兴旺，城池永固之意，故为“丁”字形街。街道将城内划分为相对独立的九个居民区，当地称为“三街六巷九院子”。街道均用鹅卵石墁成龟背形路面，南街用鹅卵石铺成一条形如蜈蚣路面，其他的街道镶嵌有古钱图案。

隆里民居建筑具有典型的“徽派民居”特点，为砖木结构，三面砖砌围墙，两山墙为封火墙，当街而立。一般为两进四合院，少许有后花园。大门均为石库门，雀替雕工精细。石库门两边安放有石凳，可供主人休憩。在大门的上方用砖镶砌有凹形横框，为矩形，内施白粉，上书主人的名望或地位，这是明初设立卫所城中民居建筑的文化现象。据考证，早期的封火墙建筑当街面不开窗，其目的是为了增强民居的防御能力。隆里古城民居建筑与其他城镇民居建筑的区别在于处处考虑攻和守的关系，因此户与户之间的后门相通，遇战事紧急情况时则可以从后门撤退。

隆里人称封火墙建筑为“窨子屋”，山墙（隆里人称为马头墙），墙角凌空，近看如“笏板”朝天，有展翅欲飞之感。不论民居的正面墙还是山墙，墙的边缘都是白粉框边，其上绘有花鸟虫鱼，或勾勒山水人物水墨画，非常淡雅。

著名的建筑景点还有龙标书院和状元桥。龙标书院在城北隅，据《开泰县志》载：“隆里之有龙标书院，创自唐昌龄公，客家（指汉族人）子弟教书授学场所。”清雍正三年（1725）隆里人张应诏捐资重修，光绪二十五年（1899）再修。书院大门为排楼式建筑，中轴线上有荷花池、祭祀厅、教馆等，新中国成立后改名为隆里小学。

状元桥在城西北约1公里处，为纪念唐代诗人王昌龄而建。始建于明万历二十二年（1594），崇祯二年（1629）重修，桥为三拱，横跨龙溪河，高约4米，长34米，全系石料修砌，桥面铺青石板，过桥可达状元祠遗址，状元桥为隆里八景之一。

水井是隆里的一大特色，《龙标志略》载：所城“七十二姓氏，七十二水井，凡食货之所需求无不便”。时一姓一井，各姓各用。隆里人称水井为吊井，井口为料石凿成，呈圆形，也有方形者，一般高出地面约30公分至50公分不等。因天长日久，井口被索子勒下了一道道深浅不一的痕迹。现仅存十余口井作为历史的见证。

隆里古城的碑刻较多，多数的碑高在1.5米至2米之间，碑石质为青石，坚硬而光滑，为上乘石材。碑刻自秦汉以来为汉文化的一种实物载体，在隆里表现得较为突出。据初步统计，明清时期的碑刻有70多块，有旌表碑、功德碑和宗祠碑三种，是研究隆里古城的实物资料。

(3) 非物质文化

隆里古城居住着的汉族是周边少数民族包围之中的“少数民族”，迄今古城居民仍保存汉文化传统，他们的思想观念、生产生活习俗、节日节庆、婚丧嫁娶等都保留在古城之中。

语言为汉语，操湖广口音（历史上曾隶属于湖广行省）。新中国成立以后，特别是改革开放以来由于与周边的少数族通婚，古城也有少许人操民族语言。

隆里居民保持和传承着的汉文化有正月的玩龙灯、演汉戏、迎故事、编对联、猜谜语等。

玩龙灯，亦称舞龙，其龙灯取材源于宋朝立国之初“蓝季子会赵匡胤”的汉戏传统剧目，演员分别以汉剧的生旦净丑角色着装化装，故名“花脸龙”。主要表演技巧有“串花龙”、“滚地龙”、“二龙抢宝”、“金龙抱柱”、“黄龙吐丝”、“青龙出洞”、“五龙相会”等。龙灯制作精巧，表演技术高超，规模气势宏大，隆重时达16条龙之多。舞龙是隆里居民节日庆典和迎接宾客的重要仪式。

演汉戏，最初据说是为龙标书院开展的孔子祭祀活动而得以传承，即“祭丁日”（每年春秋两季干支逢丁日举行）。一年一小祭，三年一大祭，备三猪三牛三羊和自己酿制的米酒作牺牲举行祭典。唱腔为湖南辰和派，唱词优美，扮相逼真，生旦净丑，一应俱全。剧目有《铡美案》、《岳飞传》、《白蛇传》等几十个传统剧目。

迎故事，是隆里古城居民的一项传统文化活动，每年正月举行，表演形式多样，既有剧目舞蹈，又有魔术杂技。表演时有10多个身强力壮的青年抬着移动的“舞台”流动表演，“台上”演员身披蟒袍玉袋铠甲剑袋，边走边表演，前面锣鼓开道，后面鞭炮齐鸣，街道和篮球场上只见人头攒动，热闹非凡。表演剧目主要有《仙女散花》、《罗成战山》、《三星拱照》等。

节日有春节、元宵节、立夏节、端午节、中元节、中秋节、重阳节。此外隆里居民还要过自己独有的架桥节、寒食节、浴沸节。

最隆重是春节和元宵节，此期间主要开展玩龙灯、演汉戏、迎故事等活动。正月十五舞龙结束，将龙带到河边焚烧，称“送龙下海”，家家户户制作米花麻叶欢庆。

“课题组”认为：隆里古城社区的自然环境、军事所城防御体系格局、历史街区、传统民居和浓厚的汉文化保持得非常完整，具有很高的历史、科学、艺术价值，特别是对研究明代贵州卫所制度的建立提供了实物依据。建立隆里古城生态博物馆有利于对古城活态的汉族文化进行记录和传承，有利于增进古城居民的文化自豪感，有利于推动隆里社区的社会经济的发展，对于加强汉族与周边少数民族的团结和交流都具有重要的意义。

4. 隆里古城生态博物馆的保护规划

2000 年，锦屏县政府聘请贵州省城乡建设规划研究院对隆里古城生态博物馆进行总体规划。

保护规划的原则是：坚持整体保护、积极保护与继承发扬并存的原则，保护历史文化遗产，保护独具特色的古城风貌，充分发掘古城文化内涵。

规划用地范围：北至真武山脚，西至龙溪河岸，南达五马坡西南侧田坝，经五马坡至华寨与古城之间的田坝，面积 53.04 公顷。其中，绝对保护区面积 6.688 公顷，严格控制区面积 32.466 公顷，环境协调区面积 13.888 公顷。

规划期限：近期 2000—2005 年；中期 2006 年—2010 年；远期 2011—2015 年。

规划法律依据：《中华人民共和国文物保护法》，《中华人民共和国城乡规划法》。

规划内容：城墙、城楼、城壕、绝对保护区、严格控制区、环境协调区、居民建设用地、教育设施用地、生产建设用地、商业金融用地、行政管理用地、文体科技用地、医疗卫生用地、共用工程设施用地、绿地、交通设施用地，农田菜地等。

绝对保护区的主要内容有：隆里古城形制的基本格局，如城墙、城门（俗称“勒马回头”）、护城河的历史位置和原貌；以千户所为中心的街道的框架——三街六巷的历史位置；封火墙民居的原貌、龙标书院的原貌；王氏宗祠、江氏宗祠、陈氏宗祠等的原貌；状元桥的原貌。

恢复和修复的项目为：千户所衙门、龙标书院大门、城墙（东门至北门一段，长约50余米）、护城河（东门至南门一段，约100米）。王氏宗祠、江氏宗祠。封火墙传统民居40余栋，其中对典型民居陶家大院进行重点修复。

规划的另一个重要内容是居民建设用地，根据县里的意见是规划在古城南面500米远的一片农田。这一片地的用途有两个方面，一是因为要恢复城墙和护城河，要解决居住在城墙遗址上的百余户人家的宅基地；二是城内住户因人口增加需要建房的宅基地。

此规划经贵州省内的专家论证获得通过。生态博物馆项目领导小组对此规划也有不同的意见，项目科学顾问、挪威国家文物局副局长达格先生对此提出了很有建设性的意见。达格先生2002年9月在隆里考察时，他认真研究了《隆里古城生态博物馆保护规划》，他说，在我看来隆里存在的问题是对前段制定的规划涉及隆里风景线的问题，这个总体规划要将城墙恢复，意味着建在城墙遗址上的大批民居建筑将要被拆除，拆除的民居要搬到别的地方，从保护规划中所制订的方案，新区是在古城文化风景线上南部的稻田之中，在胡先生的陪同下我登上了古城西北面的曾武山，我们向东南面俯瞰古城，古城犹如漂泊在一片金黄色的稻浪之中的一艘船，这是多么美丽的一幅画图。可是，把新区建在东南面的稻田中，那么，这幅美丽的图画将被新区完全破坏。我希望新区建在东南的两个小山丘上，但小山丘是墓地，按当地习俗，村民从文化心理上是难以接受的。在文化遗产保护中，我们的保护规划应立足于可操作性，应从文化可持续发展的角度考虑。隆里古城是一个有着600多年的历史中积淀起来的一座古城，建筑作为“年鉴”反映了各个历史时期的建筑特点，反映不同的建筑文化价值体系，我们要从这些体系中找到一个平衡点，不是简单的拆和简单的修复的问题，不是一个单纯的建筑问题，而是对文化的态度问题，是否有利于对古城历史文化的尊重问题。对古城的修复是否还有其他的路可以选择，如果没有做到对文化的尊重选择的路子，不如不拆。如果一定要拆，一定要修复古城墙，一定要将一部分民居搬迁，那么就不是古城生态博物馆，因为生态博物馆不是将建筑文化定格在某一历史时段，使其变成了某一时段的文化遗存，变成了凝固的文化。而生态博物馆是活的文化，各个时期的建筑文化在古城都同时存在，由此反映各个不同时期建筑之间建筑记忆的传承关系，如果一定要全部恢复城墙，那么只能叫“古城博物馆”，而不能叫古城生态博物馆。

达格先生是站在尊重历史文化建筑的角度来谈古城的修复问题，他认为这不是一个简单的修和拆的问题，是对历史的态度问题。具体地说不是在搞一个“历史模型”的复原。这对如何修复古城具有指导性的意见。达格先生的意见通过生态博物馆实施小组转达给规划单位和锦屏县政府，在实施的过程中锦屏县政府较多的采纳了达格先生的意见。对城墙遗址上的民居建筑没有进行搬迁，对南面稻田的新区进行了重新规划，将居民新区规划到东面一座小山的公路一带，这样的调整避免了对隆里古城景观视角的影响。

5. 资料信息中心的选址和设计

资料信息中心的选址在梭戛和镇山两座生态博物馆建设成功的基础上已经积累了一些经验，但专家们对选址也有不同的观点。挪威的约翰·杰斯特龙和达格先生对选址各持己见，各有道理。约翰·杰斯特龙先生认为资料信息中心的选址最好是和村寨保持一定的距离，最好是隐蔽一些，不要破坏村寨的历史风貌，以免干预村民正常的生产和生活。另一方面为资料信息中心以后的发展留出更多的空间，它本身也构成一处文化景观，在该社区增加一处文化设施和旅游地，镇山的选址是符合这一选址理念。

达格先生则不然，他坚持资料信息中心是为社区村民服务的，村民是文化社区的真正主人，它首先应该成为村民的文化活动中心和精神家园。游客是外来者，他们不能取代文化主人的地位，资料信息中心的选址与社区距离的远近与他们的关系不大，他们不是天天生活在社区，他们来参观考察的次数是十分有限的。而资料信息中心对村民则不一样，首先是他们的“学校”，他们不能到距社区很远的地方去“上学”，他们随时随地都可能到资料信息中接受培训。因为这是生态博物馆长期要执行的一种文化遗产的培训计划。资料信息中心又是村民的一面镜子，他们能引以为自豪的就是他们自己创造的文化，他们通过生态博物馆的陈列展览和音像资料，可以欣赏到他们精美的工艺品，在影像厅通过银屏可以看到他们的生产和生活的过程。资料信息中心是他们举行重要文化活动的地方，总之，资料信息中心不是高居于社区的“贵族家庭”，村民不能只限于可望而不可即之中，必须成为村民的家园，成为村民生活中不可缺少的一部分。

达格先生选址理念来源于法国生态博物馆之父乔治·亨利·里维埃对生态博物馆的那一篇散文式的定义，称为“里维埃”定义。定义说：“生态博物馆是一种工具，它是由公共机关与地方族群共同构思、形塑和营运。公共机关的参与方式是提供专家、设备和资源，地方族群的参与，则是基于其本身的愿望，知识及个别化的方式。

它是地方族群用以关照自己的一面镜子，借之发现自我的形象，并对他们目前所居住，以及先民所赖以维生的生活领域，寻求解释，此一领域或被视为是为时间所局限，或被视为是处于以世代连续之形式。它同时也是外来访客用以观察这一地方族群的镜子，希望增进了解，并博得访客对这一地方族群的工业、习俗的认同和尊敬。

……它是一所学校，促使地方族群参与研究和保护工作，鼓励对未来能更清晰的加以掌握。”

由于不同的选址理念，使得在隆里出现了两次选址。第一次选在距古城西约300米状元桥附近的一块空地上，这里毗连状元祠遗址，东临龙溪河，有古树和田园，有很大的发展空间。如果资料信息中心建于此，将会增加一处新的文化景观，对古城起到烘云托月的作用。苏东海先生对选址非常重视，但他比较赞成达格先生的选址理念，由于这一处选址距古城有300米的距离，苏东海先生并不太满意，他还是亲临隆里古城现场选址。

第二次选址是利用古城内的一座废弃的电影院旧址作为资料信息中心的用地，这块地在古城“南街”的西侧，处于古城的中心位置。在它的北面有一个篮球场地，成为古城居民重要的节日节庆和迎送宾客的活动场所，苏东海先生比较看好这一块地，他认为这是古城中难得的一块“宝地”。这块地唯一不足的是南面和西面都被传统民居包围着，没有可发展的空间，尽管如此，还是确定了第二次选址的方案。

资料信息中心的建筑设计仍由贵州省建筑设计研究院李多扶副总工程师承担。由于资料信息中心处在一片传统民居的包围之中，因此，从资料信息中心建筑的形式、体量、高度、色彩、用料等方面都必须与周围的建筑环境协调一致，否则就破坏了古城的建筑景观。鉴于此，李多扶先生不得不首先对古城的建筑作详细的调查。从调查中发现，建筑体量大、建筑营造艺术高的要算古城中的宗祠建筑。它的室内空间尺度大于一般的民居建筑，可以满足其使用方面的功能，从建筑的外部形式来看和民居十分协调，最后选定按宗祠的布局和结构作为“蓝本”，对资料信息中心建筑进行设计。

事实上这种设计理念等于复制一栋宗祠，同时又注入了传统民居的建筑元素。如在平面布局上为两进四合院，四周仍为封火砖墙围护。特别是在大门的处理上不采用宗祠牌楼的做法，而是采用民居的石库门和砖墙体的结合。石库门上方仍有矩形的凹槽，作为户主人书写“名望”或“地位”的“横匾”之用。使建筑的正面平易近人，不像宗祠的牌楼那样给人一种威严感。在隆里古城一般的传统民居的正门两边开窗，设计师对此作了建筑历史沿革的调查，开窗不是隆里民居建筑最早的设计形式，不符合古城军事防御体系的特点，据调查最初的一栋民居就是一栋防御功能很强的建筑，正门两边的砖墙不开窗，全封闭。而第二进院落开有小门与隔壁的住户是相通的，遇到战事时可从后门逃走。这是传统民居建筑传达出很重要的历史信息。因此，在资料信息中心建筑的设计时，明确正门两边的砖墙不开窗，使之成为完整的封闭式的墙体，第二进院落仍开有侧门可以进出。在功能上为了满足资料信息中心的需要，第二进的二层的过厅和正厅之间，用过道相连接，成为四方连通的通道，以方便游客参观。在防水防潮湿上也区别于传统民居，第一进院落和第二进院落不在一个平面上，第二进院落高出第一进院落约米许，这样遇到大暴雨时各自排水，不至于两院落的水集于一起造成水患。为了防止对木柱的腐蚀，加高了石柱础的高度。

资料信息中心的建筑设计图纸出来之后，又征求了古城居民代表们的意见，得到了代表们的一致认可。苏东海先生看了图纸后也很满意，只是担心建筑的体量是否大于民居建筑，但他同时认为这是资料信息中心的功能所致，不能求全。他认为设计图纸最大的特点是传达了传统民居的历史信息和保持了营造工艺记忆，不是为了设计而设计，表现出设计者深厚的历史文化功底。

6. 资料信息中心建设开工后的困难

经过对古城文化遗产调查、总体规划、选址设计、办理土地征用手续和经费的筹措、工程的招投标等事项，花了近三年的时间，直到2003年初，这些事项得以完成。资料信息中心动工的时间根据锦屏县委、县政府的意见定到3月，项目领导小组苏东海先生同意锦屏县委、县政府的确定的施工时间，苏先生同时还传来消息：挪威驻华大使叶德宏先生愉快地接受了贵州省副省长龙超云女士的邀请，于3月下旬应邀来贵州考察生态博物馆，届时可请大使先生一同参加隆里古城生态博物馆的奠基仪式，使该项目更能体现中挪文化合作的意义。

自2003年3月21日，由挪威大使叶德宏和苏东海先生等参加的隆里古城生态博物馆资料信息中心奠基仪式之后，承担土建工程队遇到了难题，按设计要求，资料信息中心建筑的墙体部分必须用传统烧制的青砖砌筑，而不能用机器砖即红砖砌筑，只有这样才能和古城内的传统民居的封火山墙的风格保持一致。这一问题在对设计方案的论证中并没有涉及建材问题，而是强调如何与传统民居保持一致。然而这个问题却成了工程队的一大难题，在锦屏县境内已找不到一家手工烧制的青砖，只有与毗邻的湖南省靖州还有人在烧制手工青砖，但要过了5月插秧之后才能腾出时间烧制手工青砖。这样一来不但使工期受到影响而且工程用料运费加大，从隆里到靖州虽然只有50多公里，但公路的等级太差。而工程队对此叫苦不迭，对要求网开一面，延长建设工期，但工期按合同是2003年10月1日完工。工程队将这一情况反映给锦屏县政府。

锦屏县委、县政府对隆里古城生态博物馆的开工建设非常重视，列为2003年县委、县政府的十件大事来抓。县政府针对这一情况于4月在隆里召开了“隆里古城生态博物馆施工问题现场办公会”，会议由县委常委、龙副县长主持。龙副县长40开外的人，做事干练，有魄力，开会时他先听取各方面的意见，特别是建设部门的意见，他本人也对锦屏县境内烧制人工青砖的情况很了解，他说，现在只有湖南靖州能烧青砖，这一传统的烧制工艺在锦屏县境内已经绝迹，我们不能用机器生产的红砖来代替青砖，这样的建筑材料会造成对古城建筑风貌的破坏，我们只能从实际出发，将工期推迟到年底。就此问题通过项目领导小组向挪方作了通报。项目领导小组认为，一切从实际出发，不要因为赶工期而忽视了工程质量，同意锦屏县委和政府推迟工期的决定。

会议还讨论了木料问题。李多扶先生设计是取材于隆里古城内的王氏宗祠，宗祠是家族的“公共建筑”，不但开间大而且用料也大，柱子用料的直径至少在 80 公分以上，而普通民居只在 18 公分至 20 公分之间。锦屏县虽是贵州境内的林业大县，但要一批直径在 80 公分以上的木料也不能很好解决，不可能集中在某一个林地砍伐。龙副县长当场决定，他说，作为公益事业的博物馆，是百年大计，质量第一，用料要按设计的要求办，我们不能因材料问题降低了博物馆的建筑水平，使我们所建的博物馆还比不上一个家族的宗祠。龙副县长说，为了建好古城生态博物馆，决定对生态博物馆的用料给予特批，列入今年的用材计划。伐木选在春蕾林场，望工程队抓紧办理伐木手续。

春蕾林场位于锦屏县境内亮江上游东南部，林区面积 10 万余亩，是一个以杉木为主，经济林木为辅的集体林场，距隆里古城 3 公里，为生态博物馆建设提供了采伐木料和运输的方便。

虽然工期和建筑材料等方面的问题得到了解决，但天公不作美，整个 5 月份连续下了 20 多天的雨，而且时时有大暴雨。有 20 多个工人在扎“雨班”，无法工作。但林场的伐木工人仍在冒雨伐木，一根木料往往要到林子的深处去寻觅，因为树径少于 80 公分的树是不能砍伐的，往往是百里挑一，给伐木工人增加了伐木的难度。砍伐的杉树由于是生木材，增加了木料自身的重量，这样给运输带来了极大的困难，砍伐一根杉木要 10 多个人才能抬下山，林深路滑，出钱也没有人愿意干这个苦差事。

在隆里古城工地施工最大的困难是在建材上出现的二次搬

运，一道古城门，将现代化的交通工具都关在了古城门之外，一砖一瓦，一枋一木，都需人工搬运，这样不但增加了运输费用，给工程进度带来了影响。工程队为了尽可能减少二次搬运的费用和不延误工期，发挥了工人们的聪明才智，而在古城之外搭工棚，在工棚里先制作好建筑部件，如柱础、屋架中的中柱、檐柱、瓜柱、地脚枋、穿枋、檩子、椽皮等，而且下雨天也可以照样作业。由于工人们的努力工作，到了是年的 8 月，资料信中心建筑“两进院落”的屋架全部竖起来，好像一栋建筑构架陈列品展示在人们面前。

隆里人对建生态博物馆十分关注，施工中的每一个环节都牵动着他们的心，即使在炽热的阳光下他们不是坐在家里乘凉，而是守护在工地上，像建自己家的房子一样关心博物馆的建设。

7. 隆里古城生态博物馆陈列提纲的产生

隆里古城生态博物馆 2003 年的工作已纳入了“贵州生态博物馆项目（第三阶段）第一年年度计划”，按此计划，陈列提纲的撰写工作务必在 8 月底完成。

生态博物馆资料信息中心的陈列不是传统博物馆的陈列，它们之间既有联系又有区别，生态博物馆的陈列是对社区文化进行解读，不以文物为基础，生态博物馆不存在征集文物，文物应保存在它的历史环境之中，保存在使用者的生产和生活之中。而传统博物馆的陈列是以文物为基础，在对文物研究的基础之上，进行形象化的陈列展览，并尽可能用文物原件反应其历史的真实性，但它们之间有又联系，共同之处都是在展厅里完成陈列，对制作的展览陈列都强调形象化，强调其艺术感染力。

为了写好这次陈列提纲，笔者在隆里先后召开了两次座谈会，第一次是有县文广局、文管所、隆里乡党委、政府领导、村干部参加的座谈会，主题是如何让参观者看懂隆里的历史文化。

乡长吴厚良是一位内行，他毕业于西南民族大学历史系，曾任过县文管所所长，酷爱文物工作，为了保护好隆里古城的文化，县委特地将他调到该乡任乡长，他算得上是“隆里古城文化通”。隆里古城保护可行报告、方案、研究文章均出自他之手。座谈会上他谈了很多建设性的意见，如关于古城文化定位问题，关于古城与明代的卫所制问题，均作了深层次的研究。

第二次座谈会是古城的文化人和贤达，主题是对古城文化记忆的研究。古城的文化人江化远先生是古城文化的“自觉者”，他退休之后潜心于对古城文化的研究，先后编辑出版《隆里古城》(一、二集)、《隆里古城故事集》、《隆里古城诗词楹联选》，他是隆里古城文化搜集整理出版的第一人，同时又是一个摄影爱好者，从1995年4月课题组第一次来隆里考察到后来的挪威驻华大使白山先生、叶德宏先生，挪威的专家约翰·杰斯特龙、达格、雷朗铎先生来隆里考察他均拍有照片。此外，国内外的领导和专家来隆里考察时他都拍有照片，他算是用生态博物馆的理念在记录隆里的文化。

隆里建所城已有600多年的历史，但我们现在生活在隆里古城的人不可能再退回到600多年前的古城的生活之中，今天古城人的生活习俗无疑通过一代又一代人传习而来，用古城文化的“集体记忆”来确定古城的陈列。参加座谈会的人虽年事已高，但他们对回忆古城的历史都很兴奋，也很认真。古城在他们的头脑中印象太深了，开口闭口就是“三衙六巷九院子”之类，城楼是什么样的城楼，哪里有座牌坊，哪里有座寺庙、哪里有座桥，全记得清楚，因为古城的许多文物古迹都毁于“文化大革命”，“文化大革命”前古城的历史风貌保存基本完好。大家在讨论中对古城很多古迹被毁于“文化大革命”感到很痛心。老人们主张将古城的历史风貌定格在民国时期，他们对这一历史时段的记忆是很清晰的。两次座谈会为撰写陈列提纲奠定了基础。

陈列理念全部体现在陈列提纲之中，陈列提纲将资料信息中心两进四合院模拟为“隆里古城”，让观众走进展厅犹如走进古城的感觉，将古城具有代表性的历史文化载体加工组合，聚焦放大，使之达到陈列的艺术效果，把平淡的历史文化变的强烈起来，增加对观众的吸引力。

先是将进入展厅两侧约 10 米长的过道变成隆里的两条“街道”。这是隆里人心目中的两条重要“街道”，一条“街道”是反映隆里人在历史上迁徙的郡望，如“关西第”、“三槐第”、“苏湖第”、“陇西第”、“济阳第”等。现在将已存的郡望大门按比例缩小集中于一条“街”进行展示，包括大门的营造工艺部件如石库门、雀替、座磴石、彩绘、对联都要全部制作出来，给予真实感。第二条街是“名望”街。如隆里现存有“科甲第”、“武甲第”、“开科第”、“书香第”、“身在本家”、“玉堂引凤”等，也与“郡望街”制作同，街道地面用鹅卵石铺墁。

进入展厅的第二进院落，它已不是观众眼中的一个院落了，是古城的大门，正中的大门变成了古城东门，将大厅的装板拆掉，为仿东门城墙，其上书“清阳门”三个大字。进入“清阳门”便是有 3 米 ×4 米的沙盘古城全貌，根据村民的意见，古城的历史面貌定格在民国时期。利用两个侧门复原古城西门和南门，营造出“勒马回头”的军事防御功能的气氛，沙盘在制作时必须具有民国时期古城的下列要素：（1）所城的军事防御的几大功能，有城墙、城壕、护城河、戍楼、炮台。（2）街景，三街六巷九院子。（3）宗教建筑有玉皇阁、关帝庙、武显庙、飞山庙、二郎庙、真武庙。（4）宗祠有西王氏宗祠、龙王氏宗祠、所王氏宗祠、江氏宗祠、陈氏宗祠等。（5）古城 47 栋砖木结构典型民居。（6）标志性建筑牌坊、望柱。（7）沙盘背景为西面山水风光（油画）。（8）典型建筑单体模型：陶家大院、东门城楼及“勒马回头”。

展厅过厅二楼为隆里民国时期当地居民居室的复原，书房、卧室等均用当时的家具按原样摆设。一进大厅二楼为“隆里古城记忆”数据库，反映隆里古城明初建立卫所制的相关资料和古城所志、族谱、家谱直到建馆的文字和摄像记录等，为古城研究者服务。二进大厅二楼为多功能厅、图书室。多功能厅装有投影仪，可以让参观者通过录像了解古城的历史文化，也可以在多功能厅举办学术讲座。

陈列提纲成稿后，贵州省文物局组织专家论证得以通过，经项目领导小组苏东海先生最后审定说：“这是一个充满创意的陈列提纲，我很赞同。”

8. 资料信息中心的陈列布展

陈列提纲获得项目领导小组批准的同时，已考虑到沙盘的制作要提前进入工作，因为沙盘的制作工作量大，首先要获得制作建筑模型的第一手资料，古城的地貌特征，“三街六巷”的宽度、长度，47 栋典型传统民居建筑等都要严格按比例制作，一栋代表性建筑也不能少，要尽可能反映古城的历史风貌，要有历史的沧桑感，要得到古城居民的认可。对此，锦屏县文化广播电视局领导打算请贵阳的专家到隆里来制作。另一种观点立足锦屏县内找人，在贵阳找专家是“小题大做”。其一，沙盘面积不大，高难度的模型不多。其二，成本太高，在贵阳制作一块面积不大的沙盘动则上百万元，我们生态博物馆资金非常有限，也承担不起这笔高额的费用。其三，不利于发现和培养本县的人才，应该立足于通过沙盘的制作发现人才和培养人才，这一建议得到县领导的采纳。

县文化广播电视局王奎局长打电话对笔者说，他们已在县里找到了一位制作沙盘的工艺师，姓杨名发通，原来是学绘画的，他愿意承担制作隆里古城沙盘的任务。这是一位三十出头的美术工艺师，他对沙盘的制作充满信心，同时县文管所所长郑发林也参与了沙盘的制作过程，他的任务是提供47栋典型民居、东西南北四门和陶家大院、龙标书院等建筑图。因为先期是他组织的对隆里古城民居建筑的全面调查。

沙盘制作过程中得到了村委会胡炳祥支书和江化远先生亲临指导，他对沙盘中的“三街六巷”的西街作了校正，他说这条街不是在一个平面上，而是东高西低，在路的中部水井处有石级而下。他对制作沙盘提出了十分宝贵的意见，沙盘的效果不是每一栋房子作得是如何的精细，而是一座活的真实的隆里古城的缩影，要体现一个“活”字，真是语出惊人。他这个“活”字无形中给制作沙盘增加了许多内容，如增加一部分普通民居和生产生活中的附属设施，如猪圈、牛圈、菜园子、花草树木，路上行人等。

与此同时，展厅内两条“街道”的制作已启动，正值资料信息中心建筑的封火山墙在砌筑之中，为“街道”的制作提供了方便。古建工程队中有好几位能工巧匠，他们对“门第”的石库门、雀替、彩绘等，不须画图，“门第”已藏在他们的心里，不出10天，展厅里的两条“街道”呈现在人们面前，其状逼真。左边的一条街道出现了有“关西第”、“三槐第”、“苏湖第”、“陇西第”、“济阳第”等郡望；右边则是“科甲第”、“武甲第”、“开科第”、“书香第”、“耕读第”等名望。二进大厅的正面装板已被拆除，工匠们已将其砌成了“东门”古城墙，门楼下方书有“清阳门”三个大字，让人有身临其境的感觉。

陈列的第二阶段任务由“中国西部文化生态工作室”承担，该室为陈列的制作拟定了从2004年5月至9月的工作时间表，为10月份举行开馆仪式作出了保证。同时提供了一份补充提纲。提纲强调展览的知识性、科学性和美观性。一方面要为了解明代以来的历史和文化提供各种历史依据；另一方面所说的科学性，即保证所提供的各种资料准确无误，并提供中英文对照解释；美观性，即设计、制作和布置充分体现美学原理。

对沙盘展厅作了充实完善，为了使观众更能从历史的深度了解隆里所城产生的背景，增加了两幅解读古城历史的《明代军事系统图》，《明代行政区划图》，这样观众可以从《明代军事系统图》中了解到明开国皇帝朱元璋于洪武十三年（1380）将大都督府改为左、右、中、前、后五军都督府的历史，五军都督府直接向皇帝负责，五军都督府旗下为都指挥使司、卫、千户所，这些卫所同时兼具军事组织职能与行政管理职能，明建立之初，许多地方行政权和军事权都由卫所武官来代理，隆里千户所便是这一时期的产物，由此增加了对沙盘的解读。

在二楼多功能厅增加了反映中挪文化合作的内容和国际生态博物馆理念的介绍，使观众了解到隆里古城生态博物馆不是从天上掉下了的一座孤立的博物馆，它是中挪文化合作项目中国第一座生态博物馆——梭戛生态博物馆的延续，并与之构成了贵州生态博物馆群。

生态博物馆是什么？必须通过展览向观众作出回答，在这次增补的陈列内容中得以解决。

增补的陈列内容中具有创意性的有两个部分：一是在展厅的二楼过道开辟了“隆里人的摄影作品”展，该栏目透视出生态博物馆“村民是文化的主人，文化的价值取向应由他们自己认同”的观点。外来者和隆里人对古城文化的视角是有很大的差别，外来者多是唯美主义者，他们的摄影作品中往往忽视了文化，忽视了对文化的感情。另一方面这个创意激励了隆里人的文化热情，使隆里人增强了古城文化的“自觉”。二是利用展厅的天井空间，开辟了“隆里人讲述自己的故事”的园地，讲故事的老人讲述隆里的故事，听故事的人则座无虚席，是对古城人口头文化传承的一个举措。

展厅一项重要的工作是建立博物馆的资料档案和“隆里古城文化记忆库”，增加了明代的卫所制度和土地制度等方面的资料。

为了充实展览内容，县文化广播电视局组织了“调查组”对隆里古城的物质文化和非物质文化进行调查，这次的物质文化调查主要为复原隆里古城居民的一间传统居室作准备。

“调查组”在隆里社区（不局限于隆里古城内）进行了一个多月的调查，搜集到古装架子床、写字桌、书柜、书籍、毛笔、砚台、八仙桌、太师椅、条凳、洗脸架、火盆等，这些家具不但年代久远而且制作工艺为上乘。

非物质文化遗产调查包括民间工艺师、民间艺人的调查。隆里古城居民仍然保持和传承着他们自己的传统文化。文艺方面则表现得别具一格，这里有节日期间的舞龙、唱汉戏、迎故事、玩龙灯。隆里的舞龙名声远播。

与非物质文化有关的是民间艺人，如：民歌师、戏师、扎龙师、雕刻师、画脸谱师、民间食品制作师等仍传习着他们的技艺。上述内容，在调查组的努力工作下，基本摸清了“家底”，为建立隆里古城“文化记忆库”打下了基础，他们的调查成果成为这次陈列布展的重要内容。

9. 隆里古城生态博物馆举行开馆仪式

隆里古城生态博物馆经过一年零 3 个月的建设，2004 年 10 月 15 日迎来了开馆的大喜日子，苏东海先生作为贵州生态博物馆领导小组组长应邀出席了开馆仪式。2003 年 3 月 21 日，在春寒料俏中他陪同挪威驻华大使叶德宏先生考察隆里，他为资料信息中心的奠基铲下的第一铲土，他的心情非常的激动，因为贵州生态博物馆群的建设在他的指导下正在有条不紊地实施。

2004 年 10 月 15 日，隆里古城异常热闹，金龙狂舞，人头攒动。资料信息中心建筑的山墙上挂着巨幅古城照片，其上横书："热烈庆祝隆里古城生态博物馆开馆"。

10月15日下午两点，开馆仪式在热烈的锣鼓声中举行，大会主持人请苏先生致词。苏先生很激动，他站起来向隆里的父老乡亲们深情地鞠躬，台下顿时响起了掌声，从麦克风里传出了苏先生的声音：尊敬的各位领导，隆里的父老乡亲们，继梭戛、镇山两座生态博物馆开馆之后，今天又迎来了隆里古城生态博物馆开馆的大喜日子，我谨代表中国博物馆学会向为古城生态博物馆的筹划和建设付出辛勤劳动的同志们表示诚挚的谢意！向古城人民表示祝贺！

隆里古城生态博物馆是在挪威政府的无偿援助下由中国人自己建设的又一座博物馆，1995年4月，我们来隆里考察之前，是由贵州省文化厅胡处长选定的隆里作为生态博物馆的考察点，我们来到隆里，为扑面而来的古城文化所感动。我们为什么要在隆里古城建生态博物馆呢？因为隆里古城是明代推行卫所制度的产物，它较为完整地保持了一座军事所城防御体系格局，从城墙、城楼、遗存的护城河等都很完整，还有城里的街道规划、民居建筑的布局等都直接纳入了军事防御体系之中。这座军事所城有其特殊的地理环境和民族关系，在古城的周围都居住着少数民族，古城中生活的是汉族，他们成了少数民族包围之中的"少数民族"，这在贵州具有唯一性，在全国也不多见。他们的先民来自全国13个省，600多年来，他们的郡望还写在自家大门顶上的匾额上，这就是古城最早的文化记忆。由于古城的居民长期生活在封闭的古城里，他们的汉族文化传统保持的非常完整，这是一个十分难得的活生生的汉族文化体，我们建生态博物馆旨在使古城活态文化得以保护和传承。

值得我们认真思考的是，是否生态博物馆一建，生态博物馆的牌子一挂，古城的文化从此就保护好了？如果事情如此的简单，我们就不用建生态博物馆了。古城的文化仅靠政府和专家来保护只是一种外在的力量。最根本的、最长期的是古城居民自己的保护，说到底，古城的文化是属于古城人民的，他们才真正是古城文化的主人，只有古城，没有古城的居民，这样个古城就成了历史遗迹，是死的东西；只有生活着的古城人民，才能称得上活着的文化，如果将古城人民搬走了，这种活着的文化就被搬走了，古城成为一座“历史模型”。这不是生态博物馆的理念。

古城保护是一个世界性难题，中国对古城保护的难度更大，因为中国还是一个发展中国家，发展经济放在第一位，一切都要服从和服务于这个大局。古城里居民也要脱贫致富奔小康，那么住在古城里的居民是如何看待古城的保护，如何看待他们的生活，如何看待他们所居住的传统民居？住在老屋里居民是满意还是不满意？我们应该作一些调查，如果说是满意的话，那么为什么有的居民还要在古城里面建小洋房？他们觉得住在小洋房里比住在老屋里舒服得多得多，因为小洋房开间大，功能合理，通风采光都非常好。居民们追求美好的生活，这是无可厚非的。

因此，对古城的保护必须注入生态博物馆的理念，生态博物馆是一种“进化”的观点，我们不但要关注过去，也要关注现在和未来，不能把生态博物馆当成文物保护单位，文物保护单位是静态的文化遗产，生态博物馆是活态的文化社区；文物保护单位的保护和维修是整旧如旧，不改变文物原状的原则，生态博物馆是关注社区的生活、社区的社会经济的发展；文物保护的原则是由政府制定，生态博物馆的文化价值取向由居住在生态博物馆社区的居民自己决定，对社区文化的保护取决于居民的态度，居民的文化价值观取决于居民所具备的知识。在社会主义初级阶段，社区居民对于追求物质文化的欲望大大超过对精神文化追求的欲望。他们在这个阶段可能会抛弃自己的传统，追求最时尚的生活，他们徘徊于传统和现代的选择之中，是他们的价值观取得了决定性的作用。

古城的保护和古城的发展是对抗性的关系，古城发展越快，文化遗产保留则越少，两者在发展中是一种逆关系。新城取代旧城是新陈代谢规律所决定的，城市文化遗产终将随着旧城的逐渐消失而消失。一切事物都在消失的过程之中，从生成、发展到消失是不可逆转的自然法则，没有永远，没有不朽，只有新陈代谢才能生生不息，只有消失才能前进。城市也存在生存、发展、最终消失的自然法则之中，出于自然力或战争的破坏而使城市骤然消失是城市的一种非正常消失。而城市的正常发展，城市新功能的不断出现，新城市逐渐取代旧城市是一种正常的自然进程。当城市物质文明条件的发展突破了旧城功能的局限时，作为整体的旧城不能不逐渐退出人们的生活，不能不逐渐缩小直至消失。只有作为文化遗产的小部分才能有限地、重点地保存下来。之所以能以文化遗产的原因得以保存下来，是新与旧的连续的需要，也是城市延续的客观需要，新城市不是在旧城市的废墟上建立起来的，新城市文化不是凭空产生的。正如今天我们所看到的隆里古城是从历史上的古城发展而来的，虽然在历史上隆里古城经历了7次战火的践踏，但对战后隆里古城的建设不是推倒重来，而是在明代古城的形制上建立起来的，是一种传承和发展的关系。我们现在所看到的隆里古城的建筑，比如它的宗祠、学校、民居等都不是明代初年的建筑，而是晚清和民国之后的建筑，但它仍然是古城，因为它传承了古城的建筑文化。生活在古城里的居民也不是明代的居民，但他们是明代居民的后裔，在600多年的历史过程中，他们一代又一代地传承了祖先的文化，保持了汉文化的传统。

我们对古城的物质文化和非物质文化的保护是秉承继承、发展和变化着的观点，就是生态博物馆进化的观点。生态博物馆社区应该允许不同历史时期的建筑并存，不要因为突出古城的历史和文化，把所有的建筑都复古，恢复到明代，如果这样就成了假古董了，反而弄得真假不分了，失去了古城保护的真正意义。

古城的非物质文化遗产从历史上来说，它形成于农业社会，属于农业文明。人类在认识物质文化遗产价值之后把文化遗产的概念推进到非物质文化领域，是文化遗产概念的深化，非物质文化遗产是一个很深的概念，而且是很难把握的概念。人在城市生活中，对传统文化中的非物质文化部分，很难自觉保存它。有的传统手工艺因找不到市场而主动放弃，因此非物质文化带有抢救性质。

生态博物馆的建设不能都是一种模式，生态博物馆本身就没有固定的模式，隆里古城生态博物馆应该不同于梭戛、镇山生态博物馆，三座生态博物馆虽然都在贵州境内，但它们有不同的自然环境和不同的文化特征，不同的自然和文化则决定了生态博物馆的不同模式。生态博物馆提倡由村民解释自己文化和维护自己的文化，古城文化要得到很好的保护和传承，就要尊重村民的意愿和选择，社区村民是文化的主人，古城在发展旅游经济中要注重村民的主人地位，要吸取全国其他一些历史古城的教训，把居民搬走等于将文化也搬走了，一座空城就不叫生态博物馆了。生态博物馆属于社区居民的，我祝愿隆里古城生态博物馆办出自己的特色，祝古城人民幸福。

开馆仪式结束后，锦屏县县长随即请苏东海先生参加资料信息中心揭幕仪式。在资料信息中心大门的上方，悬挂着长 1.5 米，宽 0.95 米的一块匾额，其上书中英文对照“中国贵州隆里古城生态博物馆资料信息中心”的三行大字，当苏东海先生和县委书记将红绸布拉下之后，匾额上醒目的大字让人们兴奋起来，掌声和欢呼声充满了整个会场。

资料信息中心的大门打开了，警察站在大门的两边维持着秩序，先是让嘉宾和领导进展厅参观，接着是让少量的居民进到展厅，但人群都不断的向大门走来，县长见此状，对警察说，堵不如疏，干脆敞开大门让村民自由进出。顿时只见男男女女、老老少少，扶老携幼的人群，像走进自己的家那样涌进了资料信息中心，他们不是在看展览，是在欣赏这栋两进四合院的大楼。村民进入展厅不到一个小时，整个展厅的楼上楼下，天井走廊，留下了无数双带泥的脚印。苏东海先生见如此多的村民走进资料信息中心展厅，他高兴不已，他说，如果村民对生态博物馆的展览表现出的是一种冷漠的态度，那么生态博物馆是一个与村民无关的博物馆。

展览大厅前的天井右边立着一块展板，其上写着："隆里人讲述自己的故事"10 个字，苏先生连说："好，太好了，有创意，有创意！这块牌子里藏着生态博物馆的理念，资料信息中心应该成为村民自己的家园，成为他们的文化活动中心，让村民进入展厅讲故事，这是一种文化传承活动。"

展厅里有一个 4 米×3 米的沙盘模型出现在视线范围之内，沙盘是一个民国时期的隆里古城模型，反映了民国期时隆里古城的历史风貌。苏东海先生说，这是形象化的手法，是物化的历史记忆，比看图片生动了很多。然后他又看了展厅两侧的 3 幅图表，一幅是《明代军事建制一览表》，另一幅是《明代行政建制一览表》，还有一幅是《明代行政区划图》，这 3 幅图表向村民和观众交待了隆里古城文化产生的历史背景。

二楼多功能厅是一间宽敞的大厅，大厅的西墙挂有一张银幕，从投影仪播放出隆里古城的历史文化的录像，整个大厅座无虚席，几十张凳子"超载"，一个位置坐有两人的，全是村民，没有人讲话，一双双眼睛全盯在银幕上。多功能厅左边过道有一组照片，是村民江化远先生拍照的古城历史和风物照片，有隆里"八景"，也有隆里人节日庆典的生活照片，这组由村民自己拍摄的照片，不仅仅是照片本身的价值，其意义在于村民的参与。

资料厅里以文字资料为主，资料多来自《明实录》和《明史》等，有反映明代卫所制度，有反映明代军屯、民屯、商屯和明代土地、征粮等方面的内容。

苏东海先生临别时说，从展览情况来看，你们对明史和古城的历史都作了深入的研究，展览内容上有深度，这就是隆里古城生态博物馆不同于梭戛、镇山两座生态博物馆的地方，这就是隆里古城生态博物馆的模式。

五、堂安侗族生态博物馆的建设

1. “课题组”考察堂安

1995 年 4 月 24 日，“课题组”考察堂安。

4 月 24 日上午 11 点钟“课题组”一行从江县行车 80 多公里到了堂安所在的黎平县肇兴乡政府，肇兴寨是贵州最大的一个侗寨，已有 600 余年的历史，该寨按旧时的管理分为五个团，以儒家的“仁、义、礼、智、信”命名，即仁团、义团、礼团、智团、信团。每团建一座鼓楼，现“团”的编制不复存在了，象征团的五座鼓楼依然耸立在村寨之中，使之成为黎平发展旅游业的一个热点。

午餐安排在乡政府，苏东海先生借此机会向黎平县文化局吴定国局长了解侗族的情况，他提问的内容很宽泛，不单是文化，还有黎平县的社会经济情况。

中午“课题组”到了堂安，堂安侗寨坐落在半山腰上，寨子下面是层层梯田，视野开阔。在路上能看见耸立的四角攒尖顶鼓楼，它居于堂安寨的中心，高高在上，显的庄重而威严，这座鼓楼是 20 世纪 60 年代重建的。

鼓楼是贵州侗族南部方言区侗寨的公共建筑，有侗寨必有鼓楼，寨子里有几大姓氏便有几座鼓楼。鼓楼在旧时是寨老们议事的地方，又是迎送客人的场所。现在的鼓楼击鼓议事的功能已经消失了，迎送宾客都迁移到寨门，只是踩歌堂仍在鼓楼进行。平常农闲的时候都是些寨老坐在鼓楼抽着叶子烟聊天。有的侗寨的鼓楼很少有什么活动，一年中大多数时间都空着，只是在冬天火塘里烧有疙兜火的时候才见有人在此烤火。但现在柴火紧张，人心也不甚齐，自愿出柴火的人家少了，有的鼓楼在冬天里也没有烧火，鼓楼成为侗寨的象征和摆设。

鼓楼旁边汇集了许多村民，见“课题组”一行人在黎平县领导的陪同下来到了大路上，即刻吹响了芦笙，寨老们穿着有古铜钱或万子格图案的绿色或黑色缎子布料的长衫，外套马褂，头戴“顶带”帽，该帽黑边红顶，十分神气。平常寨老们是不穿这套服装的，只有重大节日庆典和有贵客来寨里时他们才是这一身装束。

寨老们分别站在路的两边，这是一种多么高规格的接待礼仪，真诚热情，感人肺腑。一群侗族女子排成两行向我们走来，她们头上梳着发髻，斜插银色的发簪和塑料红花，颈上戴有银项圈，身着乌黑色的侗布缝制的侗装，上为右衽短衣，下穿百褶裙，手戴银手圈，小腿打有绑腿，如一群仙女下凡。她们上前来邀请客人到鼓楼的火塘边和寨老们坐在一起。

在鼓楼简单的迎接仪式结束之后，“课题组”对堂安的自然环境和侗族文化进行考察。先是来到瓢儿井，瓢儿井其实不是井，是用一米多高的石柱子托着一把石水瓢高居于地面的“井”，是人工錾凿而成，瓢把也有五六十公分长，直伸进石崖处，瓢把的中间凿有一个槽，水管里的山泉水经水槽流到石水瓢中，石水瓢其左右各开了一个口，两股泉水倾泻而下，四季流淌。村民们都是挑着水桶站着接水的。瓢儿井是堂安侗寨100多户人家的生活用水，也算是堂安侗寨的一处“景观”了，凡是到堂安来的人都要到这里来喝一口水才过瘾。村民们很会利用水资源，为了不让瓢儿井里的水白白地流走，在瓢儿井的下面建了两个水池，上水池洗菜，下水池洗衣，然后水又流到鼓楼下面的两块田里，形成侗寨中的一处水景。

在瓢儿井的上方有用人工垒砌起来的石土包“萨坛”，是侗族祭祖的地方。“萨”是侗族共同的祖母，每年春节期间，全寨人都要聚集于此从事祭萨活动，因此萨坛是全寨的一块圣地，不许任何人在此动一锄土，一根草，这些都是侗寨人祖祖辈辈以来不成文的规定。吴定国局长对我们说，这是侗族的母性崇拜，在侗族地区都有“萨坛”。

堂安寨有七座寨门，每座寨门的体量都不是很大，与寨子很协调。初入寨子的人如果不走寨门是进不了寨子的，可见整个堂安寨的防御意识是很强的。

堂安侗寨中有一栋七列五间的老民居，为三层楼房，一层是饲养牲畜，二层是房主人生活起居的主要场所。二层在建筑上采用的是出檐垂花吊柱，是一种很美的装饰，这种建筑手法在技术上不但扩大了二层的建筑空间，而且丰富了建筑的立体感。

二层的走廊很宽，与堂屋连在一起使室内更加宽敞。差不多所有的侗族民居都是这样的结构。堂屋两侧的房间大小相同，堂屋的左间是火堂兼餐厅，左后间是主人卧室；三层四壁皆空，只见一排排木柱，地板上堆着一大堆谷物，还有红薯、黄豆。

屋角放着几个发黑的木桶，主人介绍说，桶里装的是腌鱼，腌鱼在侗寨几乎家家必备，这与他们的农事活动大有关系，他们的田土都比较远，一家人上山去干活就用饭酉（用竹编制而成的饭盒）盛满糯米饭，再用腌鱼下饭，颇有刺激味，又营养，又便于携带，是侗族人的美味佳肴。

堂安寨有两个墓葬区，在寨子中的东、西两个方向，两处墓葬区面积都不超过半亩地，墓冢密集，封土也不高，98%的墓冢均有墓碑。墓碑的石雕很精致，两边有碑门，碑门两边雕有龙柱，其上有笔架山形的碑盖。碑门上刻有楹联，其书法功力深厚。这两处墓葬区都是清嘉庆年间的墓葬，没有发现一座民国年间的墓葬，如此密集的两处墓葬区在其他的侗寨是见不到的。

寨子下面是层层的梯田，数不清有多少块，约翰·杰斯特龙先生问堂安的梯田有多少？吴定国局长说，没有具体数，寨老们说有1500多丘（块），这也是一个大概的数字。约翰·杰斯特龙先生又问，这1500多丘梯田是何时开凿的，吴局长说，对此没有考证，据寨老们说这个寨子有700年的历史了，这些梯田可能是老祖宗们开凿的。

据有关史料记载，贵州大规模的开凿良田应是明朝洪武调北征南时期，此时期在贵州卫所制度下实行军屯、民屯和商屯，是贵州稻田开凿的高潮时期，这可作为堂安稻田产生的一个背景。堂安有如此多的梯田，是黎平境内侗寨的奇观。寨子的上方有山泉水流淌。山、水、梯田、寨子，组成了堂安一幅美丽的画卷，这是堂安侗寨给“课题组”一行留下的深刻印象。

2. 建立堂安侗族生态博物馆的可行性

（1）自然环境

堂安距黎平县城东南约76公里，距省会贵阳500余公里，贵广（贵阳至广州）高速由此经过，从贵阳至堂安生态博物馆由原来的9小时缩短为3小时。堂安坐落在黎平县肇兴乡以东隆起抱弄山的半山腰上，海拔935米，地处贵州高原东南边缘的斜坡地带。属浸蚀槽谷地貌，气候属中亚热带季风气候区。由于堂安相对高度较高，与地处山间小坝的肇兴侗寨形成了风格各异的地理环境。其天际轮廓线十分开阔而高远，有“一览众山小”的感觉。堂安东临沟壑，每逢雨过天晴的早上，紫气东来，白雾缭绕于寨脚，犹如天上人间。其所背靠的抱弄山顶多见于古木丛林，鸟类较多。堂安山高水长，有山泉由寨子的左上方流入寨中的“瓢儿井”，一年四季常流不断，供全寨人饮用。寨脚下层层梯田。

（2）历史

堂安的历史可以追溯到我国的秦汉时期，在今广东、广西一带居住着一支骆越的部落，魏晋以来这支部落被泛称为“僚”，明代邝露所著的《赤雅》中称侗族属于“僚”的一部分。由于战事之故，这支部落溯江而上，定居与黔、桂、湘三省交界的地区，形成了侗族南部方言区，称为“南侗”。堂安则属于“南侗”地区。堂安侗族迁徙的历史无文字可考，据口碑材料，侗族在堂安已有700多年的历史。现全寨有152户人家，700多人，以嬴、陆两姓人口为最多，此外还有潘、蓝、吴、杨、石等姓，形成了以地缘为纽带的侗族共同体。

（3）物质文化

建筑。鼓楼、戏楼、风雨桥，成为堂安侗寨的标志性建筑。鼓楼位于堂安寨中部，坐南向北。重建于1960年，系九层密檐四角攒尖顶，穿斗结构。通高27米，4根金柱直通于第五层，第五层上置中心柱直达于冠顶，用瓜柱连接穿枋，共同承担楼冠的静荷载。底层12根檐柱用穿枋以杠杆式穿榫连接金柱，组合为逐层收分的木柱架，使鼓楼坚固而稳实，完全符合力学原理，有很高的建筑营造技艺和视角审美价值。

戏楼的位置其布局与鼓楼相对应，同在一个平面上，为上下两层，悬山顶，戏台专供节日庆典期间演侗戏之用。

风雨桥建于寨脚，横跨沟涧，2001年重建，屋面左、中、右三个重檐攒尖顶，桥座两侧有“美人靠”座凳，供人纳凉。

寨门是进寨的标志，一共有七座寨门，为重檐歇山顶，寨门大小不等，有单门，也有“八”字门。由公路进寨的寨门为最大的一栋寨门，为三门，檐下饰如意斗拱，并施以彩绘。

民居建筑是村寨的载体，村寨的平面布局为鲫鱼形，民居建筑分布在东、西、北三个部分，北为下寨，依山势而建，一般为两层或三层吊脚木楼。建筑平面布局十分灵活，有的民居建筑其柱础均不在一个平面上，有的外檐柱和金柱的平面距离有1米至2米、3米不等。从视角上给有楼层悬空的效果。为扩大房屋面积，或吊脚，或加披厦已增之。为扩大二楼、三楼空间，楼出挑30公分至50公分不等的挑枋，挑头悬垂花柱，起到一种装饰效果。民居一楼养家畜和堆放农具、柴草。二楼为饮食起居之地，三楼堆放粮食。

堂安由于地形上下落差大，民居均不在一个平面上，形成了一个立体的侗族村寨。

梯田。从山脚至堂安寨约700米的相对高度，坡度约60度的斜面上约有1500多块梯田，田埂均用大小不等的石块砌筑而成，田埂弯弯曲曲，梯田层层叠叠。在寨的上方又有若干层梯田，其中最大的一块稻田面积约3亩，田埂高约5米、长150米，全系青石砌筑，形如城墙，开造时间尚无记载，据说约有700多年的历史。梯田展现了侗族先民的伟大创造力，也是堂安特有的稻作文化景观。

墓葬。分布在堂安侗寨内的东西方两个区域，均系清代墓葬。墓葬与村寨“阴阳共宅”，这是少见于其他侗寨的文化现象。墓裙以细凿条石镶砌，墓碑石雕精湛，有浅浮雕和镂空雕，碑门两侧有对联，墓帽为歇山顶。从墓碑的形制和内容来看有汉文化的因素。

服饰。以自纺自织的侗布为料自制衣裤。男子上装为对襟短衣，无领，青、紫色。女子衣着大至可以分为穿裙或穿裤两种。上衣大襟无领，无扣，襟边、袖口和裤脚镶有花边。着装时束腰、裹腿、包头帕，头型式样为前后左右绾髻或以长发编辫盘头。

生产生活用具有织布机、纺车、染缸、捶布棒、饭西、草席、刀篓、饭篓、秧篮等。

（4）非物质文化

大歌。堂安的侗族大歌属于黎平侗族大歌的一个组成部分。2009 年黎平侗族大歌已被联合国列为世界非物质文化遗产名录。

大歌是一种多段的，包括有歌头、主体、尾腔的多声部复调合唱歌曲。歌头是独立性的、类似乐段单元；主体包括两个以上的在内容上互相关联，而在曲式上相对独立的段落，主体中的每一曲又可分为领唱、中心部、尾声三个部分。尾腔把全曲推上情绪的高潮而后结束。

大歌在内容上可分 4 类：第一类为“嘎老”，称为一般性大歌，它是以侗族村寨的名称命名。侗寨各村都有自己的歌师，他们各自创造了本寨特点的侗歌，如堂安大歌。第二类为“嘎所”，曲调旋律优美，有仿蝉声，多声部效果丰富。第三类为“嘎窘”，亦为叙事性大歌，主要演唱侗族民间的传说故事。第四类亦属于叙事歌，但不同于“嘎窘”，因为在齐唱之后就由两名歌手演唱，其余队员都唱一个低音（即主音）的持续音，轮流换气连绵不断，具有明显的吟诵风格。

小歌即“嘎拉”，一般有三种形式，即琵琶歌、牛腿琴歌、渡水歌，是有伴奏的独唱。

拉路歌即“嘎沙困”，系无伴奏合唱，是用于寨门迎宾的一种礼仪形式的歌，一问一答，人数在 10 人以上。

踩堂歌即“哆也”，为一人领唱众人和的演唱形式，边舞边歌。

此外还有小拦路歌、酒令歌和山歌。

舞蹈。堂安的侗族舞蹈有踩歌堂和芦笙舞两种。踩歌堂侗语亦称“哆也”，是侗族的一种集体舞蹈形式。侗族姑娘手拉手，围成圈，正反转圈数转，由歌师领唱众人和，脚步与节奏合拍，此舞多出现与重大节日和迎宾场合。

侗戏。侗戏始创于清嘉庆年间，由黎平茅贡乡腊洞村吴文彩首创，故吴文彩有侗戏鼻祖之称，后逐渐流传于侗族南部方言区。堂安称侗戏为“嘎戏”，有戏班和戏师，每逢春节的大年初三至十五期间，戏班在戏师的主持下，演出传统剧目《朱郎娘美》、《凤姣李旦》等，也有自编自演的侗戏节目。

民间工艺。有刺绣、编织、彩绘、剪纸、刻纸。刺绣是侗族妇女擅长的手工艺，她们在衣服上刺绣各种图案、人物、禽兽、花卉、草虫，形象生动，色彩绚丽而调和。编织工艺有色彩鲜艳的侗锦，图案精致的侗帕和花腰带。其他如雕刻、剪纸、刻纸以及日常生活的竹、木、藤器的编制具有很高的工艺价值。

(5) 节日节庆及习俗

节日。以春节、祭牛神节（时间在每年的农历四月初八或六月六），吃新节（农历七月间）较为普遍。侗族也过清明、端午、中秋、重阳等节日。侗族人民特别尊崇“圣母”，设有“圣母神坛”和“圣母祠”。

婚姻。一夫一妻制，堂安男女之间选择配偶，一般是寨内同姓不婚。寨外同宗不娶；其形式有自由恋爱、父母包办、自由选择与父母许配相结合。姑舅婚在新中国成立前较为流行，姨表兄妹和辈分不同的不能通婚。女子婚后有“坐家”的习俗，遇有农忙事或重要家事，由丈夫接回家住数日又返娘家住，直到怀孕生子后才落夫家。

丧葬。新中国成立前丧仪式较为隆重，亡者之家鸣铁炮三声，以示通知亲友，亡者入棺后移至屋外搭棚遮盖，择吉日安葬，现已从简。

课题组认为，堂安地处黔、桂、湘三省交界的侗族南部方言区，东南距桂林约300公里，北与隆里生态博物馆遥相呼应，建馆后为专家学者到侗族地区参观考察等提供了研究基地。

堂安侗族生态博物馆的建立使该社区的自然和文化得以整体

保护，借以增进人们的环保意识、生态意识。在经济全球化的大格局中成为保护文化多样性的一种举措。特别是对地处黔、桂、湘三省交界的侗族南部方言区的侗族保护和传承具有试验性和开创性的意义。

堂安侗族生态博物馆的建立对增强社区村民的文化自豪感起到积极的作用，使村民对自己的文化价值有认同感。

堂安侗族生态博物馆的建立不仅为本社区村民保护和学习自己的文化提供广博的知识资源，而且为外来的参观者和研究者提供了有关文化的必要信息。

堂安生态博物馆的建立打破了侗族社区长期以来的自我封闭状况，使侗族文化走向世界，加强了国际间的文化交流与合作，使侗族文化得到更好的保护和传承。

3. 建馆前期的工作

2002 年，中挪合作项目——贵州生态博物馆群（第三阶段）在北京签订协议后，堂安生态博物馆作为这一阶段的建设已经黎平县委、县政府作出决定，先搭建博物馆的工作班子，明确县委宣传部副部长胡光华任馆长，以便开展前期的文化遗产调查工作。该馆先是启动了以下 4 个方面的工作：一是开展堂安侗族生态博物馆社区自然和文化调查。二是筹建资料信息中心接待室。三是开展社区的环境整治和防火安全。四是开展对侗族文化的宣传。

为了搞好文化遗产调查，博物馆成立了“侗族文化遗产调查小组”。具体承担调查工作的有王长远、潘幸芝。王长远曾出任过黎平县文管所所长，具有较强的文物专业知识和业务能力。20 世纪 80 年代初期，曾参加贵州省文物行政主管部门在镇远举办的古建筑培训班，对古建筑测绘都很在行，其工作又非常认真负责，这次文化遗产调查工作他是一个非常合适的人选。潘幸芝是堂安社区的侗女，黎平师范毕业后在家等待分配，她是堂安社区目前文化程度最高的一位侗女，而且先后到六枝和挪威参加过生态博物馆的培训和学习，热爱生态博物馆。她最大的优势是对堂安社区的自然和文化情况都非常熟悉，在调查中承担着侗文化的翻译工作。

调查组对堂安的自然环境、社区的海拔高度、日照、降雨量、土壤、水系和村寨的历史、文化遗产（物质文化和非物质文化部分）作了全面调查，获得录像资料10盒、录音带两盒。拍摄照片800张，搜集文字资料3万余字，登记侗族文物80余件。明确了10多位侗族文化传承人，他们中间有歌师、侗戏师、侗族建筑的掌墨师、侗族酿造师、挑花刺绣能手等。随后又在“中国西部文化生态工作室”（在香港注册的一家非政府机构）的帮助下，以堂安生态博物馆社区为重点调查对象，为建立“侗族文化数据库”准备了资料。

在对民间文化艺人登记的过程中，那些歌师、侗戏师、掌墨师等都兴奋不已，为自己身怀绝活绝技感到自豪，很愿意传授他们的技艺，但同时又感到有些伤感，他们说，寨里的年轻人大都外出打工去了，在家的也不愿学。现在调查组，把他们的绝技绝活都全部用摄像记录下来，即是在以后离开了人世也不怕失传。

2001年年底新建了生态博物馆接待室一栋，该室为木结构传统民居建筑，3层吊脚楼，建筑面积约150平方米，有办公室、客房、厨房等，为生态博物馆管理者和侗文化研究者提供了食宿方便。

在开展堂安生态博物馆社区环境整治方面是结合整治村寨的脏、乱、差等进行的，铺设鼓楼及歌坪石板地面100余平方米。铺设东寨门至生态博物馆接待室的石板路两条。铺设鼓楼歌坪至北寨门石板路长300余米，新建一条4.5米宽、1.5公里长的进寨公路，疏浚排水沟200余米。

堂安生态博物馆社区的民居全系木建筑吊脚楼房，防火是一件致关重要的事，堂安有烧寨的历史记录，为了确保安全，该馆负责人在堂安鼓楼召开了3次有寨老会、村干部和村民参加的大会，馆长讲建堂安生态博物馆重要意义，防火是对生态博物馆建设的具体行动，也是对自家生命财产的负责行动，因此防火的宣传行动得到了村民的积极响应，并制定了防火安全公约。

2000年之后，堂安生态博物馆还进行了对外宣传工作，邀请了《人民日报》（海外版）的高级记者鄂平玲、叶晓兰等到堂安社区采风，撰写了长篇文章——《黎平侗乡好风光》，在海外产生了积极的影响。之后又邀请贵州电视台国际部“发现贵州”栏目，拍摄了《侗家人的梯田长城》专题片播放。2000年7月18日《黔东南日报》刊登了胡光华馆长撰写的《堂安生态博物馆》文章。同年11月16日《人民日报》（海外版）刊登了胡光华馆长撰写的《贵州黎平：迷人的侗乡》、《青山藏古寨泉涌数百年——走进堂安侗族社区》的文章。

胡光华撰写的《中国第一座侗族生态博物馆堂安及其梯田稻作文化》一文在黎平召开的“中国侗族稻作文化与祭祀国际学术研讨会”上交流。

4. 堂安侗族生态博物馆的总体规划

2001年初，黎平县政府聘请贵州省建筑设计研究院对堂安侗族生态博物馆作总体规划。

保护规划明确指出，建立堂安侗族生态博物馆的目的，就是为了使侗族文化和自然生态环境得以长期的保护、利用和开发，按照保护和发展相结合的原则，分为绝对保护区、严格控制区、环境协调区。在运作上统一规划、分期实施、立足近期、放眼未来。近期（2001—2005），以整治和保护堂安侗寨历史文化遗产和村寨建筑风貌，以及解决村民生活和旅游服务需要的公用设施为主；远期（2006—2010），要达到布局合理，功能实施齐全，生态环境优美，旅游事业兴旺的目标。

在堂安的总体布局中，规划将其分为鼓楼戏台中心区，传统民居区，农耕作物田园区和资料信息中心。三个功能区在规划结构上一环套一环，层层相扣的关系，用地面积为9.6公顷。

总体规划中的绝对保护区即堂安寨的全部建筑文化景观，它是堂安侗寨700多年形成了寨子的基本格局。堂安分为上、下两寨，均依山势而建，四周被层层梯田所包围，是一个居于半山之中的立体式的侗寨，民居建筑为东西排列，坐南朝北。均为木结构吊脚楼，一般为两层，少许为三层。上寨以鼓楼为中心，民居建筑向东、西、南三面排列，墓葬区分布在上寨的东、西两侧；下寨是以宽约1.5米的进寨的石板路为主要界限，民居建筑同样依山势而建，形成了丰富的建筑空间。在绝对保护区内，严禁乱搭乱建。

在绝对保护区内又按功能来规划。鼓楼和戏楼是全寨的公共活动中心区，是侗寨的“心脏”部分，而鼓楼又是侗寨的象征，一般的迎送宾客都在鼓楼举行，包括“踩歌堂”也在鼓楼举行。由于功能的需要，将古楼的用地从过去的100平方米扩大到200平方米，并镶嵌石板。

对传统民居保护区的规划主要是防火功能和道路的规划，一般的侗寨民居全系木结构，侗寨最大的安全隐患是火灾，堂安的鼓楼20世纪60年代毁于火，在侗寨流传着“三十年烧一次”的说法。防火灾规划的基本做法：（1）从密集的传统民居区中拆出一条防火带，作绿化或种植用地。（2）加大厨房和火堂的改造，在不影响侗族生活习惯的前提下，厨房的灶面和墙体可能贴磁砖。（3）改造烟囱，加高烟囱出瓦面的高度。（4）安置消防用水管道。（5）配备灭火器。（6）订立村民防火公约。

规划注入了生态博物馆的理念，关注社区村民的生活和经济发展。堂安历史上不通公路，只有一条通往广西方向的石板古遗道从寨子西面通过，不能直接进入村寨，长期以来制约了堂安的对外联系和经济的发展。由于生态博物馆在堂安的建立，1999 年新建了 1 公里长的乡村公路进寨，但公路不上等级，通大车仍有困难。这次加强了交通的规划，包括进寨道路的走向。

规划中列出了“农耕作物田园区”，这是在堂安特有稻作文化景观。这里的梯田有人统计，从山脚到山顶，层层向上有大小不等约 1500 多块。也是历史上的一个“人类工程”。它已成为生态博物馆文化的一个重要组成部分。规划的目的是不能改变稻田的用途，从根本上杜绝用稻田建表演广场，确保稻作文化区的完整性。

5. 资料信息中心选址与设计

堂安资料信息中心的选址前后进行了三次。第一次由贵州省建筑规划设计研究院在总体规划中是意向性的选址，该址居于上寨的西南方，采光差，因大山阻挡，上午 10 点钟才能见到阳光。二是用地面积仅有一亩多地，没有发展空间。由于该址地处两座山的交汇处，每当暴雨，山洪倾泻而下，处于不安全的地带。

2002 年 9 月，挪威国家文物局副局长、贵州生态博物馆群项目科学顾问达格先生来堂安考察，对第二选址征求他的意见。这处选距上寨不到 100 米，但因靠山，地势较高，可以俯瞰堂安侗寨全景。达格先生看了之后，他认为选址位置距村寨不远，视线相当开阔，让人有高高在上的感觉，村民是如何看待这一处选址，最好听一下村民们的意见。堂安村支书和村长、还有几个寨老也到现场一同研究这处选址，村民们认为选址的地形不方便村民活动和游客的参观，但可以观堂安和梯田的全景，而且因距村寨有一段距离，寨里如发生火灾不会殃及此处。因为意见不统一，这次选址没有确定下来，黎平县领导说，最好由村民初选后再作决定。第三次选址是在生态博物馆接待室上方的一块较宽敞的稻田里，距接待室有两米高，用石梯可以与接待室相连接，距上寨不到20米，也方便村民活动和参观。

对第三次选址也有不同的看法，达格先生对资料信息中心的选址的指导思想是从村民的利益出发，而不是站在外来参观者的角度考虑。但他的选址不符合村民的“习惯法”，村民有自己约定俗成的活动场所，是他们长期以来形成的，如梭戛村民迎送宾客都是在寨子中间的小山头一块平地上，官方组织的迎宾活动在资料信息中心的院坝里结束后，村民们还要在他们自己的小山头组织一次迎宾活动，如挪威大使到梭戛考察就是如此。镇山布依

笔者和挪威达格先生在堂安

族的“跳花场”、“三月三”、“六月六”节日活动他们都有固定的场所，资料信息中心的场地虽然很宽大，他们总觉得不是他们的活动场所，是公家的地盘，带着一种畏惧感，不愿走进这个场所。在堂安亦然，侗民们真正的活动中心是在鼓楼，而不是选择在资料信息中心。因为资料信息中心不是他们心中的精神家园。隆里古城生态博物馆资料信息中心可以说就在他们的家门口，但开馆之后几乎没有村民在此举行过任何接待活动，古城中的球场才是他们真正的活动中心。

第三次的选址经各方人士的共同研究，得以通过，并得到了项目领导小组的认可。2004 年 7 月，达格先生再次来堂安，看了第三次的选址后，他也投了赞成票。

资料信息中心的设计是在 2004 年年初开始的，为了对资料信息中心的设计慎重起见，7 月 1 日，省实施小组向苏东海先生呈送了《堂安侗族生态博物馆资料信息中心建设实施报告书》。

《报告书》第一部分说，堂安生态博物馆的建设，即贯穿于生态博物馆理念的始终，记录建设过程的声像资料作为侗族文化记忆数据库之用。资料信息中心应该成为“没有建筑师”的建筑。1964 年美国建筑大师伯纳德·鲁道夫斯基在纽约现代艺术博物馆举办民间建筑展览名为“没有建筑师的建筑”引起轰动，人们从中意识到原生态建筑的魅力。因此，资料信息中心的建设从伐木、立架、装修等均由堂安社区民间侗族工匠承担，体现文化主人意识。该建筑既是侗族建筑艺术的价值体现和传承，又是工匠对侗族建筑文化价值的认同。贵州生态博物馆项目第三阶段文本中强调，堂安生态博物馆资料信息中心的建设应该由社区民间工匠完成。

资料信息中心的选址和设计，应该赋予环境学和生态建筑学的理念，应依据环境效益和生态环境指标与建筑空间的功能、性能及成本要求进行设计，尽可能与自然环境和堂安侗寨的风貌相呼应，使建筑本身包含着生态学的含义并与自然环境的完美结合。

资料信息中心建筑应该是一组永久性的公共建筑，在用材及工艺上都应该吸收侗族建筑优秀的、合理的部分，不是简单的将侗族建筑“克隆”，应充分考虑不仅外形的美观，而且还要注意内部的使用功能和性能，包括空间及采光等因素在内。

由于资料信息中心土地使用面积有限，（用地面积仅为990平方米），故在建筑体量上不宜过高过大，建筑面积控制在450平方米的选址空间，使中心建筑在有限的用地面积内达到开阔、舒展，且借景抒情。在建筑的层高上严格控制在10米以内，临寨的右耳房高度不得超过6米，左耳房带厢房，使之成为中心主楼的屏障。其层高为两层，约7米，与已建成的接待室形成梯级关系，收到很好的视角效果。主楼即多功能厅，总高为8.8米，屋面为三层檐四坡攒尖顶，外形美观，庄重大方。利用层檐之间的距离形成空气的自然对流，使室内通风、舒适。而在左右耳房的前侧再建一栋面积为16平方米的单体建筑，为二层檐攒尖顶，做值班室用。它与主楼成为大小不等的相似形，克服程式化的对称，使主楼及两耳房构成40米的横幅长面，与值班室的“散点”结合，使有限的建筑空间富于变化。

主楼、耳房及走廊均搭披厦，与屋檐形成双檐，增加屋檐的层次感，克服亚热带季风气候的灼热天气，同时遮挡风雨对走廊内木板的侵蚀。

关于资料信息中心建筑的走向问题，让观众不直接进入主楼，而是先引入值班室，由踏步连接进入耳房走廊，再进入主楼，最后由厢房，进入绿地，行成顺时针循环。

主楼两侧带卫生间，是公共建筑在功能上的需要，卫生间不得游离于主楼之外，室外设卫生间不是国际间文化合作项目的标准。

资料信息中心是堂安社区村民的精神家园，是侗族南部方言区“侗文化记忆”的数据库，又是文化遗产（物质文化和非物质文化）保护和传承的重要场所。

资料信息中心其功能上应不断地储存社区的“文化记忆”，并为中外学者、专家提供丰富的信息资料。因此，在设备购置上应全方位的考虑，尽可能系统化。

由于生态博物馆是一座活的博物馆，它的本质体现文化主人意识和活态文化的传承，因此保护社区民族民间文化艺人和培养文化传承人是生态博物馆的长期任务，资料信息中心将为此任务的施行发挥积极的作用。

《报告书》中的第二部分强调建立博物馆社区侗族民间建筑工匠档案，扶持和组建博物馆社区侗族传统建筑工匠队伍，调查和维修博物馆社区侗族标志性建筑、代表性民居，负责堂安侗族生态博物馆资料信息中心基建项目的施工，全程记录堂安侗族生态博物馆资料信息中心基建项目和博物馆社区侗族标志性建筑、代表性民居维修的建筑施工全过程。

苏东海先生接到报告后随即作了批复：“堂安信息中心建设方案，很好，参阅大量资料，坚持生态博物馆的理念，同意按此办理。”

资料信息中心建筑设计由黎平县建设局设计室的冯承良工程师承担，他是侗族人，对侗族建筑颇有研究，他认真研究了资料信息中心的指导思想，并到堂安资料信息中心选址现场作调查。

一个月之后，冯承良工程师完成了设计任务，不但有平面、剖面图，而且还有效果图、结构放大图。他的设计是在《报告书》设计意见之上的再创造，将大厅改为两层，突出侗族吊脚楼的特点，同时显示出主楼的气势，而图书室和电脑室和大厅不在一个建筑平面上，相对落差在 2.5 米左右，用廊连接，打破了呆板的对称手法，使整栋建筑显的灵活，符合山地建筑的特点。

6. 资料信息中心破土动工

根据中挪合作项目——贵州生态博物馆群（第三阶段）的决定，2005 年 6 月初在贵阳举行“贵州生态博物馆国际论坛”，堂安侗族生态博物馆的开馆列为论坛的内容之一。

黎平县委、县政府高度重视博物馆的建设，并明确资料信息中心开工的时间不得跨年度。关于木料问题，县政府指定要在最好的林场伐木，以保证资料信息中心的开工建设。

2004 年 12 月 8 日，是堂安侗族生态博物馆资料信息中心开工的日子，黎平县委、政府、肇兴乡有关领导、设计人员等来到堂安。堂安的 12 月份已进入了冬季，因海拔高，比较寒冷，但资料信息中心现场很火热，参加开工典礼的村民特别多。红色的横幅上写着“堂安生态博物馆开工典礼”11 个大字。

开工仪式上县领导作了简短的讲话，强调工期和工程质量，要县文化广播电视局科学地组织施工，克服冬季对施工带来的不利因素，保证在明年 5 月完成工期。

开工仪式结束之后，工程队有他们自己的一套“开工仪式”——祭鲁班。这是木工们不成文的规定。他们说祭了鲁班，有鲁班保佑，不会出工伤事故。祭鲁班的活动由掌墨师执掌，掌墨师是侗族工匠，这是一场别开生面的开工仪式活动。掌墨师在资料信息中心的“正堂”安放了一张小方桌，桌上放一斤刀头肉、一壶酒、一升米、摆上几个酒碗，然后点好了香烛，手里拿着一只公鸡，毕恭毕敬地站着，之前还请了一位德高望重的有身份的老者，由一位村民带到山上的一口清澈的水井取一碗水，掌墨师将取来的清水放于桌子的中间，然后又插上三炷香，在地上烧了一叠纸，口中念念有词，他的徒弟们都分站于两旁，显得非常虔诚。掌墨师将公鸡杀后在空中顺时针绕三圈。祭典仪式完毕。掌墨师高喊：“破土时辰已到，开工！”话音刚落，村民们手拿锄头，在已画好的地基线上进行开挖地基。

7. 堂安侗族生态博物馆举行开馆仪式

2005 年 6 月 5 日在贵阳召开的“贵州生态博物馆国际论坛”的活动内容包括黎平堂安侗族生态博物馆的开馆仪式。参加这次活动的挪方代表有挪威国家文物局副局长、贵州生态博物馆科学顾问达格先生、挪威国家文物局国际部顾问雷顿女士、挪威传统民歌制片人图尼女士、挪威传统民歌音乐家尤尼女士、挪威手风琴师浮拉德先生、挪威录音师特业先生、挪威音响师阿顿先生。中方代表有：中国博物馆学会副理事长兼秘书长马自树先生、贵州省文化厅邓健副厅长、贵州省文物局副局长张诗莲女士以及省外事办有关领导。

黎平县委、县政府负责承办堂安侗族生态博物馆的开馆准备工作。6 月 5 日上午 8 点钟，中挪双方代表从贵州饭店出发，晚上 8 点钟到达堂安所在的肇兴乡所在地。

6 月 6 日上午 10 点，堂安全寨人云集于鼓楼前的石板坪，侗女们衣着盛装，头插银簪、鲜花，胸前、手上佩戴项圈、手饰，在鼓楼前等候着客人们的到来。那些寨老们身穿紫色、绿色、蓝色的长衫，长衫布料多为绸缎，其上印有如拳头大的古铜钱式样，头戴酷似清代官员的顶带帽，他们的着装，颇似晚清遗老。寨老们非常讲礼仪，客人没有进鼓楼时他们分站于石板路的两边，将鼓楼的凳子腾空，好让客人先入座。

6 月 6 日上午 10 点半，天上下着小雨，开馆仪式在鼓楼举行，先鸣铁炮三声，然后笙鼓齐鸣，场面热烈。

主持开馆仪式的是黎平县委副书记吴锡峰先生，他说，今天开馆的议题有三项：“一、请中挪双方代表讲话；二、中挪民间音乐家组合演唱；三、参观展览。”

中国博物馆学会副理事长兼秘书长马自树先生代表中方讲

话，他说："今天是个好日子，堂安生态博物馆正式建成开馆了；今天是个好日子，由中挪合作共建的贵州生态博物馆群因堂安生态博物馆开馆典礼而顺利建成，中挪双方在博物馆领域长达10年的友好合作也告一段落。

今天喜雨，中国有句成语，叫做'喜极而泣'，如果说雨是天公之泪的话，那真是天人同心了。据挪威人也认为下雨能给人带来好运，今天细雨大概也在为今天这个好日子制造出一种吉祥'生态气象'吧。

世界生态博物馆诞生在20世纪70年代，中国生态博物馆建设是中国和挪威两国博物馆界的交流，两国政府的友好合作成果。1995年中挪两国博物馆学家就在中国贵州创建生态博物馆达成共识。当时我任国家文物局副局长，分管博物馆工作，对创建生态博物馆建设给予了热情的支持，并出任这个项目的顾问。1997年，中挪两国政府部门就合作建立生态博物馆签订了协议。10年来，挪威方面投入了数十万美元，并派出专家出任项目的科学顾问。中国方面，从中央到地方有关部门，在人力、物力上进行了大量的投入。在中挪双方共同的努力下，先后建成了梭戛苗族、镇山布依族、隆里古城和堂安侗族4个生态博物馆。

在贵州生态博物馆群的建设中，不能忘记挪威开发合作署、挪威国家文物局作出的贡献；也要记住中国国家文物局、中国博物馆学会、贵州省人民政府、贵州省文化厅和有关区县政府的强有力的支持。当然也要记住挪方专家杰斯特龙先生、达格先生和中方的苏东海先生、安来顺先生所做的杰出工作。

生态博物馆是一种文化理念，也是一种生态方式，它使人们以一种更先进的理念和方式保存历史记忆，展示现实生活，创造更加和谐、美好的未来社会，提升社区居民的文化自觉和创造力，并使之获得全社会的广泛尊重。生态博物馆创建的意义不仅仅是对新博物馆学理论的实践检验，更重要的是它作为一种工具来促进社会的发展，特别是弱势人群，弱势地域的社会发展。因此，在贵州生态博物馆取得初步成功之时，先后在广西、云南、内蒙古也建起了一批生态博物馆。在这种情况下，我们的任务就是要在全面总结我国首批生态博物馆创建经验的基础上，全面探索生态博物馆理论和实践的中国化问题。生态博物馆作为一种引进的理念，要使之在中国扎根，就必须要与中国固有的社会文化心理相结合，与中国社会结构、组织体系相结合，与中国社会发展战略相结合。生态博物馆与传统博物馆最大的不同之处就在于它是一个社区，一个地域，一个社会，它具有很强的实践性，开放性和发展性，因此，它的存在和发展必然与中国社会的整体发展密不可分。作为一个依托社区存在的生态博物馆，如果脱离了中国社会发展的步调和节奏，或者不符合社区居民的意志和利益要求，它就会成为难以存活的乌托邦。因此，探索生态博物馆具有中国特色的理论内涵和实践形态，攸关生态博物馆的生存、发展的前途，实在是一件要紧的事情。

中挪合作生态博物馆项目，虽然告一段落，但合作应该继续下去，有了这次成功的合作经验，我们有理由在更高的层次、更新的领域进行更有成效的合作。生态博物馆在一个拥有 13 亿人口的大国里生长，它的意义肯定超出了中国的国界，我们期望与挪威的朋友，与其他国家的朋友继续就这一领域的理论和实践问题，就文化交流问题，有更好更多的合作机会，从而促进各国人民的相互了解，促进世界和平。

贵州生态博物馆的建成，在中国博物馆界具有里程碑的意义，它为中国博物馆界开辟了一个新的领域，是中国推进新博物馆学运动的一次大胆的尝试。

在全球经济一体化的大潮中，保持文化的多样性则显得尤为重要，生态博物馆则是保护文化多样性的重要的实践，生态博物馆建成之后将面临着各种挑战，我们在思想上必须有充分的准备，积极应对各种挑战，坚持生态博物馆的理念，坚持从实际出发，建成具有中国特色的生态博物馆，最后我向为生态博物馆付出辛勤劳动的中挪文博专家和村民致以崇高的敬意。”

达格先生代表挪方讲话，他说，堂安是侗族人民居住的如神话般的地方，这里不但风光宜人，而且这里的建筑、音乐和侗族人民热情好客让我一个外来者为之向往和感动。今天我和挪威的民间音乐家以极大的热情来到堂安生态博物馆参加开馆仪式，并要和侗族民间歌手同台演出，使中挪文化的交流民间化。

贵州生态博物馆的建设是成功的，它体现了中挪两国在文化领域的真诚合作。生态博物馆虽然建成结项，但它并不意味着合作的结束，中挪两国之间仍有广阔的合作前景，我相信我们双方对合作前景都充满了信心。

他在讲话中回忆说，最近我在档案中高兴地看到了我当时以挪威文物局官员的身份写了一封支持此项目的信件，挪威文物局负责管理挪威的文化遗产，我必须承认，我并没有记住这些，当1999年3月，项目获得了第一期成果的时候，那一次环境部长正式访问中国前仅仅两天通知我来中国，这是由于我们文物局的秘书生病造成的，这次访问，我们参观了景色宜人的贵州，并考察了其他环境项目，部长考察的中心议题是建立生态博物馆，这次旅行给了我极好的感受，也包括我的同事，雷顿·维阿女士。

从第一次申请经费支持贵州生态博物馆项目，到部长来参观期间发生了什么？

项目小组由中国博物馆学会建立，由苏东海先生任组长，杰斯特龙先生也在其中担任项目的科学顾问。1995年4月，对贵州省的多个村寨进行了考察，选定了4个点建生态博物馆。这4个生态博物馆真是绝好的选择，它不仅代表4个不同区域的民族，而且具有不同环境和不同的挑战。项目在1995年得到了挪威开发合作署的正式批准，工作开始进行。

1999 年，杰斯特龙先生和安来顺先生在《北欧博物馆》期刊发表文章指出，“生态博物馆理论的出发点不是要居民和他们的文化相分离，而是基于自己的文化建立他们的将来”，是这项目建立的理论基础。

堂安是 4 个生态博物馆中最后建成的一个生态博物馆，它是侗族居住的一个美丽的地方，我记得 2002 年 9 月在和胡先生讨论资料信息中心地点的时候，这项工作变得很重要，我作为技术顾问认为，中心不应该高出村寨或置于村寨之外，资料信息中心具有象征意义，要成为村民日常生活的组成部分，这是我要重申的观点。

侗族有非常优美的传统音乐，音乐具有很高的价值，这为他们的生活增加了意义。

在堂安有一件值得让人回忆的事情，当项目开始时，我问寨子里的老人，修复工作从哪里开始？他们要求先修复传统建筑风雨桥，这座桥被洪水冲毁了，在传统习俗上，这是侗族青年聚集的地方，是青年人谈情说爱的地方，老人们的选择是为寨子规划前景。

堂安生态博物馆的建成已经证明我们取得了很大的成绩，我重申，这是由于所有参与者努力的功劳。但是堂安生态博物馆举行开馆之后，我将指出几个方面的挑战：

第一点，资料信息中心是属于居住于此的居民，是他们日常生活中的组成部分，如果这种观点被忽视了，那么，生态博物馆的观念就丢失了。

第二点，做好建筑物、展览、周边环境和村寨基础设施的日常维护工作，生态博物馆应成为贵州省博物馆整体建制的一部分。

第三点，和 4 个生态博物馆有关的领导职位，应当尽可能多地用这 4 个村寨的少数民族，这是他们的文化，理解和解释要由他们完成，也要给他们提供保护和发展的平台。

第四点，旅游者应该遵守的行为准则，应当详细写出来，并广泛散发，让旅游者进入生态博物馆之前读到这一准则。

第五点，必须遵守《六枝原则》，此原则来源于共同的理解，也代表着生态博物馆群项目的核心意识。

最后我愿意表达我最诚挚的谢意，感谢让我参与了这个生态博物馆项目，此项目是我的专业向往，也意味着因此可能遇到伟大的人们，并建立起深厚的个人友谊，这一经历将深深扎根于我的脑海，并持续于我以后的所有生命。

祝堂安侗族人民生活幸福！

邓健副厅长代表贵州省文化厅向挪威政府、中国国家文物局和中国博物馆学会对贵州生态博物馆建设的支持表示最诚挚的谢意。感谢黎平县委、县人民政府对这次开馆和接待工作的精心安排。贵州生态博物馆的建设离不开专家的指导、政府的支持和村民的参与。邓健副厅长说，生态博物馆作为一种新的理念引入贵州的少数民族社区，是一个创举，是一次大胆对新型博物馆的实践，在实践的过程中它必将受到来自各个方面的挑战。

生态博物馆项目的建成并不等于生态博物馆实践的结束，而正预示着它的开始，建生态博物馆难，要巩固和发展生态博物馆则更难，中国是一个发展中国家，正处于社会主义初级阶段，这就决定了生态博物馆要适应社会主义初级阶段的各项方针政策，以经济建设为中心一百年不变，让全国人民共同奔小康的目标不变。生态博物馆保护活态文化的同时也面临着民族地区居民对文化保护和发展经济之间的矛盾。因此，生态博物馆不可能一蹴而就，是一个长期的实践过程，政府的长期投入是一个关键，生态博物馆建成之后，如果在人力、财力等后续方面的工作跟不上，那么生态博物馆会面临着很大的危机，甚至名存实亡。

我们希望挪威方面，中国国家文物局和中国博物馆学会对贵州生态博物馆一如既往地支持和帮助，让贵州生态博物馆这支出土的“幼苗”茁壮成长。

开馆仪式之后，挪威和中国黎平侗族民间音乐家在戏楼同台演出，这是村民们盼望的时刻，村民不相信挪威人会唱侗歌，台上的挪威民间音乐家尤尼，她是第二次来堂安，去年 2 月份，她到堂安和侗女们合唱了 10 多首侗歌，觉得侗歌太优美了。去年 6 月，挪方邀了堂安社区 4 位侗族歌手到挪威参加国际民间艺术节演出获得了成功。今天，除尤尼外，来演出的是搞乐器和负责音响的人，有手风琴师浮拉德和特业先生，特业先生他即可以搞录音又可以搞乐器，但他的“乐器”是就地取材，即石块、竹筒、居民洗锅用的刷把，敲打起来有一种特殊的效果，如生产生活中发出的熟悉的声音一般。

同台演出的第一首歌是侗族的蝉歌，这是在侗族民歌中最动听的一首歌。挪威民间歌唱家尤尼站戏台中间，站在她左边的是侗族民间男歌手吴安华、侗女吴应梅；右边是侗女吴川平、潘幸芝。报幕之后，台下掌声雷动，一首动听的熟悉的蝉歌在堂安侗寨回荡，刚出现蝉的模仿声时，突然传来一个高八度的声音，像雄鸡在啼唱，这是挪威民间音乐家尤尼发出的歌声，倍增了蝉歌的“钢性”，这种组合一点不别扭，和谐而动听，使蝉歌的效果得到升华，堂安村民感到即熟悉又有新鲜感，台下又是一片掌声。

第二首歌是挪威民歌，外国人如何唱歌，堂安侗民从未听过。尤尼唱的是地道的具有北欧风格的民歌，在高亢中略显几分柔和，而几个侗歌手却用自己的侗歌调与之相和，其效果也有侗歌的风格，但和而不同，虽然挪威与中国相距万里之遥，而民歌却能同台组合演唱，各领风骚。

演出结束后，资料信息中心成了参观的热点，陈列展览对村民来说是一件非常新鲜的事情，侗寨里那些年事已高的寨老们一辈子也没有看过博物馆的陈列展览，即使是进县城也没有陈列展览可看，也没有想到要去看陈列展览。今天村民可以不花一分钱就可以走进展厅。展览颇有些创意，展厅里的柱头、展板均用侗布包装，其优点是古朴典雅，不反光，符合侗民的审美情趣。展览的内容主要是通过照片反映堂安的自然环境和侗族文化，是反映村民他们自己的文化，他们的生产生活、节日节庆、礼仪庆典、婚丧嫁娶等，这些图片中都有他们自己的形象，展览对于他们来说具有一种亲切感和认同感，他们很多人来到展厅不想走了，有的不时指着照片上的人自豪地说，就是他本人，并高兴地说想不到自己的照片也能上展览。

二楼是纺纱织布的演示，一位侗族老太太在熟练地纺纱，一位老太太在穿梭织布，她们像在自己家里纺纱织布那样自在，没有刻意的表演，一些外来的观众很好奇，也坐到机子前甩上几梭子。达格先生评论说，这是一种活的展示，无须要讲解员，讲解员是侗族老太太自己。

整个开馆活动持续到下午 1 点钟，离开堂安时，中挪双方代表在资料信息中心合影留念，成为堂安生态博物馆开馆的永久的记忆！

贵州生态博物馆群的管理和运作

一、梭戛生态博物馆的管理和运作

管理有两个方面的内容：一是管理法规的尝试；二是管理体制的改革和探索。

1998 年 10 月，梭戛生态博物馆建成开馆以后，为了使生态博物馆的管理有章可循，省实施小组起草了《中国贵州六枝梭戛生态博物馆管理办法》（草案）一共五章 30 条。总则中明确了生态博物馆的范围和保护对象。总则说，梭戛生态博物馆是以梭戛长角为头饰的苗族社区文化为基础建馆。同时在社区内兴建一座资料信息中心和相应的服务设施，为科学工作者和观光者提供必要的研究和服务。梭戛苗族文化社区的面积等于生态博物馆的面积，对社区内的自然和文化遗产实行整体保护的原则。

第二章“性质和任务”中指出，梭戛生态博物馆和其他国家级博物馆和省级博物馆合作，开发苗族社区自然、文化遗产的登记记录系统。本信息系统与全国标准化的藏品分类，登记体系具有包容性。梭戛生态博物馆对有关人员进行专业知识和技能的培训，培训对象应是当地文化部门的管理者、苗族社区自然村寨中参与生态博物馆管理和运营的居民。培训内容有人类文化遗产、自然环境保护原则、国家文物法规和国际公约、生态博物馆学、文化遗产的基本修复和保护技术、博物馆资料信息中心的信息和电脑化处理。

第三章“管理”中说，梭戛生态博物馆依法纳入贵州省公共博物馆体系进行有序管理；梭戛生态博物馆实行馆长负责制，从贵州实际出发，在建设和运作阶段，成立省、市、特区、村等方面代表组成的生态博物馆管理委员会，逐步过渡到由梭戛苗族社区民主推举苗族代表任馆长，实行社区居民自愿参加、自己管理的生态博物馆。管理人员由当地文化行政部门的管理者和社区居民中产生，管理人员的工资和报酬列入地方财政预算；生态博物馆的事业经费同省公共博物馆一样，列入省级财政预算。

这个管理办法只是一个草案，没有经当地人大通过得以施行，其涉及人事制度、财政体制问题。生态博物馆的管理人员不能从村民中产生，因为他们参加生态博物馆的工作报酬无法解决。关于生态博物馆的事业经费同省公共博物馆一样，列入省财政预算，经咨询贵州省财政部门，因财政的分级管理，“分灶吃饭”，梭戛生态博物馆属地在六枝，不能列入省级预算。最关键的两项没有得到解决，这个管理办法不可能发挥效应。

在管理体制上，六枝特区政府对博物馆的建置作出决定，明确该馆为特区科级单位，馆长由特区文物管理所所长担任，隶属特区政府领导，在业务上接受特区文广局的指导。博物馆编制3人（后增至5人），进入博物馆的工作人员的工资和博物馆事业经费纳入特区政府财政预算。

从梭戛（长角）苗族社区的管理层面上，对建立梭戛生态博物馆管理委员会进行了一次大胆的探索，于2001年11月21日成立了“社区文化遗产保护管理委员会”。社区12个村寨即大湾新寨、苗寨、后寨、化董寨、依中底寨、小新寨、新发寨、安柱寨、陇戛寨、补空寨、小坝田寨、高兴寨的代表应邀参加了这次成立大会。会议通过选举，产生了名义馆长1人，委员12人。并通过了《梭戛生态博物馆社区文化自然遗产保护管理委员会章程》，简称《章程》。

《章程》共4章28条。总则指出，建立梭戛生态博物馆的目的旨在保护以长角为头饰的苗族社区的自然和文化遗产，增强社区人民对本民族文化价值的认同，改善社区人民的生存环境和居住条件，提高物质文化和精神文化的生活质量，在长期保护本民族优秀传统文化的前提下，同其他民族一样，共同步入现代化生活。

第二章，管理委员会是在人民政府的管辖下的以长角为头饰的苗族代表选举产生的群众性组织。管理委员会的成员应以苗族为主；管理委员会行使生态博物馆所有的工作职能，目前只是一种过渡形式，待条件成熟的时候，由社区居民民主选举产生生态博物馆馆长，从而达到由社区居民自愿参加、自己管理的生态博物馆，至此管理委员会完成其历史使命。

第三章，管理委员会实行民主选举，任期三年，任职期满可以连选连任。任职期间，有不称职的委员通过召开全委会罢免。管理委员会委员应树立全心全意为社区服务的思想，坚持自尊、自重，为维护和树立社区的民族文化形象而努力工作。

这是梭戛生态博物馆第一次由社区12个村寨代表讨论通过的章程，也是社区实行自我管理的一次尝试。但非常遗憾的是由于主客观方面的原因，管理委员会和《章程》都流于形式，没有在社区开展任何活动，仅开了第一次成立大会，就自行解散了。

贵州生态博物馆实施小组就梭戛生态博物馆的管理体制仍在积极地探索，2002年5月22日，向项目领导小组呈送了《关于推进梭戛生态博物馆管理体制建设的意见》（以下简称《意见》）。该《意见》说，梭戛生态博物馆目前的管理方式已经背离了生态博物馆的方向和原则，不是一座真正意义上的生态博物馆，从六枝特区政府派干部来管理这只是权宜之策，开馆之初的一段时间是必要的，但绝不是长久之计，不能从根本上解决生态博物馆的管理问题，不能树立生态博物馆的主人意识，所派的干部只不过是生态博物馆的“临时工”，而不是主人。真正的主人是文化的拥有者——当地苗族村民，但他们被关在生态博物馆的大门之外，尚未进入主人的角色，他们未能利用生态博物馆这面镜子，观察自己，寻找对该博物馆所处的自然和文化遗产的解释。

《意见》提出了改制的办法是：改任命制为选举制，原特区政府给生态博物馆的编制仍然保留，打破“铁饭碗”，对生态博物馆资料信息中心的研究人员，通过考试，实行评聘，签订合同，按规定完成任务者可以续聘，不能胜任者即可解聘；加强与乡政府的联系，为实现“生态博物馆是由公共权力机构和当地居民共同设想，共同构建，共同经营管理的一种工具”的构想，加强乡政府与博物馆的有机联系，使生态博物馆克服脱离当地行政的支持，处于孤立无援的境地。为扩大生态博物馆的社会功能，由梭戛乡政府派出一名热心于生态博物馆事业的“特派员”进驻生态博物馆，协助馆长、副馆长工作，使之在管理上得到加强。

《意见》最后说，梭戛生态博物馆管理体制上的推进是一次重大体制改革的尝试，是生态博物馆发展的必然，是确立生态博物馆真正含义的一个举动。不仅可以革除过去的诸多弊端，甩掉包袱，轻装前进，还将进一步建成名副其实的中国第一座生态博物馆——梭戛生态博物馆。梭戛生态博物馆也需要与时俱进地发展自己，在推进体制改革中，将以崭新的姿态出现在世人面前。

应该说《意见》的设想是一种积极的探索精神，值得肯定。项目领导小组也很赞成这个《意见》，并对前面部分作了修改。但《意见》是一个理想主义的产物，是停留在理论上的一次对话，因为它严重地脱离了梭戛社区的实际，也脱离了我国现行的行政体制和事业单位编制的实际。梭戛生态博物馆不是梭戛社区民间自发创办的生态博物馆，是政府主导下的博物馆，专家在新博物馆学领域的尝试，社区村民也不知道什么是生态博物馆，生态博物馆的成功与失败与他们没有关系，因此，即使从社区民主选举一位馆长也形同虚设，馆长所具备的知识和管理能力姑且不论，馆长不可能纳入政府的事业编制，在这种情况下，他也不可能抛开全家人的生活负担来义务担当馆长的工作。处于贫困状况下的梭戛村寨村民更多的是关心生态博物馆建立之后会给他们带来什么好处，他们根本不是要来当一个馆长。

生态博物馆更多的是强化技术层面上的管理。因为政府主导在中国生态博物馆的建设中将是一个长期的过程，如果政府放弃主导，生态博物馆将成为“乌托邦”。在技术层面的管理上应该借助与传统博物馆的管理经验，在文化记录、资料的整理、陈列展览、业务培训等方面都必须具备专业人才，不得滥竽充数。生态博物馆是对传统博物馆继承和反思的结果，没有传统博物馆就没有生态博物馆，生态博物馆并不排斥传统博物馆，生态博物馆而应继承传统博物馆的管理经验。

生态博物馆的管理和发展与中国行政的管理和社会经济的发展是同步的，它不能超越中国社会的发展独立成为另外的一种发展模式。在生态博物馆的初创阶段，生态博物馆管理是在探索中前进，在前进中探索，因为在中国没有“现成饭”可以吃，在探索中难免要犯一些“本本主义”的错误，我们存在的主要问题不是用实践来检验生态博物馆的理论，而是用生态博物馆的实践来套用生态博物馆所制定的“框框”，在这样的思维下，只能是“削足适履”，路子越走越窄。

由于中国长期以来形成的二元社会，拉大了城乡的差距，乡村物质文化生活的匮乏是当今亟须解决的问题，只有富裕起来的社区村民才能谈得上对生态博物馆的关注，才能谈得上对文化遗产的保护，才能谈得上对文化的“自觉”。在这一阶段政府的主导是至关重要的，不论是生态博物馆的硬件建设，还是管理能力的建设都离不开政府的主导。由政府选派馆长就成为中国生态博物馆的一个特殊时期的管理模式，就是苏东海先生所说的“文化代理”时期。笔者所理解的“文化代理”也许对苏先生的理念会是一种曲解。苏东海先生说：“生态博物馆的核心理念在于文化的原生地保护文化，并且由文化的主人保护自己，只有文化的主人真正成为事实上的主人的时候，生态博物馆才可能巩固下去，也许外国那些文化程度高的地方建立生态博物馆不需要人帮助，而中国确实存在着文化代理阶段。”笔者理解所谓的“文化代理”主要是指生态博物馆资料信息中心有关文化遗产记录和研究等技术层面的工作的代理，这些技术层面的工作村民显然在短时间内不能承担，但技术层面的工作不等于“文化代理”。村民是文化的主人地位是不可撼动的，谁也代理不了，也许这种代理只能是流于形式上代理，如穿着他们的服装，学习他们的语言，学做他们的饮食，等等，但他们的思想观念、生活习俗、文化心理等这些精神哲学层面的东西是代理不了的。不论建生态博物馆与否，他们都是该社区真正的文化主人，文化代理成为一种技术层面的代理，它的代理并影响村民文化主人的地位。如果放松了对“文化的代理”，生态博物馆就难以巩固下去，我们必须从“村民是文化的主人”的教条中解放出来，强化生态博物馆技术层面上的“文化代理”。梭戛生态博物馆的实践已经证明了强化“文化代理”的正确性，近几年来，六枝特区政府不但选派了精明能干的馆长，而且增加了博物馆的编制，评聘了专业人员，增加了事业经费等，使梭戛生态博物馆走上了正常运转的轨道。

这是贵州乃至全国建生态博物馆的一个重要的经验。凡是要建生态博物馆的地方，在建馆之前，当地政府首先要解决生态博物馆的编制、人员、经费三个问题，如果不先解决这三个问题，而盲目上马，建馆无论如何轰轰烈烈，最终将流于形式，使生态博物馆的生存难以为继，并且造成生态博物馆理论上的混乱，不是从管理体制、财政上去找原因，而是将管理不到位怪罪于生态博物馆，生态博物馆是一种理念，只是一种工具，生态博物馆何罪之有？

在管理和人事制度上当地政府应该作重大的改革，制约生态博物馆管理的重要因素是体制上的问题，这个问题也仅作探讨，很难办到。首先我们政府的人事管理部门应该认识到生态博物馆是建在农村而不是建在城市，将城市（指县城以上的城市）的国家事业单位的业务人员调离到远离本人所生活的城市到生态博物馆去工作，这是脱离实际的做法，这样则造成了被调离人员极大的不安心，其结果形成了两种局面：一是用博物馆非常有限的经费请村民看守生态博物馆的资料信息中心，工作人员每月可能到资料信息中心待上一两次便回到县城，平常没有重要的接待任务时工作人员是不会主动到博物馆工作的，这是一件非常无奈的事情。二是在生态博物馆编制人员有 3 人的情况下，采用轮流值班的办法，每周轮换在博物馆工作，事实上仅起到“守摊”的作用。以上这两种局面，就连苏东海先生所说的“文化代理”也代理不了，就连“守摊”也守不好。梭戛生态博物馆前期的管理工作也充分地证实了这一点，这都是体制上带来的弊端，也是几十年来计划经济时期人事制度在生态博物馆的延续。如果敢向前迈一步，可能生态博物馆的管理又是另一番景象。生态博物馆管理的人选应立足于所在的社区，同时又面向社会才是出路，必须指出，它是在生态博物馆有编制、有经费的前提下从社区和社会上招聘人才，打破“铁饭碗”，实行聘用制。编制是固定的，但人员是流动的，为那些愿意在生态博物馆工作的有识之士提供一个工作平台，把那些在博物馆工作感到痛苦的人解脱出来，让他们回到他们想去的地方。当今社会，这样的有识之士大有人在，这些年冒出若干的“村官”就是证明。我们兴奋地看到，前年梭戛苗族社区（陇戛寨）的大学毕业生自愿要求到生态博物馆工作（而且还是临时性质的工作，每月工资 600 元），他是梭戛生态博物馆建馆后梭戛苗族社区第一代大学毕业生，也是第一代苗族知识分子，他愿意为传承苗族文化而工作在生态博物馆，如果再有像他这样致力于生态博物馆研究的志士（这样的志士不一定来自梭戛社区，也可能是其他地区的人），那么，生态博物馆在管理上将出现“柳暗花明又一村”的局面。

梭戛生态博物馆的运作分为两个方面：一是博物馆的业务建设；二是在政府的主导下梭戛社区的建设。

博物馆的业务建设主要围饶建立“箐苗记忆”库展开的，这一项工作在开馆之前已作过社区调查，这次调查为数据库奠定了资料基础。作为生态博物馆，记录工作显得十分重要，正如传统博物馆征集文物，丰富馆藏的意义一样重要。传统博物馆如果没有藏品就是一个展览馆，谈不上真正意义上的博物馆，生态博物馆亦然，生态博物馆没有“文化记忆”库就不能算是真正意义上的生态博物馆，因为生态博物馆是活着的博物馆，每天都在发生着变化，它又是变化着的博物馆，它的变化是绝对的，不变是相对的，只是这种变化的大小和快慢的不同。记录社区的变化则成为生态博物馆非常重要的工作，天天都必须记录，生活就是历史的重复，在不断的重复中淘汰、发展、创新，成为一个民族历史的链条。衡量和考量生态博物馆的工作是否有成效，记录是一个重要的标准。梭戛生态博物馆在这项工作上一直不间断地进行着，而且是专人负责。

开展对村民的培训也是生态博物馆的一项长期工作，因为村民对文化价值的认识决定于村民所具有的遗产知识，这种知识的获得首先是学校教育，学校教育是村民掌握知识的工具。如果一个文盲充斥的社区或村寨，不可能对文化遗产具备很多知识。村民通过生态博物馆的培训获得的知识，博物馆所获得的是遗产的专业知识，对社区的遗产保护实在是太重要了。梭戛生态博物馆开馆之后举办了一期对村民“箐苗文化”记忆的培训，由约翰·杰斯特龙先生亲自授课，村民们对培训表示出极高的热情和兴趣。第二次是“中挪研讨班”对村民的培训，陇戛寨的村民通过培训对文化遗产的认识大不一样。他们认为文化一旦丢失就找不回来。可惜此项工作没有坚持开展下去。联合国教科文组织强调文化遗产的保护必须制订一个长期的文化遗产保护教育行动培训计划，这一计划完全是生态博物馆要开展的工作。

梭戛生态博物馆为配合旅游加强对陈列展览的充实完善，组织村寨传统工艺的生产和销售，作为生态博物馆社区的一项文化产业来发展。为配合旅游加强后勤保障。将厨房、客房等在馆内职工中承包，不但保证了参观者的食宿，也保证了馆内人员的工作用餐。对于远居城市而深藏于大山中的生态博物馆来说，没有强有力的后勤保障，生态博物馆就无法正常运转，这是有深刻教训的。

梭戛生态博物馆的运作还体现在政府主导下的社区建设。2002 年 8 月时任贵州省委书记的钱运录先生考察了梭戛生态博物馆，明确指示，梭戛生态博物馆既要保护好独特的苗族文化，又要消除社区贫困，贫穷不是社会主义。同时还指出，要改善和提高社区村民的居住条件，要发展社区经济，尽快脱贫。钱运录书记的指示对于推进生态博物馆的建设具有非常重要的现实意义。这就是具有中国特色的生态博物馆，一方面文化非常独特，另一方面所在的社区又非常贫困。这样的社区都是一些弱势族群生活的地区，在市场经济的快速发展中被边缘化，成为被遗忘的角落。只有当旅游经济成为地方支柱产业的时候，才想到这些社区独特的民族风情可以用来发展旅游，这仅是一种作为“文化商品”利用的关系，并不重视社区的自然和文化遗产保护，更少关注社区的经济发展。生态博物馆存在着一个道德问题，一是要拯救这种弱势文化，对他们的文化是一种尊重的态度，敬畏的态度，同时鼓励社区居民要认同自己的文化。对自己的文化有一种自豪感和光荣感，这是建立生态博物馆的基本出发点。

生态博物馆的专家们一再强调，社区村民对自己的文化要有自豪感，有自信心，但是就是自豪不起来，专家们也不理解为什么村民自豪不起来，因为专家的视角仅仅局限于文化方面，是一种单纯的文化观。没有将文化和经济的发展联系起来，没有将村民的富裕和村民的价值取向联系起来。一个处于贫困社区的村民，无论文化怎样的独特，村民也不会在文化上找感觉，而是千方百计思考如何富裕起来。没有富裕就没有自豪感，越是贫穷的社区，村民对文化的自卑感则大于自豪感；越是富裕的社区，村民对文化的自豪感则大于自卑感。对文化保护越是重视，对文化的价值取向越是认同；越是贫困的社区，对文化的关注点越低，对文化的价值取向越趋于商业性，文化最容易被贱卖，这也被梭戛社区的现实状况所证实。

在中国贫困的民族社区建生态博物馆，第一是消除社区的贫困，提高社区村民的物质文化生活水平，只有在这样的基础上，生态博物馆才能够办下去。因为生态博物馆不是以一栋公共建筑为标志的博物馆，而是一个真实生活的社区，是一个缩小了的社会，社区村民要生存发展，要和城市人群共享现代化的生活。只有在这样的基础上，才能谈得上村民对文化的自豪感。这是一个认识问题，也是中国民族地区建立生态博物馆的理论问题，在国际生态博物馆的理论体系中没有这一章节。

在政府的主导下，自 2002 年开始对梭戛苗族社区进行全面的扶贫。扶贫分为三个方面的内容：一是社区的基础设施建设，基础设施建设首先解决社区的“三通”问题，即通公路、通水、通电；其次社区的学校建设问题，香港邵逸夫先生捐建的梭戛完全小学已拔地而起，结束了梭戛社区没有完全小学的历史。二是改善社区村民的居住条件，新建了 40 栋民居，使那些生活在危房中的村民搬进了新居，村民们热泪盈眶地说：“共产党好，社会主义好。”三是发展社区经济，首先，重视农业技术的改革，对传统的马铃薯种植进行了“脱毒”种植，提高单位面积产量，以解决村民长期以来的缺粮问题。其次，发展经济的措施，大种经济林木，如种植核桃树、梨树、樱桃树、漆树、金银花等；发展养殖业，养猪、养羊、养鸡（每户发放小鸡50只）。通过几年的努力，梭戛社区村民越过了温饱线，为缺粮发愁的日子结束了，人均收入从1995年的300多元，到2002年提升至1000多元。可喜的是传统手工艺品因旅游市场的拓展得到很好的传承和开发，社区村民完全认识到这是生态博物馆给他们带来的福祉。

二、镇山布依族生态博物馆的管理和运作

2002年7月镇山布依族生态博物馆开馆时，该馆制定了《镇山生态博物馆管理模式》（以下简称《模式》），该《模式》写道：“镇山生态博物馆的管理模式，应该不同于传统博物馆的管理形式，也就是说，不应当是固定的事业单位，而应当是一个过渡性的组织，最终要过渡到由社区村民自己管理生态博物馆，这样才符合生态博物馆的理念和宗旨。那么，怎样组成这样一个过渡性组织呢？根据外国生态博物馆的经验，结合我省实际，我们认为，应该由当地县级以上政府，在采纳专家和有关业务部门的意见后，聘任一个博物馆馆长，任期2年，可以连任。生态博物馆馆长的条件是：拥护中国共产党和党的方针政策，遵纪守法；能够承担民事责任；具有一定的管理经验和生态博物馆相关的知识。另由当地县级以上政府在征求生态博物馆社区和有关部门的意见后，在生态博物馆社区里聘任一个副馆长。每年，由博物馆领导提出生态博物馆的工作报告和财政预（决）算，经当地县级以上政府和有关部门审议后予以批准实施。馆长、副馆长每月补助不超过人民币500元聘任金。同时，博物馆应当根据实际情

况，聘请一个专家，指导生态博物馆的业务建设。”

这也是对生态博物馆管理体制的一种探索和设想，但没有付诸任何实施，成为贴在展墙上的一纸空文。

镇山布依族生态博物馆开馆之后，贵阳市花溪区政府没有任命馆长，明确由花溪区文物管理所管理，所长相当于生态博物馆的馆长。但所长并不等于馆长，所长要负责全区的文物保护与管理工作，生态博物馆只是文管所其中的一项工作，不是所长的专职工作。

由文管所负责生态博物馆的管理工作也是一种权宜之计，在生态博物馆处于建设和开馆之初，无须要到外面找人，可以集中文管所的专业人员投入生态博物馆的工作之中，如镇山布依族生态博物馆社区的前期自然和文化遗产的调查全部是由文管所承担。后来对镇山社区内的历史建筑和传统民居的抢险加固都是由文管所来执行。但建馆之后生态博物馆日常的工作由于没有专门的机构，没有专门的事业经费，文管所顾及不暇，只好从十分紧张的业务经费中花钱请村民管理资料信息中心。这种管理其实就是看门，仅起到一个守摊的作用。生态博物馆的日常工作不能正常运转，这也使文管所处于非常困难和无奈的情况。开馆之后一项很重要的工作即“布依族文化记忆”库没有建立起来，文管所也派不出专业人员来搞社区的文化记录，一座功能齐全的资料信息中心处于半闲置状态。

2004 年，有关单位又提出“应成立由文化部门牵头的管理委员会，由 5 名至 7 名熟悉业务的管理人员组成。隶属于花溪区文体广播局（也可以采取花溪文管所一套人马两块牌子的方式进行管理），办公室设在资料信息中心内，对整个生态博物馆建设使用进行业务指导和监督。”这一建议也没有付诸实施，“管理委员会”由哪些方面组成，比如政府方面、专家学者方面、村民代表方面、其他方面，在建议中也没有表述清楚，因此，这样的一个

“管理委员会”最终没有成立，既使成立了，也不可能形成一个“民主管理”的构架。事实上这种管理思维仅局限于解决生态博物馆办公室工作人员的层面上，和文管所直接对生态博物馆实施管理没有本质的区别，仅仅是戴了一顶“管理委员会”的帽子。

在生态博物馆管理机构的设置上，我们只能从国情和省情出发，建立适合中国生态博物馆的管理机构，但同时，对国际生态博物馆设置管理机构的性质是什么应该有所了解。1972 年国际博物馆协会在智利首都圣地亚哥召开的会议指出：“博物馆是社会不可分割的一部分，是一个以服务社会为宗旨的机构，本质上，博物馆透过其种种功能，具备了形塑社区良知的能力，并因而能刺激社区人民采取行动。透过历史的诠释活动，博物馆最终的作用其实要反映和展示当代的问题，换言之，博物馆是连接过去与现在的机构；它揭示社会所面对结构性的挑战，并促使人民在各自的国家和地区脉络中采取适当的行动。博物馆的活动总是随着时间不停地转型，博物馆的研究人员、行政人员的业务和博物馆本身的结构也一直跟着改变。因此，要成为一座‘整合博物馆’，外界不同的学科、包括社会科学领域的专家学者的协助是不可或缺的，这种新形态的博物馆，由于特殊的性质，是以地区博物馆或以中小型规模人口族群为对象的博物馆来运作最为理想。”

可惜当地政府没有在镇山布依族生态博物馆这样一个小型规模的博物馆的机构上作出决策。

镇山布依族生态博物馆在运作阶段，当地政府加大了对文化遗产区管理，拆除那些为追求短期经济行为兴建的违章建筑。

镇山地处贵阳市西南郊景色秀丽的花溪水库的中段，宽阔的水面成为贵阳市民夏天游泳最佳的选择。自 1993 年贵州省人民政府批准为省级民族保护村之后，旅游业逐渐兴起。1995 年当地政府发展了 25 户文化旅游接待户之后，游人突然增多，村民卖“农家饭”十分火爆，为了扩大经营，许多村民未经批准乱搭乱建，破坏了镇山村的历史文脉和建筑文化景观。自2002年建成布依族生态博物馆之后，因为品牌效应，游客猛增，违章建筑再次出现在古老的村寨，规划中的“村民新区”没有人愿意到新区建房，因为新区生意少。专家学者和游人对此反映强烈，因乱搭乱建破坏了历史建筑景观，一度游客递减。当地政府采取拆除违章建筑的同时加大新区的建设力度，从对村民经营农家饭有利出发，首先调整了新区位置，村民也看好调整后的新区，已有不少村民到新区建房。当地政府对文化遗产区实行有效保护，从2000年至2003年，先后共用了4年的时间，拆除违章建筑、改建、新建、扩建房屋面积达2397.4余平方米。基本保持了文化遗产区的历史风貌。这几次拆除行动，最大的收获不仅仅是保持了历史风貌，而是对社区村民进行了一次文化遗产的最直接的教育，村民从抵触拆除到自觉拆除，这是对遗产保护认识的升华。很多村民对原建的红砖墙房自觉贴上石板，以保持和古建筑的协调。有一户村民叫李秀良的，将自己的老屋布置得“庭院深深”，举办家庭“镇山历史文化展览”，当然有人说其目的是为了招揽游客，他用文化招揽何罪之有？这正是他经营有方的一条新路子，既保护宣传了历史文化，又搞活了旅游经济。

当地政府为了发展镇山的旅游经济，加大对文物古迹的抢险加固，对武庙进行了全面的修复，对屯墙临水库一段也进行了修复。兴建停车场、公厕，增修从资料信息中心通往村寨的石板路。

村民自发组织了“旅游管理协会”，该协会担负起文化遗产的保护、村寨清洁卫生的管理，改变了过去各自为政的混乱局面。这是在镇山布依族生态博物馆出现的由村民自觉地保护文化遗产的一缕曙光。通过开展文化旅游，村民的物质文化生活有了显著的提高。但这仅仅是生态博物馆社区经济发展的一个方面。

三、隆里古城生态博物馆的管理和运作

隆里古城生态博物馆开馆之后，所在的锦屏县政府没有正式下文明确馆长一职。县文化广播电视局直接管理生态博物馆，起初由县文化广播电视局聘请2名至3名人员进行资料信息中心的管理，管理人员的工作主要是负责资料信息中心的开放、讲解和环境卫生。因为博物馆没有专项的事业经费，文化广播电视局只好挤用办公经费，每月给应聘人员工资300元，因工资太低，不出三月，有两人就自动离职了。古城社区的文化遗产保护和调查由县文物管理所承担，但不负责资料信息中心的管理，这样一个局面维持了有3年的时间。

2007年锦屏县委、县政府高度重视隆里古城生态博物馆的旅游开发，成立了“隆里古城生态博物馆管理处”，为副科级单位，定编4人，与生态博物馆两块牌子“一套人马”。2008年5月，为了加快隆里古城的文化保护与旅游发展，县委、县政府决定成立了“隆里古城保护与旅游发展委员会”，下设办公室，从县文化、建设、旅游等单位选派10余名干部到隆里古城开展了以下几个方面的工作：

1. 搞好本土文化的挖掘和传承，提高村民的文化自豪感和荣誉感。坚持举办一年一度的“花脸艺术节”；聘请地方文化人和锦屏县方志专家共同编修《隆里乡志》，对隆里的历史价值进行全面的挖掘和整理；组织人员编写“隆里古城导游词”，搜集旧的建筑材料用于古城的修缮。

2. 开展村民自治，重建地方秩序，制定了《隆里古城村民自治公约》，建立自我管理、自我约束、自我服务的管理机制。

3. 出台房屋修缮奖励标准，注重挖掘乡土人才，为正确引导

村民建房，延续当地建筑传统风格，乡政府出台了《隆里古城房屋修缮工程奖励标准》，以隆里古城乡土人才为骨干，组建隆里古城古建队，设木工、石工、泥水工和彩绘工 4 个组，为当地建筑文化的可持续发展提供人才资源。

4. 重视民生，以旧城区的改造和更新为工作重点，同时拓展新区，以解决旧城居民居住拥挤的问题。以“保护旧城，建设新区，一城两区，并重发展”为基本思路，以整治旧城区的“三街六巷九院子”为重点，把历史街区作为隆里古城发展的关键和核心工程。改善村民的居住环境，激发村民参与保护古城的积极性。

锦屏县委、县政府是将隆里古城生态博物馆作为该县的重点旅游景点来打造，不但成立了专门的管理机构——隆里古城生态博物馆管理处，而且从各个渠道融资，2004 年融资用于对古城的电缆、电线等埋入地下，以清洁建筑空间。对 600 年来的鹅卵石路面重新铺墁，修复和恢复了古城四道城门的建筑景观，恢复了北门至东门约 100 米长的城墙。恢复了古城南面的一段护城河，并建立了古城卫生管理制度。

2007 年，隆里古城经国务院批准为全国历史名村（镇），县委、县政府加大了古城的恢复力度。从世界银行贷款上千万元对古城进行全面的修复和恢复。包括已毁的建筑进行恢复。

具体项目是：（1）在东门外兴建停车场；（2）恢复已毁的古城历史上的政治中心——“千户所”衙门；（3）恢复历史上的“龙标书院”；（4）恢复东门至南门的一段城墙和护城河；（5）对古城的传统民居进行修复；（6）发展古城“家庭旅馆”等。

以上项目现在正在紧锣密鼓地进行着。发展“家庭旅馆”已于 2008 年完成，古城居民对此表现出极大的热情，因为办“家庭旅馆”的村民每增加一个床位政府都给予一定比例的补贴，这样可以给居民带来直接的经济收入。但由于居民为了争取得到更多的补贴而增加床位数量，“家庭旅馆”的档次不高，旅客住进大排档式的“家庭旅馆”，体验不到庭院幽静的文化气氛。

利用古城生态博物馆发展旅游经济无可厚非，在国际上很多国家的古城旅游经济都做得很成功。在国内也是如此。地处上海、苏州、杭州之间的周庄是一个典型的例子。现在的问题是如何修复古城的问题，在生态博物馆的理念下如何对待古城的修复。挪威的文化遗产专家达格先生考察古城时曾经表明了他的观点，他说生态博物馆应该保留反映历史上各个时期的建筑，从建筑的角度反映出古城发展的历史轨迹，如果将一些具有时代特征的建筑如乡政府、学校等都拆除，恢复原来的建筑，则使古城成了一座“历史模型”，那么，它就不叫古城生态博物馆，而应该改为“隆里古城博物馆”。达格先生的这个意思表述得非常清楚，中国的博物馆专家苏东海先生在开馆时的讲话也与达格先生有相同的意见，并强调不要因为修复古城墙而把居民搬走，搬走了居民等于搬走了古城的文化，生态博物馆是保存活着的文化，而不仅仅是静态的文化遗存。这也许只能代表专家个人的意见。对文物古迹的修复国家文物局也有明确的规定：已毁文物不再进行恢复，但可以在遗址处写说明牌。北京的圆明园遗址是否恢复，长期以来“主修派”和“保留派”两种意见争论不休。大多数人都同意叶廷芳先生的看法，叶先生不同意修复有4点理由：第一，现存的圆明园遗址是永远的国耻纪念地，是世世代代进行爱国主义教育的活教材，对其修复会使历史文物的教育价值荡然无存；第二，圆明园目前的主要价值，早已不是百年前的我国宫廷建筑或皇家园林的辉煌；第三，进行修复是对历史文物的彻底破坏，与现行的国家文物保护法相悖；第四，修复圆明园无论在建筑质量上还是规模上都无法达到原有的水平，至多只可能增加一处新的人造景观，而且会变得不伦不类。政府对隆里古城现在的做法是将古城里的乡政府办公楼推倒，重建历史上的“千户所衙门”，将现在的隆里小学建筑拆除，重建历史上的“龙标书院”，将古城墙遗址上的民居搬走，重新恢复历史上的这段城墙。这些恢复工程正在施工之中，这是政府主导的结果，这样的恢复工程是否经过专家的论证不得而知。从客观上是对隆里古城现状的是一次建设性的破坏，这种修复不可能达到当年这些建筑的历史和艺术审美价值。展示给游客和观众的是假古董，其次是耗资巨大，这些钱应该用到真正的文化遗产保护上（包括非物质文化），用在环境的治理上。一些生态博物馆专家提出不要把一个文化社区变成“过去的历史”和“坟墓”的观点，不得不让人对修复古城作出更多的思考。

利用古城的历史文化优势开发旅游是一个很好的思路，特别是像隆里古城有国际生态博物馆这一品牌，对于发展旅游业更有其品牌效应的优势，但关键是如何用好这一品牌，其分水岭是在发展旅游业的前提下坚持生态博物馆的理念，还是在生态博物馆理念的前提下开发旅游业，这是在生态博物馆运作中要解决的一个理论问题。

四、堂安侗族生态博物馆的管理和运作

2001 年底，堂安生态博物馆接待室业已建成，虽然还没有建资料信息中心，但管理提上了日程。堂安生态博物馆有馆长、副馆长，都是县政府下文任命的，但他们毕竟是兼职，不可能到远离县城 80 公里的堂安来上班，即使明确了肇兴乡一位副乡长任副馆长，虽距堂安只有 5 公里，但他的“正业”是乡政府的工作，这便是贵州生态博物馆在人事安排的现状，所以馆长、副馆长实际上是挂牌馆长，在馆长之下设有办公室，但办公室设在县城，而不是在堂安社区，相当于生态博物馆的建设指挥部设在

县城。

堂安侗族生态博物馆的管理大致分为开馆前后两个阶段。这是由于该馆是贵州生态博物馆群中最后建成的一个博物馆，从1995年4月课题组的考察到2005年6月开馆，整整花了10年的时间，建馆的周期长，管理的情况前后也不一样。

第一阶段根据博物馆的任务开展社区遗产调查和建立生态博物馆接待室。2001年接待室建好之后，生态博物馆聘请堂安村在黎平师范毕业的一名学生管理。每月给聘金300元，不到一年的时间，该学生辞职。该馆馆长聘请“中国西部文化生态工作室”（注：“中国西部文化生态工作室”是在香港注册的一家非政府机构，黎平县委聘请该室做民族文化遗产保护和生态旅游发展顾问）来参与管理。

自2002年12月16日，“中国西部文化生态工作室”和堂安生态博物馆共同拟订了《堂安侗族生态博物馆社区文化遗产调查项目计划书》，在该《项目计划书》中提出了2002年至2004年3年间的短期、中期和远期目标，这是堂安侗族生态博物馆筹备期间较为系统的项目计划和实施方案。短期目标为2002年7月至2003年6月，制定和完善堂安侗族生态博物馆社区文化遗产调查计划；设计制作《生态博物馆社区文化遗产调查表》并编写操作手册；全面完成堂安侗族生态博物馆社区第一期文化遗产调查工作，即对肇兴、六洞侗族文化生态保护区的文化遗产调查和黎平县境内侗族文化重点选题的资料收集整理。中期目标为2003年7月至2004年6月，完善和充实黎平县境内侗族文化重点选题的资料搜集和整理；全面完成黎平县境内其他4个侗族文化生态保护区的文化遗产调查，即：地扪（天府洞）侗戏原生态文化保护区；平架侗族琵琶歌原生态文化保护区；岩洞（九洞）侗族大歌原生态文化保护区；尚重（七十二寨）侗族琵琶歌原生态文化保护区。远期目标为2004年7月至2006年6月，全面完成贵州境内从江、榕江两县侗族文化遗产调查；全面完成湖南、广西境内侗族文化遗产调查。

2003 年第一期文化遗产调查工作重点以堂安寨所在的“肇兴（六洞）侗族文化生态保护区”（笔者注：肇兴侗族文化生态保护区系 2003 年文化部首批批准的全国 10 个文化生态保护区之一）为主，包括堂安寨、成格寨、厦格寨、纪伦寨、登江寨、登杠寨、平善寨、纪堂寨、地坪寨、肇兴寨 10 个侗族村寨。同时，预定在 2004 年举办堂安及其周边侗族社区文化的陈列展览的活动。

2003 年第一期文化遗产调查还将启动侗族音乐、侗族建筑、侗族服饰、侗族风俗（节日节庆、婚丧嫁娶、祭祀、礼仪）特色侗寨等 5 个重点选题的资料搜集整理。为了实施上述计划，“中国西部文化生态工作室”和堂安侗族生态博物馆组织当地的侗族专家和摄影摄像、录音等专业人员开展了对堂安、地扪、平架、岩洞、尚重的侗族社区的文化专项调查。获得录像资料 20 余盒，录音带 15 盒，拍摄照片 1000 余张，搜集文字资料近 3 万字，拍摄出版 VCD 和 DVD 光碟和明信片。

“中国西部文化生态工作室”同时还抓侗族文化传承人的培养，此项工作不局限于堂安侗寨，而是从黎平境内的“侗族南部方言区”选拔文化传承人，扩大了生态博物馆社区的概念。选出的文化传承人有 10 余人，他们都是侗寨的年青歌手，平均年龄不到 20 岁，是一支充满青春活力的传承人队伍，他们来自不同的侗寨：裴善（堂安寨）、陆应梅（纪堂寨）、杨盛娟（平架寨）、吴盛美（中潮寨）、吴川平（高屯寨）、吴顺兰（地扪寨）、吴梦奎（地扪寨）、吴月亮（地扪寨）、吴杏莲（地扪寨）、吴安华（男，地扪寨）、吴芝美（地扪寨）。这些文化传承人同时又是侗族文化的“形象大使”和“文化代言人”。他们在堂安生态博物馆接待室工作期间，每人学会唱 100 首侗族民歌，集中唱歌也是文化传承的方式，同时还要制作手工艺品，主要织花带，使民族手工工艺得以传承，为侗族地区开展文化生态旅游作人才上的储备。

“中国西部文化生态工作室”投入培训费将10多位文化传承人送到海南大学旅游学院学习，回到堂安后对环境卫生、客房、餐饮等管理都进入了规范化之中。

2004年初春，“中国西部文化生态工作室”因故撤出堂安。黎平县文化广播电视局重新聘请堂安寨和平架寨的侗女看守接待室，每月每人报酬300元，不到半年一人辞职，只剩下一人，其工作维持到正式开馆。

2005年至今为管理运作的第二阶段。

2005年6月8日，堂安侗族生态博物馆资料信息中心建成开馆，它已不是一栋陈列室的概念了，有一大片完整的新建的木楼，有展厅、电脑室、图书室、资料室、多功能厅等。其管理是一个难题，黎平县文化广播电视局因没有生态博物馆的事业费，只能从局里的其他费用调剂，本来捉襟见肘的财政状况又要顾及生态博物馆聘用人员的工资，无疑给县文化广播电视局雪上加霜。但县文化广播电视局也只好在堂安寨聘请两位村民看管资料信息中心。

2003年9月30日，黎平县人民政府（甲方）与“贵州世纪风华旅游投资有限公司”（乙方）签订了《关于投资开发肇兴侗寨景区旅游项目合同书》，该《合同书》说：“为了加快黎平旅游资源的开发，乙方经多次考察确定投资开发肇兴旅游景区建设，双方就有关事宜达成了若干合同条款，其中一条说，甲方同意由乙方投资综合开发肇兴侗寨景区（包括肇兴、堂安、厦格上下寨、纪堂、纪伦等侗寨）”。如此说来堂安侗族生态博物馆成为“贵州世纪风华旅游投资有限公司”承包的景点之一。2005年6月开馆不到半年，堂安侗族生态博物馆的管理权根据县政府签订的合同，县文化广播电视局向“贵州世纪风华旅游投资有限公司”办理移交手续，包括堂安社区的文化遗产调查、保护等均由该公司全权负责。

根据签订的合同，该公司获得对肇兴侗族景区50年的经营权。《合同书》中提出的经营权是：“旅游景点的经营，景区文化演出经营；景区文化旅游设施经营；景区旅游配套服务经营（包括交通业、住宿业、餐饮业、娱乐业、零售业等相应服务）；相关文化产品；（影视、出版、广告等）的开发经营权等。”

在社会主义初级阶段，生态博物馆的管理形式走向是一个探索的过程。但必须遵守国家对文化遗产管理的有关法规和政策，将文化遗产和博物馆承包给旅游商经营是故技重演，国家文物局早已明文禁止这种做法，过去一些地方政府，把重点文物保护单位的经营权出让给旅游商，叫做“捆绑上市”，这种做法早已被取缔。因为文物保护单位是国家的文化财产，国家必须对其实行有效保护，在保护的前提下做到合理利用，而不是将其作为“摇钱树”来对待。从“贵州世纪风华旅游投资有限公司”和黎平县政府签订的合同来看，它已经囊括了肇兴侗族景区（包括堂安侗族生态博物馆在内）的所有经营权，这样的结果出卖了社区村民对文化的所拥有的权利，剥夺了社区村民对文化旅游的经营的权利，损害了村民的利益，村民没有从中得到任何好处，村民反而被旅游公司“殖民”了，他们的建房、搞旅游接待、餐馆都要受到旅游公司的限制，他们和公司之间不是和谐的关系，而是对立的关系。

再看该公司获得堂安生态博物馆的经营权之后是如何运作和管理的？首先是对生态博物馆资料信息中心实行门票制度（因为生态博物馆的理念是不实行门票制度），票价每张10元。生态博物馆的接待室由原来只接待专家学者转变为以经营为目的的旅馆。

在管理上，为了节省开支，只聘请一名工作人员看管接待室和资料信息中心，这种管理是“守摊”式的管理，资料信息中心展览不是按时开放，一般情况下关闭展厅大门，有游客来才开门。环境卫生管理很差。但最大的问题由于受门票的限制，村民不能自由进入展厅参观，从何谈起它是村民自己的博物馆？

自2006年该公司承包以来，对陈列进行过一次修改。但对文化遗产的调查、文化的记录完全处于停止状态，也没有打算建立“侗族文化记忆”库，在资料信息中心没有开展任何业务活动，特别是没有开展对堂安侗族社区的村民培训工作，生态博物馆的理念因公司追求营利而被忽略了。

建立生态博物馆的目的是推进侗族社区自然和文化遗产的整体保护，提高村民对文化的自豪感。使之自我保护和传承。生态博物馆的关注点在社区的发展，出让经营权有悖于生态博物馆建设的宗旨，断送了生态博物馆的发展前景。

出让经营权的做法是对中挪文化合作项目——堂安侗族生态博物馆的践踏和侮辱，把一个国际间的文化合作项目视为儿戏，降低了它声誉和管理的规格。无视专家学者们对堂安生态博物馆的辛勤劳动，伤害了专家学者们对堂安的感情，也愧对挪威政府的无偿援助。

堂安侗族生态博物馆在管理上的正确做法应该是：纳入政府的管理职能，在机构、编制、经费等方面都应该给予保证，而且要强化管理的理念；关注社区的发展，加强社区的基础设施建设，推进社区的经济发展，帮助社区村民开发其他的产业，开拓村民的致富门路，提高村民的物质文化生活水平，加大对堂安的自然和文化保护力度，充分尊重堂安侗族村民的文化权利。

生态博物馆建成开馆后的一切主宰权在当地政府，上级文化主管部门和专家学者虽有话语权，但采纳与否，在于当地政府。因此生态博物馆的管理运作、实践成败在于政府。在中国建立生态博物馆，由政府主导是一个长期的过程，没有政府主导，生态博物馆很难建成。有政府主导，如果不把握好文化遗产政策的方向，生态博物馆可能会误入歧途，生态博物馆未必能很好地生存下去。

问题在于政府主导什么？是主导生态博物馆的文化保护和社区发展，主导村民的文化权利，还是主导为了追求短期的经济利益以牺牲生态博物馆为代价？如果是前者，生态博物馆将得以可持续发展；反之，生态博物馆必将走向夭折。

政府对生态博物馆主导的成败取决于当地政府组成人员的知识结构和对文化遗产所具备的知识，特别是第一把手所具备的国家文物政策法规知识和文化遗产知识。

从上述 4 个生态博物馆的管理和运作情况来看都不尽相同。能正常开展业务工作的是梭戛生态博物馆，其中一个重要的原因是当地政府给予生态博物馆以机构、人员、经费等方面的保障，使生态博物馆能够正常运转。当地政府不是把生态博物馆当成一个项目来对待，而是作为一项文化事业来建设和发展，保证了生态博物馆的可持续性，这种管理机制为民族地区建立生态博物馆提供了可借鉴的经验。任何一个兴建的文化事业单位，如果不解决机构、编制、经费这三个问题，要想正常运转是不可能的。因为生态博物馆不是办公司，可以融资、集资，可以自己定编定员。只要是国家的文化事业都应该纳入政府工作之中，而且在整个社会主义初级阶段都应该加大对文化事业的投入，如果只是将生态博物馆作为一个项目来对待，项目完结，生态博物馆的生存也成为问题，实践已经证明了这点。

贵州生态博物馆理论研讨

一、课题组举行报告会

1995年4月，课题组在贵州考察了梭戛、镇山、隆里、堂安等民族社区之后，于5月1日，在贵阳举行学术报告会，由中国博物馆学会常务理事、贵州生态博物馆课题组组长苏东海先生和挪威生态博物馆学家、贵州生态博物馆科学顾问约翰·杰斯特龙先生分别作学术报告。

1. 苏东海先生的学术报告

苏东海先生谈了4个问题：（1）课题组的形成；（2）生态博物馆产生的历史背景和时代意义；（3）中国对生态博物馆的认识及其实践，（4）贵州建立中国第一座生态博物馆考察的结果。

关于课题组的形成，苏东海先生说，8年前，也就是1988年，他曾与其他专家一起到贵州进行考察，他当时就产生了一种想法，就是贵州要在中国的博物馆群中迎头赶上，就要搞精品，在质量上而不是在数量上胜人，建议搞村寨博物馆或搞生态博物馆，但是这些村寨博物馆和我们所说的生态博物馆并不完全是一回事，因为村寨博物馆还是属于传统博物馆，生态博物馆是属于另外一个门类。

这些年，中国博物馆在种类上有了很大的发展，出现了许多新种类，比如说历史类，美术类以外，还出现了丝绸、煤炭、铁路博物馆，等等。现在在世界上出现了另外一种新型的博物馆，叫生态博物馆，这种生态博物馆和其他各种博物馆形成了一个不同的门类，新型的门类。所以在中国，出现很多类博物馆之后应该出现一个新的门类，即生态博物馆。

生态博物馆在德国、加拿大创办之后，在一些国家中已经兴起，全世界已经出现了300多座生态博物馆，在亚州，日本、印度也在摸索、试验，我们中国目前仍然是一片空白。

苏先生说，前年的秋天，他有机会进一步了解了生态博物馆，出席了南开大学召开的中美博物馆学家的研讨会，在会上，美国斯密森学会的研究项目协调主任南希·福勒，详细介绍了生态博物馆的理论和在美国建立亚克钦印第安社区生态博物馆的做法，她还放映了这个生态博物馆的幻灯片。这个博物馆所遵循的理论和实践就是今天在座的约翰·杰斯特龙先生那里取的经。约翰·杰斯特龙教授原来是传统博物馆的馆长，以后他转向生态博物馆，当了15年生态博物馆的馆长，之后他就转向生态博物馆学的理论研究，现在是国际上知名的生态博物馆学家，他有丰富的实践经验，而且有较深的生态博物馆理论方面的建树。但是在中美博物馆学家研讨会上，听南希的介绍时，他还没有结识约翰·杰斯特龙先生。1994年9月，在北京召开国际博物馆学专业委员会的年会上，世界上最著名的博物馆学者云集北京，其他新博物馆学运动领袖都云集北京。

在这次学术会上，他和约翰·杰斯特龙先生进行了很长时间的交流，对新博物馆学运动和生态博物馆学有了进一步的了解。之后，苏先生写了一篇题为《中国对生态博物馆和新博物馆学的认识和评价》论文，在挪威博物馆学杂志上发表了，有了这些接触和认识，苏先生说他产生了在中国也推出一个生态博物馆的想法。想使中国博物馆不仅种类繁多，而且也拥有一个新的门类。

苏先生说，很巧的是1995年2月初，贵州省文化厅的胡朝相处长到了北京，和他谈到了贵州的情况，他请求帮助贵州建立一种新型的博物馆。最后商量的结果，决定在贵州建立中国第一座生态博物馆，成立“课题组”，并请挪威的生态博物馆学家约翰·杰斯特龙先生作为生态博物馆的科学顾问。

苏先生谈的第二个问题是生态博物馆产生的历史背景和时代意义。在国际博物馆界出现生态博物馆和新博物馆学运动，这是人类社会现代生态意识和现代环境意识不断觉醒的一种反映，由于工业社会的生态危机日益加深，工业社会的资源衰竭，环境污染，人口过剩，使后工业社会陷入困境之中不能自拔。人类生存环境的日益恶化，社会生活质量日益低劣，机器产品的泛滥，住室的拥挤和喧嚣，人们对工业文明产生厌倦，出现回归自然，追求古朴的一种社会心态，这就有力地促进了现代生态意识和现代意识的不断觉醒。

1971 年联合国教科文组织成立了“人与生物圈计划”，这个计划有 100 多个国家参加，中国也参加了，而且参加了国际环境同盟。一些博物馆还推出了生态学在行动的展览，这表明，现代生态意识从觉醒开始走向行动。国际博物馆界出现这种生态博物馆和新博物馆学运动，就是整个社会生态意识觉醒和行动的一部分。这种出现，不是偶然的，更不是少数人头脑中的臆想。

苏先生说，我们绝不能低估生态博物馆和新博物馆学运动出现的历史意义和时代意义。生态伦理家预言，继工业文明取代农业文明之后，生态文明必将取代工业文明而成为 21 世纪社会主导的文明形态。现在已经看出，后工业社会的危机已经出现。工业社会对自然的破坏已经自食恶果。于是人类开始觉醒了，生态意识正在上升，人与自然的生态关系发生了新的认识，进一步发展到人与人之间的社会生态关系，所以将来出现生态文明是一种整体的文明，它要考虑整个环境和谐，人与自然的和谐，人与人之间的和谐，是比工业文明更高的一种文明，是跨世纪、新世纪的文明。

一种社会并不是只有一种文明形态存在，各种文明形态都是并存的，但每个社会都有一个主导文明形态，在农业社会，主导是农业文明，到了工业社会，主导是工业文明，但它不排斥，它允许吸收农业文明中的精华。所以在工业文明社会中，农业文明也是存在的，比如说，饮食文化属于农业文明，但在工业文明社会中它也是存在的。当然，工业社会的主体并不是饮食文化，还是工业文化。那么到了21世纪新的社会，至少现在开始迎接新的生态文明的到来，将来的生态文明社会也并不是说工业文明的精华会被完全抛弃掉，在21世纪，仍然以生态文明为主体，但还要继续继承工业文明和农业文明的精华，几种文明并存。同样的道理，我们的博物馆也是这样的，博物馆有生态博物馆这种超前的迎接新世纪的博物馆，但和传统博物馆也是并存的。

生态博物馆在贵州的建立和其他博物馆一样同样得到相互辉映，生态博物馆不会取代其他博物馆，在贵州建生态博物馆，只是增加一种门类，是我们迎接新世纪的具体行动，首先在贵州有这么一种门类，我们贵州就有可能在全国博物馆界推出一个精品，推出一个新门类，这比其他任何新种类更具有时代意义。贵州有这样成熟的人文自然条件，所以贵州应该这样做，但这并不影响贵州村寨博物馆的建设，特别是省馆作为龙头馆的建设。生态博物馆是迎接新世纪的一种新型的博物馆，这是我们博物馆百花园里新的一种门类，我们应该为它的诞生而高兴。

中国对生态博物馆的认识是从环境科学的认识开始的，世界博物馆发展的高潮是在20世纪60—70年代，这个时期正是环境科学发展的年代，但环境科学的发展比博物馆学发展要快得多，现在环境科学的发展由于环境污染，生态恶化的紧迫感，联合国专门成立了环境署，经费很多，资助环境科学的发展，博物馆没有那么多资助。但环境科学跟我们博物馆学发展时间差不多，在短短的近三十年中，环境科学的分支学科已有 30 多种，而且逐渐成熟，并且成立了国际环境保护联盟，呼声比较高，连中央电视台都有“人与自然”的专题节目。

我们中国人接受这种生态意识和环境意识就是从环境科学影响下开始的。《中国博物馆》杂志于 1986 年刊载了南开大学博物馆专业硕士生胡妍妍的《中国博物馆与环境科学》论文，这是中国博物馆界发表的第一篇环境科学论文，之后，又发表了中国地质博物馆赵松林的《略论人类环境素质与博物馆》，中国自然博物馆研究员甄朔南的《自然博物馆与古环境》、《环境主义与博物馆》。到了 20 世纪 90 年代，一些博物馆界的青年如西安半坡遗址博物馆的孙肖在一篇论文中呼吁在中国建立遗址保护系统的生态学。南阳博物馆研究员刘绍明发表了《博物馆生态学刍议》，提出要用生态学的观点来分析博物馆的发生、发展，用生态系统的观点来研究博物馆内部平衡和外部平衡。天津博物馆的研究员涂晓原发表了《博物馆与社区文化环境关系》，从自然科学到环境科学进入了社区。从这些简单的介绍来看，也可以说，中国社会在环境意识、生态意识不断加强的情况下，中国博物馆界已经有一些人在理论上和实践上对生态博物馆学进行着探讨和摸索。

遗址博物馆也是接近生态博物馆的，陕西秦俑博物馆成立了研究机构，专门研究遗址博物馆，要建立遗址博物馆学。遗址本身相当于生态，接近生态状态，但遗址博物馆是关于过去的博物馆，而生态博物馆不仅是过去的，而且是发展中的，是活的，这一点有所不同。这几个方面都使我们接近了生态观念。这说明，我们中国的实践通过中国的理论已经跨进了生态历史和生态博物馆的行列，已经有了理论准备，所以在贵州建立生态博物馆是一些理论和实践的准备。

贵州不仅具有条件可以建一个生态博物馆，甚至可以建立一个生态博物馆群，现在比较成熟的如花溪镇山布依族文化体，相当成熟，这实际上已是一个准生态博物馆了，只要在理论上使它的思维方式变化一下，那它基本上就算一个生态博物馆了。六枝梭戛（长角）苗文化群体，这个文化群体有相当大的特色，因为它基本处于封闭之中，它的自然环境和人文环境仍然独立存在着，作为一个文化体完整地保留下来，这是我们考察的一个重点。这是苗族里一个特殊的、仅有的、特别少的一个分支，这是可以建立生态博物馆的第二个文化群体。第三是肇兴堂安寨侗族文化体，也是相当成熟，他们县文化局局长对这个文化体的文化、历史研究的相当不错，这个村寨的歌舞还到日本去演出过，这个地方硬件也有，建筑什么都有，观念上稍稍转变一下，就是一个生态博物馆。还有一个是锦屏隆里古城，这是汉族文化体。布依族的、苗族的、侗族的、汉族的这四个典型都具备了创建生态博物馆的条件，现在选其中一个进行抢救，先搞起来，其他点也不费多少力量。

贵州是有条件推出中国第一座生态博物馆的，那么是不是亚洲第一个，这个不敢讲，因为印度也在搞博物馆的无墙运动，日本在北海道搞一个少数民族的生态，但他们都没有打出生态博物馆的旗号，他们是接近生态博物馆，但他们的手法还是传统博物馆的手法，是博物馆专业人员在搞，而不是本文化的主人在搞。所以贵州多民族的文化如果建成这样一个群体的话，将以最新的生态形式保护和保存下来。那么在世界的文化中，在中国的文化中，贵州将放出自己的异彩。

由于我们的文化和西方文化还是不太一样，生态博物馆学的理论，虽然是对旧的传统博物馆的挑战，但是生态博物馆的概念本身并不成熟，仍在不断发展之中。第一代、第二代、第三代、第四代生态博物馆概念是不断发展的，并不完全一样。而且他们几次在生态博物馆学代表会上对生态博物馆的定义难以取得一致，生态博物馆本身也在发展中，所以我们建立这样一个生态博物馆还是以我们中国的方式来做。

我们在形成考察报告时，与约翰·杰斯特龙先生之间有过激烈的争论，主要是这个博物馆在中国要行得通，我们争论比较大的问题，就是要让我们建立的这个生态博物馆既要得到世界公认，又要和中国的国情相统一，不能变成挪威的或者是西方的生态博物馆，要建成中国的生态博物馆，生态博物馆的主要内容是这些居民本身是文化的主人，而不是博物馆的工作者，如果将村寨博物馆说成是生态博物馆，就不能取得国际的公认，他们不会到贵州来看这个博物馆，来与你探讨博物馆的事情。

争论的结果，要取得国际上的公认，要使用世界语言，同时要尊重我国国情和贵州省情，比如说要不要政府的干预，要不要政府行为，要不要意识形态，等等，我们强调不能不要，但是可以淡化一些，因为在挪威非常强调自主，他们不喜欢政府干预文化，而我们没有政府的支持，什么事也办不成，在这点上我们取得了共识，他也承认要按中国的国情来办。

还有一个问题，就是现代化与保持原状的关系，西方生态博物馆学家和新博物馆学家都很强调多元文化，这是一个世界潮流，不光是博物馆界，政治界、思想界、经济界都出现了多元文化的呼声，多元政治，多元经济，多元文化。这个多元在他们西方现在成为潮流，所以他们到中国来看到中国博物馆文化，他们觉得大开眼界。

他们感到中国博物馆哲学是中国文化，所以他们对凡是尊重自己本民族文化的，自己文化有独立性的，他们都尊重，如果你是一个文化的附庸，他瞧不起你，不管你的民族多小，你文化独立、自尊，你尊重、热爱自己的文化，那他就尊重你。在美国、在澳大利亚都出现了一种新的呼声，要把土著文化提到比外来文化更高的地位，下大力气把土著文化搞出来，我们不叫土著文化，我们叫少数民族文化，现在台湾地区也不叫土著文化，台湾叫原住民文化，叫原住民博物馆，他不叫高山族或什么族博物馆。

西方对工业文化非常厌倦，只要是古朴的东西，他们热爱极了。约翰·杰斯特龙先生看到咱们这些布依族的、苗族的、侗族的文化简直认为好得没法再好了，比他们的现代工业文化高多了，就怕现代文化侵蚀了这些最好的文化。他看到哪个少数民族对自己文化有自豪感时，他就高兴，他要唤起这些人对自己文化的自豪感，他要做这个工作。

在关于女孩子能不能上学的问题上，和约翰·杰斯特龙先生也有争论，我们认为，在这里办生态博物馆要让女孩子上学，约翰·杰斯特龙先生则认为，上学就可惜她们的艺术天才了，他就怕现代知识污染了她们的刺绣文化，他认为一切都是完美的。争论的结果，他也承认要让这些女孩子接受现代知识，我们认为不仅要唤起他们对于自己文化的自豪感，而且要让他们认识到他们文化的价值，就是要理性地对待它，而不是感性的，让他们从多元文化的角度来看，认识自己文化的珍贵，因为他们处于封闭状态，他们不知道自己文化的珍贵，如果知道了，肯定不是自豪感就够了的。所以我们应该让他们获得现代知识，让他们开阔眼界，从而提高他们保存文化的自觉性。

我们与约翰·杰斯特龙先生的观点不一样。我们主张要用现代文化知识来提高他们对自己文化的鉴赏力，所以必须用现代知识打开他们的眼界，让他们认识自己。约翰·杰斯特龙先生是尽可能让他们保持自己文化的纯洁性，也有他的深刻之处。因为他认为，这种（长角）苗族文化一旦与现代工业文化混合了，它就不存在了，它的异彩就被淹没了，它就失去了世界多元文化之林中的价值。所以，约翰·杰斯特龙先生总是在捍卫这种文化的独立性，后来我们也达成了统一。因为约翰·杰斯特龙先生曾说过，在古典文化里他是一个保守主义者，希望尽量保存，慢一点现代化。

当然现代化进程还要取决于这些村民自己的愿望，例如在陇戛寨的一些村民中，他们可以离婚，手续很简单，只要对寨老说要离婚，寨老觉得不合适就可以离。约翰·杰斯特龙先生觉得寨老的这种权威性很好，可跟我们一起参加座谈的区委书记说，那不行啊，没有登记，手续不齐全。此外，约翰·杰斯特龙先生对寨里的鬼司、寨老、寨主产生的方式也很赞赏，不是选举，是自然形成的权威，在生活中被公认，不经过任何手续，自然形成领袖地位，因此，他认为，比现在的选举效率不知高多少倍。现在的西方民主，议政分开，弊端很多，那些想要国家行动起来，开会、扯皮、相互拆台很多，没有半年行动不起来。而寨里的这些事，寨老说了就办，效率很高。约翰·杰斯特龙很欣赏他们这种原始的管理方法。

我们在这方面取得了一致的意见，既是要他们的现代化，但也要使他们的文化延续下来。原来（长角）苗民是怎样生活的，他们文化是什么？以后怎样发展？他们本身作为文化载体发展下去，他们有很多好的东西，比如他们的婚姻，单是求婚仪式就要好几个钟头，仪式也很复杂，若是老人去世就更隆重了，老人去世后，附近12个寨子都来送礼，在竹竿上刻上所送东西的多少，以后好还礼。总之，他们的婚丧嫁娶都有一套仪式，很隆重、很有文化色彩，这些都应该保存下来。能否传承下来，是由村民自己作出决定，我们不能用强制的手段或行政命令让他们传承下来，如果是这样，就与生态博物馆的理念背道而驰了。

2. 约翰·杰斯特龙先生的学术报告

他着重讲了两个问题：第一关于生态博物馆，第二对生态博物馆所作的结论，两个问题都是用幻灯片举出一些实例进行讲解。

关于生态博物馆，约翰·杰斯特龙先生说，任何一个观念总需要把两个基本点联系在一起，一是理论，二是实践。他说，从理论上讲，生态博物馆的基础，就是人民不应该从他们所处的环境中分离出来，他们应该有足够的权力在自己本民族文化遗产的基础之上来创造自己的未来，从这样一种理论出发，我们来看看实践方面，我们看到这种理论的实践与传统博物馆产生的差异，出于科学研究的原因或者是其他方面的原因，传统博物馆确实必要，生态博物馆并不排斥其他博物馆，而是将博物馆这样一个概念置于更广阔的社会联系之中。生态博物馆的理论和实践已经有25 年的历史，生态博物馆的观点对于在多数或处于强势文化包围之中的少数民族及其文化精华保护和延续具有重要意义的。少数民族当中的精华同样是世界文化遗产的一部分，比如在挪威，全国人口大约400 万人，可以这样讲，400 万人口在整个欧洲来说是少数民族，同时，在挪威北方也生活着挪威的少数民族，他们人口大约是3 万人，从面积和人口的数量上说，挪威跟中国的情况是不一样的，但是我们面临着共同的问题，即文化发展和文化进步。无论在世界哪一个角落，哪一个国家，所面临的问题都是一样的。

生态博物馆概念，是20 世纪70 年代初出现在欧洲的，它的出现，是与欧洲当时一种非常有名的运动，即如何看待人类的未来的讨论联系在一起的，是在这样一种气氛下产生的。在当时，虽然不能把它当作一种新的知识，但是，有这样一种新的观念，就是人类对地球资源的使用，应当是有限的。70 年代初以前，对于人类资源的有限性在西方工业化当中，是没有考虑进去的，随着人类对生态的不断觉醒、不断认识，一些有关的词汇也被引入到博物馆的概念中来，也就是一种概念上的借用，“EOC”这样一个前缀词被运用到许多领域，博物馆前加上了这样一个前缀词，即“生态博物馆”。

在西欧，一种观念至今存在着，就是博物馆服务的对象主要是上流社会，是为高雅人士欣赏的，这种传统的、不好的观念，从两个渠道反映出来，第一种渠道是博物馆收藏的藏品，更多的是那些精美的质量高的艺术品，当然，博物馆应该关心这些东西，但实际上不应该只考虑只有上流社会的东西才可以收藏。第二种反映是如何看待博物馆的观众问题，因为在这样的观念中，博物馆的主要观众还是那些所谓的文人雅士，即上流社会。与过去这种传统观念和博物馆的实践相反，生态博物馆的思想诞生了，它的诞生是为了使博物馆有更广泛的社会含义，更广泛的社会行为，这种观念的开发者或者说是创造者，是两位法国人，雨果·戴瓦兰和乔治·亨利·里维埃，他们都曾在国际博物馆学会和联合国教科文组织任职。

生态博物馆概念的诞生、扩大，同以下几个关键词离不开，当传统博物馆谈论藏品时，生态博物馆是指遗产；当传统博物馆讲博物馆的建筑时，生态博物馆指的是社区所包括的区域；当传统博物馆讲到观众的时，生态博物馆指的是社区的居民；当传统博物馆讲到科学知识时，生态博物馆指的是一种文化记忆；当传统博物馆讲科学研究时，生态博物馆讲的是公众的知识。从上述传统博物馆与生态博物馆关键词的比较中，我们可以看出，生态博物馆比传统博物馆有着更广泛的含义，是不能够包括在传统博物馆的范围之内的。

约翰·杰斯特龙先生对着幻灯片说，也许看了这些幻灯片以后，我们就会感觉到刚才我所讲到的不是在天上飘拂的东西，也可以落到地上，我们首先从全球知识和角度来开始谈，尽管说文化遗产或者是自然遗产属于全人类的、全地球的，但它毕竟是存在各个国家之内的。现在幻灯片上所反映的是位于法国的一个小工业镇，它是在欧洲开始得以实践最早的生态博物馆，这个工业小镇大概位于巴黎以南 400 公里处，这个地方的文化与当地煤矿工业、冶金工业连在一起，大家知道，在巴黎，多数的博物馆主要为艺术精品服务，如大家都所熟悉的卢浮宫博物馆和其他博物馆都是属于这类的博物馆，所以在当时，整个法国博物馆气氛中，建立起一个为工人阶级服务的博物馆是相当不容易的事情。

这一张幻灯图片告诉大家这个社区生态博物馆的大致情况，这个工业区全部的面积大约500平方公里，人口4万至5万人，整个社区被作为一个生态博物馆保存下来。博物馆分布在社区不同的部分，这一部分是资料信息中心，此外还有许多点，如工厂的旧址等。

另一张图就是一条小街和小街上的建筑，这些建筑建于19世纪早期，就是煤矿工人居住的地方，这些建筑复原后，现在仍有人居住，在房子里有一个小型的展览，在这里需要强调一点的是，在生态博物馆中，要把社区文化作为一个整体全部保存下来，同时在整个文化遗产当中，又选择一部分作必要的解释，使来参观博物馆的人确实能够了解这种文化遗产。通常出现的情况，文化遗产是由一些部门把它保护起来，但是很少把这些遗产传播出去，所以说生态博物馆把保护和传播有机地结合起来。生态博物馆不是一个建筑，一间房子，而是代表整个社区。

约翰·杰斯特龙先生指着幻灯片说，这一张图是挪威北部的一个渔业社区，一个渔业生态博物馆。接着这一张图是位于挪威南部一个矿冶社区，是一个生态博物馆。通过这些图，主要是告诉大家，生态博物馆所保护所传播的包括既自然的遗产，又包括文化的遗产，是自然、文化两种遗产的复合。所以我们讲的生态博物馆应该把自然和文化遗产作为一个整体传播给我们的子孙后代，而不应该把这些文化精品从这个自然的原有的环境中搬走，以免损坏整个遗产的完整性。

在挪威有很长的建露天博物馆的历史，约有100多年，这些博物馆总是试图来收藏、保护认为有价值的文化遗产，但是它的能力是非常有限的，它不可能提供它原来所处的这种环境。

这张图就是对传统博物馆的解释，比如说博物馆的建筑、藏品、博物馆学者、观众等，它的价值就是有多少观众来看这个博物馆。约翰·杰斯特龙先生指着下一张图说，这张图或多或少反映了生态博物馆的概念，从图中可以看到这个自然的、文化的遗产在这个区域当中的情况，这张图上的两个长者，被认为是活的教科书。

约翰·杰斯特龙先生列举了葡萄牙里斯本附近一个生态博物馆的例子，葡萄牙是欧洲最后一个脱离了君主立宪的国家，所以在20世纪70年代开始建立自己生态博物馆的时候，迫切地需要外界的思维方式来帮助他们，在规划这个博物馆的时候，首先建立一个资料信息中心，介绍这个生态博物馆包括哪些地方，在这个社区中分布着许多点，如一个港湾中的造船厂，正如大家所知，葡萄牙有着悠久的航海历史。另外一个例子是来自葡萄牙的南部，这也是一个资料信息中心。

约翰·杰斯特龙先生指出：生态博物馆有两个方面的内容，一方面对社区文化进行全方位的保护，另一方面是要有一个资料信息中心，把有价值的信息资料储存起来，比如说一些年长的人，他们本身就是一本活的史书，如果不把他们现在所知道的历史记录下来，那么随着这些老人的逝去，历史就会中断。资料信息中心就储存这些资料，另外一些工艺同样也要储存起来。

挪威北部有一个少数民族，分布在几个国家，在俄罗斯、芬兰、挪威、瑞典，对这个少数民族文化遗产的认识不应该局限在某一个地方，而应该是整个民族的生活方式，他们的精神生活，他们的物质生活等各方面。这个民族的语言、行为等都与驯鹿有关系。另外，由于他们生活在最北部，所以下雪对于他们来说是比较重要的事情，因为下雪决定了他们的生活。在挪威我们讲下雪，只是一种表达方式，而在他们那种语言中，有25种方式，把雪分成25种雪，雪对他们很重要，所以从这个意义上说，他们是很有特色的。他们是沿着驯鹿的足迹不断迁徙的，这种方式非常有效，使他们得以生存下来。

约翰·杰斯特龙先生又举了挪威的一个例子，他说，他在这里任生态博物馆馆长时，这里的信息中心是建在过去的一个奶制品加工厂里，他就是把这样一个工厂转化为生态博物馆的资料信息中心，其含义就是这个博物馆是面向工人阶级的，因为在这个社区有着非常久远的工业历史，这个博物馆每年都要出年鉴，其作者几乎占了社区人口的四分之一，这些出版物对社区公众知识的传播起到了非常重要的作用。博物馆工作人员同时也要做大量的社区房屋维修工作，说服房屋主人要保护好、维修好自己的房子。

约翰·杰斯特龙先生强调，在生态博物馆这个概念中，社区人民在保护其文化特性方面是最大的获益者。一方面，社区人民保护其文化特性方面起非常重要的作用；另一方面，这种结构方式也为外来参观者提供机会来学习、了解另外一种不属于他们的文化。这些生态博物馆还可以和旅游业联系起来。在当今社会，经常会发生一些比较严重的冲突，即使是发生在对文化遗产保护的文化行为和旅游业之间的冲突，而在生态博物馆的概念中，首先要强调的就是人们文化的个性，文化的自豪感，同时要推动自身的文化和外界的文化交流的一种机制。

约翰·杰斯特龙先生拿着一本丹麦的导游手册说，我们现在举一个来自丹麦的例子，封面当中是各个不同的遗址，很吸引人的遗址分布情况，可能其中的某一个点代表着某一方面的内容，但是如果把这些都联系在一起，我们就会得到这个地区的全面文化，自然景观综合的知识。我们从上述这些可以发现一个事实，就是各种背景下人们的价值观念、文化观念、传统观念的交流，是非常重要的，作为博物馆工作人，我们经常跟过去打交道，我们仿佛是站在历史的尽头，那么我们可能会犯这样的错误，就是说，我们是站历史的这一端，在我们以前是历史，在我们以后就不是历史了。但是，有一点必须说清楚，博物馆工作人员是站在历史的中间，而不是站在一头或者是一端，这是我们博物馆工作人员的责任，所以说博物馆工作者的责任是站在历史与未来之间，把历史和未来联系起来。

最后一个问题，是约翰·杰斯特龙先生说他对生态博物馆的结论可以从他画的一张图表上表达出来。他画的这张草图是由四条线构成，有四个角，分别指示经验主义和政治，文化和道德、经济、专业化和科学。他说，可能我们在座的各位有一种感觉，我们主要是对某一个领域感兴趣。比如说对专业化或科学，文化或伦理道德，也可能是对经验主义哲学或者政治感兴趣，另外，或者是经济领域。在我看来，我们作为博物馆工作者，应该考虑这四个方面，我的理论并不对各个方面都是一样的，许多博物馆工作者不愿意从这个角度去考虑，同时我们发现有的政治家，他们不愿意从经验主义或经济领域这个角度走出来。在这四个领域中最薄弱的方面就是文化和伦理道德。作为一个社会的人，每个人都会在这四个方面找到自己的位置，并在这四个方面发挥作用，我们生态博物馆要做的，就是对各个方面给予一定的帮助。

约翰·杰斯特龙先生认为，生态博物馆从它诞生的那一天起，就应该考虑到经济问题，就是说他们的衣食住行等，只有把这些因素考虑进去了，与老百姓生活联系在一起的时候，才能得到政府的支持。当然同样在这个过程中，会引发出非常复杂的问题。总而言之，生态博物馆不是在讲述着一个阳光灿烂的故事，而是在讲述着一种生活，生活毕竟是生活。

约翰·杰斯特龙先生说，上面讲的这些和所举的例子，都是他自己的经历，希望这些内容大家能够理解，生态博物馆就是尽量把上述讲的这四个方面融合在一起。

二、中挪生态博物馆国际研讨班的举办

为了加强对生态博物馆理论研究，2000年8月和9月，“中挪生态博物馆国际研讨班”分别在中国贵州六枝和挪威首都奥斯陆以及图顿生态博物馆举办，这是一次理论联系实际的研讨。

中方参加研讨班的专家学者有中国博物馆学会常务理事、贵州生态博馆项目领导小组组长苏东海先生，中国博物馆学会、贵州生态博物馆项目协调人安来顺先生，贵州生态博物馆项目实施小组组长胡朝相先生，贵州省文化厅张勇先生，贵州省博物馆馆长李黔滨先生，贵州省外事办公室迎宾处处长薛友乔女士，还有梭戛、镇山、隆里、堂安四个生态博物馆的村民代表。

挪威方面有挪威国家文物局副局长达格先生，挪威驻华使馆文化参赞雷朗铎先生，挪威生态博物馆专家、中国贵州生态博物馆项目科学顾问约翰·杰斯特龙先生。

研讨班开学仪式由中方代表、生态博物馆项目领导小组组长苏东海先生主持。苏东海先生说，梭戛生态博物馆虽然建成开馆，但在理论支持的力度上是不够的。没有形成具有中国特色生态博物馆的理论体系。我们的生态博物馆既要符合国际生态博物馆的一般原则，又要有中国生态博物馆的理论创新。没有正确的理论指导，生态博物馆的发展会有很大的盲目性，可能会导致生态博物馆走弯路。因此举办这次国际性的研讨班非常重要，并且特邀村民代表参加。这次研讨班最主要的是对生态博物馆的再认识，对文化遗产的再认识，在此基础上形成符合贵州生态博物馆的指导性的意见或原则。对生态博物馆的研讨应该是国际视角，全球化的文化遗产观念，使贵州生态博物馆的研究不仅在中国，在国际上都很有意义。

这次研讨班特地请挪威的约翰·杰斯特龙先生和达格先生分别就生态博物馆的理论和文化遗产价值观点进行讲授，对于加深我们对生态博物馆的理解是一次很难得的机会。

1. 约翰·杰斯特龙先生谈贵州生态博物馆

他说，生态博物馆的工作是没有止境的，而且会不断地面临着许许多多的挑战，正是因为这些挑战，我们才不断努力探索答案，使工作得到延续。

安来顺、杰斯特龙先生在“中挪生态博物馆国际研讨班”上

一是生态博物馆的基本内容，二是参观梭戛生态博物馆介绍一些情况和线索。

我们可以通过两种不同的方式来了解生态博物馆，一种是分析它与一般博物馆的区别，另一种是把它放在一个社区、一个村寨的背景中加以考察。想法和实践是双向的，应该把两者紧密结合起来。如果我们只有一种想法而不能转化为实践，那么这种想法就没有多少意义。同样，如果没有想法指导我们正在进行的某种很好的实践，那也是非常危险的。

先从想法开始讲，有一点是无可争议的，那就是世界上的生态博物馆没有一个是与其他生态博物馆完全一样的，即将建立的花溪镇山村、锦屏隆里、黎平堂安生态博物馆和已经建成的六枝梭戛生态博物馆也不该是完全一样，因为这些生态博物馆的地理环境、历史风貌、人口多少、社会结构等都有所不同，这些文化上的不同也导致了生态博物馆的不同。从上述四个方面内容来看，这四个地方是完全不一样的，然而即使有这些不同，我们也可以用相同的手段来建立内容不同的生态博物馆，可以用相似的工具来传达以上四个方面的内容。讲到工具，最具体的就是如何操作的问题，即如何建立生态博物馆。从过去各国建立生态博物馆的经验中，可以找到一些对我们建立生态博物馆有价值的东西。当然，主要的出发点是要赋予社区或村寨的环境、物质文化、语言、口碑历史以价值，即如何为四个方面的发展服务。

在实践中通常使用的一种工具和手段，是建立资料信息中心，以便开展一些展览、接待等必要的具体工作。要展示生态博物馆基本内容，就要找到一种手段，这种手段就是建立资料信息中心。资料信息中心是信息库，是参观活动中心，是一些技术方面的设施设备的储藏地，同时也是社交和服务场所。当然，在不同的生态博物馆，这几个方面的侧重点可能会不一样，但展示生态博物馆基本内容的功能，是所有的资料信息中心都应当具备的，对于资料信息中心的使用者来说，这四个方面的功能所发挥的作用也不一样。一般来说，在一个生态博物馆以内，可以分为两大群体：一是社区居民，二是外来参观者。如果我们讲到生态博物馆和一般博物馆的根本区别，那就是对社区服务功能的强调。正是在强调为社区服务功能的意义上，我们可以说生态博物馆是一面镜子，社区居民可以从中观照自己文化的过去和现在，并使之从过去延伸到将来。从这一点来看，生态博物馆有些像学校，具有教育本社区居民的职能。对外来参观者来说，他们对生态博物馆的要求与社区居民完全不一样。社区居民是通过生态博物馆来达到保护自己的独特文化，选择自己将来的目的，外来参观者来生态博物馆参观的动机是多种多样的，他们可能只待两三个小时，因此，他们的需求与生活在这里的社区居民是不一样的，我想，我们在座的各位都接待过外来参观者，都有发现外来参观者对当地文化很感兴趣的经历。我认为，无论是你们的热情好客还是参观者的欢欣愉悦都是很自然的事情，无论在世界上哪一个国家都有这样的情况。我希望你们中间的一部分人，也能到挪威去，去实际体验一下参观别的国家的感受。

刚才我们讨论了生态博物馆的两个群体，也强调了两个群体之间的不同需求。这一点是非常重要的，它决定了生态博物馆为两个群体服务的不同功能。社区居民是生态博物馆的主人，对生态博物馆拥有所有权。生态博物馆服务于社区居民群体体现了一种民主思想。生态博物馆使保护当地环境、物质文化、语言、口碑历史四个基本内容成为可能。这不光是为了今天，而且为了将来。生态博物馆服务的第二个群体即外来参观者，他们并不承担生态博物馆发展的责任，但他们仍可以为生态博物馆的发展作出很大的贡献。比方说，他们来梭戛生态博物馆参观，观看民族文艺表演，购买工艺品等，通过支付费用作出贡献。生态博物馆的存在往往是和旅游业结合在一起的，而且目前旅游业已成为世界上最有效益的产业之一。正是因为旅游业能够为生态博物馆带来较高的利润和收入，这就使得它在某些方面变得非常危险。

如何避免旅游业给生态博物馆带来的负面影响？解决的方法是多种多样的，当然，你可以拒绝旅游者的参观，但这是不以你的意志为转移的，旅游业是一种客观存在，所有的生态博物馆都会接受旅游业的参与。现在旅游业的趋势是什么呢？外地来的观光者，特别是外国来的游客，他们非常想体验那些他们过去没有体验过的东西，享受这种体验就是当今旅游发展的趋势。在去年，当我们在讨论研究梭戛的旅游问题时，曾经提到过邻省云南的旅游发展给少数民族文化带来的巨大的负面影响。很重要的一个问题是，随着大量的外国游人的涌入，产生了一个很大的不平衡，金钱的力量在这里发生了作用，但同时我们也应看到这样一个问题，游客所花费的钱又是我们这个地区保护环境和文化遗产所急需的，昨天李先生在发言中提出，应该明确区分文化与旅游，文化的演示不等于文艺表演，尽管我并不完全赞同李先生将文化与旅游分割开来的观点，但这说明梭戛这里也出现了这样一种非常危险的趋势。生态博物馆是由社区管理的，政府应通过立法等手段来规范旅游业的发展，消除其负面影响。旅游给生态博物馆带来的最大危险是观光者购买属于文化遗产的民族文物，这实际上是一种文化掠夺。在这个问题上，立法与规范变的非常重要。要使这种掠夺行为变为非法，并不是生态博物馆能够解决的，需要生态博物馆与政府之间的密切配合，这是解决问题的一个办法。解决问题的另一个办法是，社区居民生产、制造出一些高品质的旅游工艺品，不论是编织、刺绣或是金属器皿方面，这种由当地人制作的工艺品都可以出售给游客。在出售旅游工艺品的过程中，当地居民就可以增加收入。要严格区分哪些东西是不能出售的，比方说今天在座的这些少数民族小姑娘所戴的银饰，就不能出售，因为它们是属于文化遗产的东西。另一种方法是生态博物馆与政府合作，如在机场、火车站、汽车站等处张贴告示，发放传单，告诉旅游者必须遵从的一些事情，使文化掠夺的行为得到控制。我之所以花这么多时间和精力来讨论参观者对民族文物的收购问题，是因为这个问题非常重要。生态博物馆离不开旅游，旅游收入是改善当地居民生活、保护文化遗产所必需的。而旅游又对生态博物馆和文化遗产的保护产生了很大的、极其危险的消极影响。去年我们讨论了这个问题，就发现贵州省政府支持梭戛生态博物馆的建立，一方面是为了保护民族文化，另一方面也是为了改善当地居民的生活。梭戛的供水问题得到解决就是一个例子。当然，保护环境、保护民族文化是重要的，但当地居民的健康则更为重要，如果饮水问题不能解决，就会影响当地人的健康状况。生态博物馆的教育功能，就是要增强少数民族的自信心、自豪感，使他们有信心有能力去解决面临的各种困难。下午大家将看到梭戛生态博物馆的资料信息中心是如何工作的，其中一个项目是音像资料“箐苗记忆”，去年我们组织了8个年轻人带着录音机、摄像机对村里的老人进行采访，这些资料很自然地转到生态博物馆的资料信息中心，成为那里收藏资料的一部分，在座的熊华燕小姐就参加过这项工作，我要请她给大家介绍当时是她怎样工作的。”

熊华燕说：去年8月，我们听了杰斯特龙先生的讲课之后，我们的兴趣非常高，分成了4个组进村采访，第一次拿摄像机，我们采访了寨里的老人，了解主要的4个家族是从什么地方迁徙到这儿来的，我们还采访了一些老人，了解民俗，如节庆和娱乐活动为什么要吹芦笙、跳舞？对村寨的历史、家史还有个人的经历都是我们的采访内容。几天的时间录了40多盘磁带，有民族音乐，比如洞箫、芦笙。

杰斯特龙先生说，我想这就是开展生态博物馆工作的一个具体例子。

2. 达格先生对文化遗产价值的认识

达格先生是挪威的文化遗产保护专家，他在研讨会上主要谈了文化遗产价值与人所具备的知识的关系。

达格说，我对中国的文化了解不多，我不是中国的问题专

达格先生讲文化遗产保护

家，对中国人的思维方式也不甚熟悉。我认为，大家在交流的时候要有一个共同的东西，才能彼此明白。我今天不讲挪威的文化遗产保护机构，只是想通过幻灯介绍在挪威是如何开展文化遗产保护工作的。文化遗产的保护是一项复杂而简单的工作，所以复杂是因为它涉及许多哲学思维方面的问题。刚才胡先生说文化遗产的存在是它的客观性，在与人的认识没有发生联系时，它的客观性依然存在。在挪威则有我们自己的理解，说简单是因为它反映了人类的具体实物关系，正如这幅图中的实物，为何杯子里的水比杯子对我们更为重要呢？我看着这个杯子，它就反映到我的大脑中去，这个过程实际上就是文化遗产价值的形成过程，一个人的知识越丰富，就越容易对文化遗产的价值进行鉴别。（苏东海先生插话问：有一个问题，例子中的实物是否是客观存在呢?）苏先生提的问题直接关系到人类的哲学观念，这个问题受到早期英国哲学中一种两难观点的影响，这是一个大命题，要展开讨论需要很长的时间。我强调一点，实物的东西若离开了与人的联系就不成其文化遗产，我个人的理解，在这类问题中，人是第一位的，与人的关系是文化遗产的第一要素。（苏东海先生插话：文化遗产是一种价值判断，如果人们认识了它的价值，其实物的价值就存在，从这点上讲，我们的观点并不矛盾。）

达格先生指着幻灯画面说，与中国相比，挪威是一个很年轻的国家，挪威有文字记载的历史只有一千多年，约在中国的唐代，挪威才成为一个统一的王国。从相当于中国明朝初年的那时起，挪威就置于邻国丹麦的统治之下，约200年以前，挪威开始为独立而奋斗。在当时欧洲一些大的民族看来，挪威不可能独立，希望挪威属于另一邻国瑞典，而瑞典当时也是一个很贫穷的国家，当时人们进行国际交流的唯一交通手段是水路，在北欧这些国家，人们的来往很少，唯一的通道是水路。这时挪威的一些人，即那些画家们不断地在国内游历，用画笔记录下了挪威各方面的情况，这些艺术家成为真正发现并展示挪威景物的第一批人。

这是一幅在挪威很著名的画，作于150年前，它反映150年前艺术家眼里的挪威是什么样子。画家用了较大的画面来表现挪威的自然环境。画面中心有一群人穿着传统的服装，周围有一些早期的教堂建筑。在挪威早期的历史中，挪威与外界有较多的联系。幻灯中的这艘船就有2000多年的历史，那时挪威之所以很著名，是因为被称为海盗时代，但这只是外界对挪威的看法。有很多挪威人生活在内陆，除以海盗著称于世以外，挪威的内陆文化也逐渐为人们所认识。为创作这幅画的画家在挪威游历了许多地方，他在旅游中发现内陆有许多历史性建筑而无人保护，为什么会出现这种情况呢？这是因为生活在很有价值的历史建筑周围的人们没有认识到这些建筑的价值，因为他们不去使用这些建筑，跟这些建筑没有联系。画家是外来人，他们发现了这些建筑的价值，并通过画来告诉大家，啊，这些建筑多美、多有价值，这就是文化遗产。

这些木质结构的教堂就是画家画下来的，建筑特色非常明显，在屋顶还有龙的装饰，如果中国有很多条龙的话，那么在挪威至少还有这么几条。这位画家建立了一个保护历史建筑的机构，这个机构在保护历史建筑中起了很大的作用。

这座教堂成了挪威建筑的代表，它的木雕中有好几条龙，这些都是龙，但没有翅膀。我为什么要展示这些木质结构的教堂呢？因为它被联合国列入世界文化遗产名录，这证明了它不仅是挪威的，而且具有世界性，是世界文化遗产，属于全世界。

这幅岩画也列入了世界文化遗产名录，是挪威北方的文化遗产，画中表现了一只驯鹿，而有驯鹿就有人生活。这幅岩画有4000多年的历史，驯鹿周围还有栅栏，是为了围住驯鹿要建栅栏，建栅栏需要大家配合，一个人不行，这证明4000多年前的人们已经认识到应该相互配合，以便在与大自然的斗争中安全地生存下来。这幅岩画是刻在岩石上的，并且涂上了颜色。这条木板路是为参观的人们修建的，人们只能在这条路上参观，既不能攀上岩石，也不能从岩石上下来，从这里就可以看出文化遗产是非常容易损坏的。人们为什么既爬不上去，也不从上面跑下来呢？根本上是人们认识到这些文化遗产是非常宝贵的，首先要人们懂得并认识这些岩画的价值，才会通过行动去珍惜并保护文化遗产。这就需要专家去告诉参观者，这些文化遗产的价值，与贵州生态博物馆一样，只有参观的人知道这些民族遗产的价值，才能去尊重它、保护它。

这是距今300多年的一栋木结构建筑，虽然时间不长，但其建筑风格体现了挪威800多年前的建筑风格。这一建筑在贝尔根，属于世界文化遗产的只有一部分建筑，这边的建筑已被一场大火烧毁了，为了重建这座建筑，引起了激烈的争论，这边是一个大酒店，其屋顶的修建采用了与周围建筑一样的形式，最初设想酒店应该与周围的房屋一样是木结构的，而现在则只是在外表包了一层木头而内部是钢筋水泥的建筑。我的观点与胡先生不同，胡先生认为修复历史应该整旧如旧，不能改变建筑材料的属性。我的理解文化遗产的保护应当是书写历史，因为这不仅是我们自己去理解、去观看，而别人也要去理解、去观看。我们在这方面做了一些工作。先是认为木头包装的房子不好，后来又造了一些跟原来一样的木结构房子。这是好还是坏呢？这里有一个道德问题，即如何让后人评价我们今天所做的工作，比如我作为一个政府官员，我是按我对文化的理解去保护和修复的，但我们的工作要考虑其他人，要考虑后人能否接受这样的工作。归根结底一句话，不能以我的认识作为一种对错的标准，要考虑其他人的看法。对生态博物馆也是一样，不仅要考虑外界人的评价，而且要考虑村寨的人是否接受这种做法。据我所知，贵州生态博物馆项目组已下到村寨，和当地建立了密切的联系。这里要强调与村民的交流、对话是非常重要。

这是另一处世界文化遗产。挪威临海，文化遗产都与海有关，这是我曾经到过并工作过的港口城市，约100年前，这座港口被一场大火烧毁，整个城市都不存在了，当地的人们用了三年的时间重新建起了这座城市，房子的样子跟原来一样，可不到30年，人们认为这种建筑不好看，没有什么价值。也就是在30年前，一些外来的专家做了保护工作并告诉当地的人们这些建筑是有价值的，我30年前也在这里工作，并且告诉当地人这些建筑很有价值。总的来说，我们外来人的工作只是把关于这些建筑的价值信息告诉当地人，今天这里的情况完全不一样了，城里许多当地人都认识到这些建筑的价值很高，我们所做的保护工作只有在当地人认识并承担起保护责任的时候才有意义。这一点也适用于生态博物馆的建设，当地的人尽最大的责任参与保护并共享这些文化遗产。

请大家重新认识知识和文化的定义。在挪威的法律中，文化遗产也有价值方面的意义，这跟中国一样，实际上，文化遗产的范围是很大的，不仅包括物质也包括精神方面的东西。有一点要注意，并非所有与人有关系的东西都有价值，如这幅照片中雪地的脚印，都是有价值的，情况恰恰相反，这些脚印损害了被保护的文化遗产。我到挪威的一个地区去，就是要发现当地什么东西有价值。

从这幅照片中，有人认为有什么东西有文化遗产方面的价值吗？我和大家一样，也认为没有。但我是一个探险者，我也需要别人告诉我这些东西有什么价值。当地人告诉我，这是一处墓地，埋葬的是从英国、荷兰来捕鲸的人，他们在300多年前来这里开始了这种经营，这儿的文化遗产的含意是什么呢？就是传达了300多年前这些人在这儿艰难生活的信息。当然，这种文化遗产的信息只有专家才理解和知道。所以很多人对当地的文化价值一无所知，由于这个原因，当地政府就在这儿竖了一块牌子，告诉大家这儿是文化遗产，要人们尊重这块墓地，不要随意践踏。画面中有人拿着枪站在牌子边，就是要开枪把那些践踏墓地的人送到坟墓里去。当然，这只是个玩笑，实际上拿枪的人是为了防备危险的北极熊，保护游人的安全。但外来的游人确实给这块墓地带来了不少的麻烦，这就引出了另一个问题，就是要告诉游人要以适当的方式游览，要约束自己的行为。

贵州的生态博物馆也要告诉、帮助游人尊重生态博物馆的一切，注意自己的行为所造成的影响。再强调一下，要想让游人尊重这里的一切，首先必须帮助他们了解这里文化遗产的价值。这是否是文化遗产？在有些人眼里，这只不过是一堆石头，从画面中可以看到，由于城墙遗址没有得到很好的保护，长了一些杂草，原来是什么样，现在还是什么样，没有经过修复。这种遗存也需要保留它、保护它，使后人能够认出它的样子。这儿也被国家划为保护地，因为这是200年前的一座基督教教堂遗址。挪威的法律规定，凡有200年以上历史的东西都要保护，即使是这样的东西，也要告诉人们它的价值所在，这需要专家从它的材料、结构等方面研究它，告诉人们它的历史和价值。150年前成立的一个保护机构在做这方面的工作，作为这家机构的会员，我也享有一份遗产的所有权。简单地说，我们的观点是文化遗产不仅是要保护历史，而且是要书写历史。

这是一个教堂的模型，它反映了教堂原来的样子，这只是一种方法，告诉人们过去教堂是什么样子，还可以告诉人们除了它的墙体之外，教堂和围墙有什么用途。事实上，在欧洲，系统地开展文化遗产的保护只是近几十年的事。

这是反映200年前罗马城市的一幅照片，从中可以看到一些建筑，但它主要是养牛的地方。对于居住在罗马的人们来说，这些建筑没有什么意义。当然这种情况在200年后的今天发生了变化，我们可以看到画面中的房子比其他建筑低得多，并不是房子本身低，而是因为一层层的堆积物太多，所以房子看起来比原来矮了许多，甚至有一部分被掩没了。拿破仑占领罗马后，要找到一种工具来证明自己是皇帝，而在欧洲145年里没有一个统一的欧洲皇帝，他希望找到一种把自己与过去的皇帝联系起来的工具，就下令把掩没的房屋建筑清理挖掘出来，作为历史的宫殿完整地保留下来，这样，过去的养马场就变成了欧洲非常著名的文化古迹，人们出于某种需要才把它界定为一种文化古迹。

我们之所以认定一种东西为文化遗产，是因为我们能够从中发现价值，发现某种意义，从这幅图画中间可以看到一道水平线。线以下是尘土掩埋的部分，从这幅照片中你们认为哪一部分是文化遗产，或者是文化遗存物呢？因为这是一个过程，通过人的视觉、交流，才体现了它的价值。根据苏东海先生的意见，即使没有这位妇女的思维存在，画中的建筑也是文化遗产。而在我看来，遗存，只有通过人的认识和了解，才能被赋予文化价值。

这是挪威的另外一个地方，对于很多人来说，画面中间的小屋没有任何文化价值，没有必要去保护它。我现在提供一点情况，如果我对你说这是地球上一座最靠北边的房子，你们又有什么感想呢？有了这个信息，大家心目中的这所房子又是另一种样子了，这告诉人们人类往北走的极限。画面中是一堆垃圾一样的东西，跟上面的小房子在同一个地点，很多人认为这些东西污染环境，应该清理。现在再提供一条信息，这是人们征服北极的探险中留下来的垃圾。这是一个瑞典的探险家乘坐气球进入北极圈时遇难后留下的垃圾。虽然他死了，但他留下了这些宝贵的记忆、数据和照片。这个著名的北极探险家的事迹被写成了书籍广泛流传。这堆垃圾就是我们看到的有形的实物，当我们知道这个过程以后，就完成了观点的转变。不再希望清理掉这堆垃圾，而是要将它长期保存下去。很多人乘船来这儿游览，如果不了解这段历史，就会把纪念物当成垃圾你拿一件我拿一件清除掉了。当地人立了一块牌子，告诉人们这个历史事件，正是人们有了这种认识，并广为宣传，这堆垃圾才保留了下来。

正如刚才所说，文化遗产是一个整体，而不是一件东西，照片中是一个小煤矿，历史上曾经发生过大爆炸事件，很多人死了，当地政府决定关掉这座煤矿，但仍有许多东西遗留在煤矿周围，出于环境保护的要求，应当清理。当然，这只是部分的清理，谁来认定该清理哪些？保留哪些？我就不能决定。从这里可以看出，当地人对文化价值的认同是很重要的。

与相邻的地点是挪威第四处列为世界文化遗产名录中的一处

文化遗产，这是一个很完整的现场，即是煤矿已经关闭了很长的时间，仍有东西污染这里的水源，有个专门的机构在这儿工作，减少这儿的水污染，我们政府文化遗产保护部门正在保护这个遗址，这就是一个困难的选择，既要保护又要解决污染，如何找到解决两者冲突的方案呢？在生态博物馆建设中需要一个很长的时间让人们思考什么更重要。以后文化遗产保护部门和环境保护部门双方找到了一个解决问题的方案。我想提出这样一个建议，当文化遗产的保护与其他事情发生冲突时，不要草率决定，我们需要一段时间考虑。

这是著名的世界文化遗产的地点，所有的生产活动在 20 世纪 70 年代停止了，大约 30 年前，当地政府在采煤的矿区建起房子，文化遗产保护部门介入了这件事，使得房子的建筑式样恢复到了 100 多年前当时画家笔下的样子，这就再次提出了一个道德问题。我们实际上割断了这个地方的一段历史，是如何割断的呢？我们的专家、外地人强迫当地人的发展造成了一些限制。这是一个旅游胜地，很多人都知道这里，旅游促进了这里的经济发展，也带来了一些麻烦。列入世界文化遗产的 100 多年前的城镇是什么样子呢？修复后的城镇今天是什么样子呢？我们的出发点是要使文化遗产有活力，不仅是修复房子，而且要有人在其中活动，这是一个我们以及你们都将面临的问题，如何保护好文化遗产而使之不受破坏，政府投入资金但并不负责保护，而是由社区来保护它。

这几幅照片都是一个地点，在挪威的文化遗产保护中，规划是重要的环节，它是社区保护文化遗产的一种工具，在这种情况下，社区负责人要在规划中全权负责，当然有时也需要请外地专家提供一些帮助，比如说在这个地区最具代表性的是挪威农业传统耕作，对文化遗产保护部门的工作来说，就是要帮助当地人认识这种传统农业风貌的价值，而当地人则要确定为保持这种风貌耕作哪些适合的农作物。贵州生态博物馆也有这方面的工作要做，同时要有高层次的专家帮助你们，这就使得这两个方面的人共同实现这种文化的价值的保护。

这是一个盛咖啡的铁箱子，对很多人来说，看不出有多大的价值，但这只箱子有很特殊的历史价值，这是曾经居住过但在第二次世界大战中被毁了的村寨中一两户人家才有的箱子，村寨的人们已经被迫迁移到别处，当地人把值得珍视的东西放在这箱子里，有将箱子埋在地下，战争结束后箱子的主人又回到故地，找到了这两只铁箱子，这是两个家庭保留下来的唯一的实物，对这个家庭来说，这是最有价值的文化遗产。

这也是一个有文化价值的实例，如果和人没有任何联系，就没有什么意义，当照片中的这位老人站在门口中微笑时，这个门跟人联系起来并产生了文化价值。

这张照片展示了可持续发展的图景。联合国曾经发表了一个以挪威首都命名的环境保护公约，其核心内容就是可持续发展。这是什么意思呢？就是我们不能过量地使用资源，而要为子孙的发展合理享用资源，正如照片中的这位男人不能把杯中的啤酒全部喝完，他必须留下一些啤酒以便给怀中的孩子将来享用。

我很高兴地看到在座的有这么多年轻人，我们的责任是把我们的文化遗产保存下来，并流传给子孙后代。

3. 中挪生态博物馆国际研讨成果——《六枝原则》

“中挪生态博物馆国际研讨班”第二阶段于2000年9月在挪威举行，为期10天，研讨班结束时，由挪威国家文物局副局长达格先生起草了贵州生态博物馆所遵循的《六枝原则》，经中挪双方研讨班成员讨论，一致通过。《六枝原则》一共九条：

第一条，村民是文化的真正拥有者，他们有权利按照自己的意愿去解释和认同他们的文化。

此条体现了生态博物馆的核心价值——村民是文化的主人。

文化的价值取向由拥有文化的主人村民自己决定，具有普世意义。世界文化是多元文化，一切文化的权利都属于文化的创造者，我们如果用尊重和平等的眼光来看待“非主流文化”，它仍然是世界文化的一个重要组成部分。我国著名的考古学家苏秉琦教授强调中华文化多元一体，首先是多元，由多元组成一体。社会学家费孝通先生在他 80 寿辰聚会上讲了 16 字箴言：“各美其美，美人之美，美美与共，天下大同”，对民族文化要有包容性，不能以主流文化来排斥其他非主流文化，应共生共存，各美其美，美美与共，才能达到天下大同，拼合不同的美才能达到一种平衡。

第二条，文化的含义和价值只有与人发生联系并依据自己的知识得以界定和解释，文化的内涵必须得以加强。

此条正如达格先生所说，文化遗产如果不与人的认识发生联系，那么它所具备的价值就不会被发现。这种价值的发现与人具备的知识成正比，知识越高，发现文化遗产的价值越大。这是关系到生活在社区的村民以及参观者对社区文化遗产价值的界定，是与第一条相呼应的。第一条强调，他们有权利按照自己的意愿去解释和认同他们的文化。如何去解释和认同他们的文化，这涉及村民所具备的知识。如果不具备这种知识，那么，可能他们抛弃的东西正是很有价值的物件。甚至是珍贵的文物。有的社区村民将清代立的《乡规碑》当成洗衣板安放在水池边作洗衣之用，在民族学家的眼里这块碑价值很高，但在村民的眼里，它只有成洗衣板时才有价值。认定它的价值大小与村民具备的知识是密不可分的。

第三条，生态博物馆的核心是公众参与。文化是一种共同的和民主的构造，必须以民主的方式加以管理。

这一条体现了法国“里维埃定义”。“里维埃定义”说：“生态博物馆是一种工具，它是由公共机关与地方族群共同构思、形塑和营运。公共机关的参与方式是提供专家、设备和资源，地方族群的参与，则是基于其本身的愿望、知识以及个别化的方式。”这种管理模式对于贵州生态博物馆来说，是十分超前的，要付诸实施还要经历一个较长的过程。

第四条，当旅游业与文化保护发生冲突时，后者必须给予优先权。原件的文物是不应该出售的，但以传统工艺为基础的高质量的纪念品生产应该得到鼓励。

强调旅游和文化的关系，换句话说文化保护优先。旅游是一把“双刃剑”，一方面通过旅游，可以振兴一方经济，旅游可以将民族文化、特色文化、名胜古迹、山水风光传播出去，扩大一个国家和一个地区的知名度；旅游可以打破自我封闭，让不同的文化通过旅游得到交流和互动，增进不同国度人民之间的了解和友谊。另一方面，过度的旅游开发对文化造成破坏进而成为“文化杀手”，这一问题在发展中国家显得尤为突出。过度的旅游开发不但对环境和文化造成破坏，而且会亵渎民族文化，制造“伪文化”来欺骗游客。一些民族旅游村寨为了招揽更多的游客，用一些低级庸俗的娱乐节目充斥到民族的歌舞之中，如“拉郎配”之类。村民为了迎合游客将民族节日节庆庸俗化，天天都是“泼水节”，天天都是“跳花节”，天天都在“祭祖”，天天都在甩“花包”，有良知的民族学家对此深恶痛绝。

生态博物馆不拒绝旅游，而是欢迎旅游，是在保护环境和文化的前提下开展旅游活动，通过旅游提高生态博物馆的知名度，打破社区的自我封闭，增加社区居民的收入和对外交流。

生态博物馆是一个特殊的旅游景点，但它不是风景名胜区，也不是文物古迹之类的保护单位。就梭戛而言，它对游客非常有选择性，它属于深度的文化旅游，从梭戛开馆10年的接待情况来看，外宾居多，有法国、挪威、英国、德国、美国、日本、韩国、新加坡，以及中国（香港、台湾）等国家和地区的客人，这些客人中绝大多数是专家学者，有人类学者、文化学者、民族学者、民俗学者、工艺美术学者等，国内亦然。梭戛生态博物馆是活着的文化，是活的文化空间。这种活态的文化需要观察和体验，需要对文化价值的发现，这就是生态博物馆只能是深度旅游之见解。

第五条，长期的和历史的规划是至关重要的，在长远上损害文化的短期的经济利益必须得以避免。

此条强调生态博物馆的规划，达格先生说规划是一种工具。这种规划不仅是自然环境和文化遗产的保护规划，而重要的是社区社会发展规划，以防止短期的经济行为对文化的损害得以避免。

第六条，文化遗产保护必须融入整体环境的观点，在这个意义上，传统技术和物质文化资料是核心部分。

这是生态博物馆区别于传统博物馆很重要的一个理念，换言之，环境与传统博物馆没有发生联系，它为了安全需要建有围墙。对于生态博物馆而言，环境对文化产生直接的影响，什么样的环境造就什么样的文化，人的生存离不开环境，人就是文化，没有人就没有文化。生态博物馆不是研究生物与生存环境的关系，也不是研究无文化时期原始人群与自然环境的关系，而是研究文化人群与自然环境的关系，人是生态博物馆的核心价值，没有人就不是生态博物馆，但没有适合于人生存的环境，人类行将毁灭，所以生态博物馆是关于环境和人的博物馆。

生态博物馆的理念是相当的前卫，它不仅关注活态的文化，而且关注人的生存环境。人类经过农业文明、工业文明之后，必然走向生态文明，生态文明正是生态博物馆包含的内容之一，因此生态博物馆的理念是符合可持续发展的观念。

生态博物馆又是多学科的博物馆，它不仅仅局限于博物馆学，涉及环境学、生态学、社会学、文化人类学、民族学、民俗学等。从博物馆学的角度出发，重点是对活态文化的保存和研究，即非物质文化的研究，因为生态博物馆不是以物为中心，而是以人为中心。

第七条，观众有道德上的义务以尊重的态度实施自己的行为。他们必须遵守一定的行为准则。

这主要涉及观众对文化的态度问题，即是对文化主人的尊重和对文化的敬畏感，是用平等的眼光来看待不同的文化，特别是“弱势”文化，不能存在一丝一毫的文化殖民心态来对待民族文化，只有这样生态博物馆社区的文化才不至于遭到践踏。

第八条，生态博物馆中没有固定的模式，他们因各自的文化不同和社会条件的差异而千差万别。

博物馆是西方文化，生态博物馆也是西方文化，都是舶来品，约翰·杰斯特龙先生到中国来传播的是法国和挪威式的生态博物馆理念。法国的或者是挪威的生态博物馆都是法国和挪威社会政治、经济、文化的产物。法国和挪威都属于前工业时代的国家，他们没有二元社会，没有城乡的明显差别，无论是城市或是乡村的居民，他们的物质文化生活得到了极大的提高和改善，工业文明孕育了他们对文化的价值观，他们试图通过生态博物馆找回他们工业时代失去的文化记忆，包括物质的和非物质文化的记忆，这是工业社区居民一种“文化自觉”行动，他们成为生态博物馆中的当之无愧的文化主人。在挪威图顿生态博物馆，自愿者就达400多人，他们为博物馆工作未领取任何报酬，同样在挪威沃德工业区生态博物馆的一位居民将其三代人居住了90多年的一套楼房捐献给了生态博物馆，房间陈设了90年来的生活设施的记忆，成为找回文化记忆的一种很好的展示，这就是挪威生态博物馆存在的文化背景。

客观地说，在贵州建生态博物馆是专家的热情和勇气，在专家的背后是政府的支持，梭戛社区的村民不知道什么是生态博物馆，村民的参与也是一种被动的参与。用苏东海先生的话来说，贵州生态博物馆是“专家指导，政府主导，村民参与”。在当今的中国民族地区特别是中国西部的贵州民族地区如果没有专家对生态博物馆理念的传播，村民是不可能自发地建生态博物馆的。

要在贵州贫困的民族地区建生态博物馆，必须将生态博物馆的理念本土化，建具有中国特色的生态博物馆，这样的生态博物馆必须是国际认可的同时又符合中国国情的生态博物馆，而不是“土货”。

在贵州梭戛这个经济十分贫困，物质生活十分匮乏的苗族社区建立中国第一座生态博物馆，无疑受到了严峻的挑战。一方面，梭戛苗族文化的保护和传承在经济全球化的大背景下具有特殊意义，保护文化的多样性和保护生物的多样性具有同等重要的意义；另一方面，民族文化在商品经济的浪潮中正在迅速地消失、失传和变异。要保护和传承梭戛苗族文化，必须从中国的国情和贵州的省情出发，使生态博物馆这颗从国外引进来的“种子”在梭戛发芽、生长，枝繁叶茂，就必须本土化。如果照抄照搬法国或挪威生态博物馆的模式是注定行不通的，因为中国的文化背景和挪威迥然不同，因此，我们不能从国际生态博物馆的概念和一般的原则出发，搞本本主义，应从实际出发，建立具有中国特色的生态博物馆。

第九条，社会发展在生态博物馆的建设中将是一个先导条件，人们生活的改善必须得到更多的重视，但不能以损害文化价值为代价。

在欧美的生态博物馆中不可能写上这一条，即使是在中国东部沿海发达地区建生态博物馆也不可能写上这一条，这是在贵州建生态博物馆的特殊的社会背景才有必要写上这一条的。因此，贵州的生态博物馆就承担着双重任务：消除贫困，保护文化。只有消除贫困，才能保护好文化。梭戛村民所期盼的是建生态博物馆会给他们的生活带来好处，与其说他们需要生态博物馆，不如说他们需要消除贫困。

贵州生态博物馆是一个长期的实践过程，它要经历三个阶段，即初创阶段、过渡阶段，成熟阶段。初创阶段即建馆阶段，过渡阶段是我国处于整个的社会主义初级阶段，这一阶段至少要经历半世纪才能赶上和达到中等发达国家水平。

《六枝原则》是以贵州生态博物馆为背景所产生的较有普遍意义的原则，但其中有的条款也注入了西方人的文化遗产观和西方的民主思想，是一个相当超前的原则，被国际认可。但它必须接受贵州生态博物馆实践的检验。通过实践，不断充实完善。在生态博物馆的管理和运营中，要从实际出发，否则就会掉到教条主义的泥坑里。

三、南开大学师生在贵州生态博物馆的实习和研讨

利用大学生在生态博物馆的实习，对生态博物馆进行研究是一条很好的路子，在中国博物馆学会、项目协调人安来顺先生的推荐下，南开大学博物馆学系师生10人于2000年10月赴贵州生态博物馆实习。

南开大学20世纪80年代是全国唯一一所开有博物馆专业的大学，它在教学和博物馆学理论的研究上是颇有实力的。

带学生实习的是博物馆学系的黄春雨副教授，还有一位是已退休的刘岱良老师。学生8人，4男4女。他们师生一行先后到了梭戛、镇山、隆里、堂安四个生态博物馆，然后分成了两队，分别在隆里、堂安两座生态博物馆实习。

10月21日实习结束后，在贵阳举行座谈会。师生们就对生态博物馆的理解、生态博馆的文化记录、生态博物馆的“调解”

南开大学师生在堂安实习

作用、生态博物馆的教育、生态博物馆的管理、对贵州生态博物馆发展的思考等问题发表了意见。

对生态博物馆的理解。生态博物馆——一个鲜为人知的新博物馆类型。“生态博物馆”这一概念最早产生于20世纪70年代，是由法国博物馆学界的两位著名学者乔治·亨利·里维埃和雨果·戴瓦兰设想和提出的，并将其带入了国际博物馆学界，从而开启了一场新博物馆学运动。中国早在80年代就已经引进了“生态博物馆”的思想，于90年代后期在贵州建立了中国第一座生态博物馆。

生态博物馆的出现是人类社会现代环境意识和现代生态意识在博物馆界不断觉醒的一种反映。自从人类社会由蒙昧状态进入文明世界以后，人类不懈地用自己的双手征服和改造自然。从原始的手工制作到后来的大机器生产，工业文明逐步取代了农业文明，人类取得了辉煌成就。然而过度地开采和破坏自然资源，虽然给人类带来了暂时的利益，却日积月累地形成了一股巨大的隐患，它时刻都在做出向人类进行报复的准备，随时都有可能爆发。随着洪水的泛滥，空气和河流的污染，臭氧层空洞的逐渐扩大，人们渐渐地意识到生态环境对人类生存、生产和生活所产生的重要影响，于是人们开始有意识地调节人与自然的关系，力求达到人与自然之间的协调发展。现代社会，由于工业的飞速发展，社会上出现了一些工业文明带来的负面影响：植被遭到破坏，资源被任意开采，环境污染严重，人口过剩等。这一切使人们开始厌倦现代工业文明，极力想摆脱它带给人们的束缚和不良影响。人们渴望返璞归真，渴望回到那没有污染、没有喧嚣的纯自然生活状态中去。在这种背景下，环境科学作为一门新兴科学，受到社会各界的广泛重视，它在各类学科的各个领域都占有极其重要的地位，影响着各类学科的发展与创新，因而，博物馆学与环境科学的联手也是大势所趋，绝非偶然。所以说，生态博物馆是工业文明社会中生态意识觉醒的产物，它是和环境科学紧密联系的。

那么，到底什么是生态博物馆呢？现代法国博物馆之父乔治·亨利·里维埃曾写过一篇题为《生态博物馆——一个进化的定义》的文章，在文章中，他从生态博物馆的构成、文化内涵、人与自然的关系、时间和空间的特点、管理人员、管理方法和培训等方面做了较为详细的论述。台湾学者将其加以归纳和整理，得出了以下关于“生态博物馆”的定义：生态博物馆是由公共部门（地方政府）与地方居民共同孕育、形塑及运作的工具，地方博物馆提供馆员、设备及资源，地方人民则展现其抱负、知识及个人力量，所以生态博物馆是地方人民关照自己的一面镜子，用来发现自我的形象，寻求对生活所在领域中不论自然或人文的遗产以及住在此领域的先民生活的解释；同时也是一面能让参观者对照以深入了解当地产业、习俗、特性的镜子。

通过分析以上定义，我们不难看出，生态博物馆有着与传统博物馆截然不同的特点。传统博物馆强调的是博物馆馆址，藏品、管理人员、藏品管理等，而生态博物馆则着眼于社区、遗产、社区人民、参与、生态环境学和社区文化特性。

众所周知，传统博物馆总是要事先建好一座博物馆建筑，然后将采集到和整理好的文物置于其中，再选用具有一定专业知识和技能的管理人员对馆内的藏品加以管理和保护。这样做，固然能够有效地对文物进行修复与维护，并能够集中地对前来参观的人进行历史知识教育和文物知识的普及，但是，不可否认，这样一来，就使得这些文化遗产脱离了它们的所有者，远离了它们原本所处的地理环境，也就是在无形中淡化了它们本身所具有的历史文化内涵，参观者也只能近观其表，而不能很好地去了解和体会文物中所传达的历史文化信息。

而生态博物馆则不同，它始终将文化遗产毫无破坏地保存和保护在其原来所属的社区和环境之中，也就是说，整个社区，即在自然环境、社会结构、经济生活和精神生活方面保存着比较完整的生态文化区域，就是一座生态博物馆。这个社区中任何文化遗产、建筑、文物、传统风俗和自然景观等人文及自然资源都是整个生态博物馆中文化整体的一部分。它相当于传统博物馆中的藏品，发挥着与其相同的作用，即向参观者传达历史信息，表现历史风貌，所不同的是，它是在特定的区域，以物质和非物质相结合的方式向参观者表现该社区的整体文化内涵和历史风貌，它更直接、更具体、更具感染力，与传统博物馆相比，具有明显的优越性。同时，在生态博物馆中，整个社区内的全体居民都是社区文化遗产的管理人员，人们亲自参与生态博物馆的建设与发展，共同对文化遗产的收集、整理和保护进行管理。生态博物馆从建立到发展都将与该社区居民的生产生活息息相关。人们在生态博物馆中劳作、生产和生活，生态博物馆也在人们的日常生活中得到保护和改进。

另外，凡是参观过传统博物馆的人都知道，传统博物馆中的藏品一般是不允许参观者触摸的，它们都被摆放在精致的玻璃展柜中，一层薄薄的透明玻璃拉开了参观者与历史文物之间的距离，如此仅有视角效果，而没有听觉、嗅觉、触角和味觉等感观刺激的展览，怎能很好地达到教育参观者的目的呢？与此不同，生态博物馆则让每一个参观者都能够充分地体会到文化遗产所带给人们的亲切感，这些文化遗产不再是简单地摆放在展柜中的物件，而是参与人们日常生产生活的工具，仍然在发挥着各自的作用。来到生态博物馆，人们可以亲自触摸到这些历史文化遗物，并且可以通过不同的方式对它们加以了解。这样的博物馆拉近了参观者与文化遗产之间的距离，让人充分体会到中国古代文明的多元化，民族地区与众不同的文化特色；通过活生生的展示，激发了人们的求知欲，开阔视野，加强了人们对少数民族地区独特文化的了解和认识。因此，可以这样说，生态博物馆就是没有围墙的“无形”的博物馆，是深入社区的生活中的博物馆，更是广纳参观者的平民化的博物馆，由于它形式的开放，内涵的丰富和内容的通俗，使得它较之传统博物馆，更具有魅力，更容易被世人接受。

生态博物馆的教育。生态博物馆的教育作用与传统博物馆的教育职能不尽相同，传统博物馆的教育对象主要是博物馆观众，它的目的在于有效地普及科学知识，弘扬民族文化，宣传爱国主义，增强人们的审美观念，而生态博物馆的教育对象则是双重的，一方面，它具有教育外来参观者的作用；另一方面，它的教育是面向社区的居民，特别是社区新生代，这种教育与培训生态博物馆人员密切相关，旨在社区居民的头脑中树立生态博物馆的观念，这才是生态博物馆教育职能的主要方面。比如美国亚利桑那州亚克钦印第安社区生态博物馆的教育工作经验，亚克钦印第安社区有500多人，他们生活在亚利桑那州的荒原上，20多年来他们改变了自己的生活，经济上取得了独立，他们在世界农业市场上能参与竞争，但赖以支撑亚克钦人几千年并使用其形成的社会的文化传统已面临着消亡的危险，亚克钦人选择了生态博物馆这一最佳工具来帮助他们理解和管理日益变化的日常生活，生态博物馆则成为该社区管理教育，文化和机能变化的机构。1987年10月，亚克钦生态部落理事会提出了要在两年内实现两个目标，创造出了解和档案功能与作用的社区；培养社区内部管理能力和设计适宜的设施。由此，董事会接受了一个双向社区教育计划，帮助社区找到通过生态博物馆计划满足其需要的途径。研究如何在一所机构设施中反映出整个亚克钦文化。亚克钦社区的这一教育计划分成两个阶段，第一阶段是使社区人员参与到生态博物馆工作中来，从而实现社区发现过程；第二阶段是完成工作人员培训计划，对六个社区成员的专业培训，它的目的是为社区成员招待观众项目，研究和文献服务也使用与亚克钦人生活风格一致的方式创作展览创造条件，终身学习的观念为培训方法论提供了理论基础。其课程是根据社区的明确目标，个人的才能和愿望，专业水平和对教育的要求而制定的。

从以上亚克钦印第安社区生态博物馆的教育和培训的实例中，我们可以得出这样的结论，该生态博物馆在教育和培训生态博物馆人员上收到了卓有成效的作用，从中，堂安生态博物馆可以得到有益的借鉴，比如，教育和培训可以分两步走，第一步是对社区成员进行全民教育，使他们都能对生态博物馆理念有切身体验，并在与这方面的专家进行交流的过程中，实现“社区发现的过程”。在这一步骤中，亚克钦印第安社区也为我们提供了极具参考价值的方法：小型的参观学习和通过定期举行会议，非正式的讲座等方式实现相互的交流，使社区居民进入学习者的角色。那么，他们会考虑到如何对生态博物馆进行实际操作的问题。诸如如何保护侗族的特色建筑，如何吸纳资金发展自己，如何保护鼓楼议事制度和寨老制度等。

堂安社区教育培训的第二步也应是对该社区部分成员进行专业培训，因为生态博物馆需要专业的博物馆人员来管理，所以对部分社区居民进行专业培训是必不可少的，在课程设置方面，除了可参考一些文化人类学、博物馆学、历史学、考古学、语言学等方面的内容外，还可以适当地加入一些我国民族政策的学习。

此外，堂安社区生态博物馆的人员教育培训工作应重视的另一点是，必须使生态博物馆的教育和培训适合堂安的特点，以期实现生态博物馆在中国的本土化，在实现教育、培训本土化的过程中，我们不妨参照一下《六枝原则》的相关内容，使社区居民认识到他们是自己文化真正的主人，有权按照自己的意愿去解释和认同自己的文化。由于堂安侗族文化相对而言处于弱势，所以在发展和交流中，还应注意使社区居民建立对文化的自信心，发展不应该损害文化，这也要靠生态博物馆的教育和培训来实现。

生态博物馆的管理。以堂安生态博物馆为例，堂安生态博物馆的正常运作需要有效的管理，这可以由各方面人才组成的管理委员会来实现。管理委员会由当地文化文物主管部门的代表、堂安的村民代表和具有相应资格的管理人员和财会人员组成，为了确保堂安村民在选择自己文化发展道路中的自主性，堂安村民代表应在管理委员会中占多数。此外，堂安生态博物馆还要成立一个科学咨询小组，以提高自己的研究水平，加强与外界的学术交流。社区成员的参与是生态博物馆的核心概念，因此，堂安生态博物馆的管理要注意发挥社区居民的主动性，多倾听他们的意见，可采用问卷调查的办法，或开村民委员会决定，任何堂安生态博物馆作出的决定都要由管理委员会方面一致通过。

在建馆之初，需要专业的博物馆工作人员将工作带上正轨，在此期间，要注意对社区居民的文化教育，并重点培训几个人来接替工作，然后，可将生态博物馆完全移交给本社区居民管理，当然，管理委员会也要包括社区级文化文物部门的代表接受上级文化行政管理部门的指导和管理。为了保证生态博物馆对高素质人才的需要，生态博物馆要加强与高等院校的合作和有关学术部门的联系，培训基础扎实、操作能力强的专门人才。

生态博物馆的文化记录。生态博物馆的文化记录是建立“文化记忆”工程的重要手段。首先应该从记录显型文化做起，显型文化包括物质文化、制度文化和行为文化。物质文化是由“物化的知识力量”所构成，包括人类加工自然创造的各种器具，是可触知的具有物质实体的文化事物。即人们的物质生活和产品的总和。它是构成整个文化的基础。制度文化是由人类在社会实践中组建的各种行为规范、准则以及各种组织形式所构成。它所反映的是人与人的关系。行为文化主要由人类在社会实践中尤其是在人际交往中的约定俗成方式构成的行为规范——风俗习惯来体现。

堂安侗族社区具有丰富的显型文化，对这些显型文化给予忠实、详细地记录，是勾勒堂安侗族生活原貌的基础。因而也是生态博物馆记录工作的重点。

在记录这些显型文化的同时，也要将隐型文化即堂安侗族人的精神文化记录下来，这种记录同样很重要。“精神文化”或称“心态文化”，是由人类在社会实践和意识活动中心长期演化出来的价值观念、思维方式、道德情操、审美趣味、宗教感情、民族性格等因素构成，是文化的核心部分。它反映的是人与自身的关系，即人的内心世界。但它又不是一般的情感，风尚情感、情趣，而是凝结成为信仰、观念、思想的理性体系。在这个意义上讲，堂安侗族的各种显型文化，无不是侗族文化心态的体现。如果只保留了显型文化而忽略了对侗族文化心理的把握，那么，生态博物馆对堂安侗族文化的记录将是不完整的。而且，由于文化内驱力的丧失，生态博物馆所能记录的也是一个将死的文化。因为这一文化发展的精神动力丧失了。文化应是一个综合体，具有系统性和综合性。它不是各个文化层面的随意的拼合，而是一种和谐有机的结合，一种聚合物。

只有对堂安社区的显型文化和隐型文化都作好记录，生态博物馆才能充分尽到一个记录者的职责，才能起到在堂安文化发展中的记录作用，为堂安侗族人民以后进行文化寻根和文化选择提供前提和可能性。这种记录作用是由堂安建立生态博物馆的前瞻性决定的。随着堂安社区的发展，也许堂安人会在若干年后的某一天，真正体会出自己文化的重要性，这时他们也许会真正渴望找到自己文化的根和自己的精神家园。而此时，日趋成熟的生态博物馆，正好为他们收藏和记录了侗族文化传统，同时又为他们提供了进行文化反思的场所。于是，二者便真正成为彼此的需要，即使在若干年后，侗族人在发展中决定放弃自己的文化，因为有了生态博物馆的忠实记录，这种放弃首先不会是盲目或无奈的选择，再者，生态博物馆也尽到了自身记录者的职责。

生态博物馆的“调解”作用。生态博物馆不同于传统博物馆的一个显著特点就是要使其保护的文化在历史的动态中发展。包括堂安侗族文化在内的任何一个文化，在其发展过程中都会遇到传承性与习惯性之间的矛盾。特别是对一个弱势文化而言，这一矛盾若解决不好，会导致民族文化传统的丧失。而生态博物馆的概念使博物馆在文化转变中充当了调解人的角色。

任何一种文化都具有民族性和时代性两大特征，文化的民族性使各民族文化有鲜明的个性色彩，有利于增强本民族的凝聚力，保持民族的优良传统，使其在世界民族之林得以发展。文化的时代性意味着文化依时代的发展而不断变化。在变化中可以促进民族文化的推陈出新，避免固步自封，停滞僵化，这也就是说，任何文化都面临着继承和发展的问题。

文化的民族性与民族文化传统的继承密切相关，任何时代的文化，都是在前代文化的基础上形成和发展起来的，而所谓传统是围绕人类的不同活动领域而形成的代代相传的行事方式，是一种对社会行为具有规范作用和道德感召力的文化力量。同时，也是人类在历史的长河中创造性想象的沉淀。由此可见，文化传统具有稳定性，稳定是它的重要特征，但稳定并不意味着凝固静止，稳定性是可塑性、变异性、流动性的辩证统一。

从以上对于文化传统的形成与变迁的分析中，我们可以看出，任何一个文化在其发展过程中，都会遇到传承性和习惯性之间的矛盾，特别是当今社会，文化交流日益频繁，每一个民族文化都面临矛盾与抉择，这并不局限于堂安侗族文化。一个民族若完全从其文化传统中割裂出来是不现实的，它的发展是必然的。而建立生态博物馆之后，在生态博物馆记录文化的同时，它也为该社区的文化交流提供了一个更广阔的空间。以生态博物馆为媒介，社区内的居民可以发展自己的文化传统并向外部世界进行宣传。社区外的居民也会带来各种不同的文化信息，这样会使该社区的民族文化取长补短。同时，社区居民是生态博物馆的主人，在发展生态博物馆的过程中，他们又将以民主的方式对其文化做出取舍。生态博物馆的理念和形式，都为这种选择提供了可能。这样，在一个民族文化受到外来文化猛烈冲击、濒临危机的时候，生态博物馆便充当了文化调解人的作用，促使社区居民以民主的方式决定如何吸收外来文化又如何保护文化传统。

就堂安社区而言，其侗族文化也并非未面临冲击，随着外出打工人数的增加，人民的生活水平的提高和电视等媒体的普及，外界文化对侗族文化的冲击力也将越来越大，所以，抉择也是不可避免的。如果没有生态博物馆的建立，社区中的人们可能会轻易丢弃自己的文化，这是因为，较堂安而言，外来文化至少在物质层面上具有优越性，而这正是需用的基础层次，而正如我们以上分析的那样，一个民族丢弃了自己的文化传统，会带来很多的问题，如在价值取向与道德标准上出现迷惘等，所以，堂安侗族社区在文化的转变过程中，需要一个调解人，通过他的调解，堂安侗族文化可以在其坚持文化传统的基础上寻求发展，那么，从生态博物馆的概念而言，正起到一个文化调解人的作用。生态博物馆要立足发展，又要给人们提供一个体现文化个性的场所，要使本社区的居民在物质生活发展的过程中，保持自己的文化风格。应当承认，这种愿望都是合理的，但有时又是矛盾的。而生态博物馆正是站在了矛盾的焦点上，力图将这一矛盾合理解决。所以说，它的另一个作用是调节文化传承性与习惯性之间的矛盾。从微观上讲，生态博物馆要保留的是社区的文化传统；从宏观上讲，生态博物馆要保护的是文化的多元性。这有利于各个文化之间的相互交流与促进，从而给世界文化的发展保留动力。

所以，生态博物馆在堂安社区发展中应起到的另一个作用便是调解堂安侗族社区文化与外来文化之间的关系，以使堂安社区在坚持自己民族文化特色的基础上，实现文化上的综合创新。

对贵州生态博物馆发展的思考。生态博物馆是联系过去和现在的纽带，同时也是联系现在和未来的纽带，它不是一个静止的概念，不是一味保留和冻结社区的文化传统，而是要保留和继承的同时，将其文化内涵和风俗习惯加以发展和弘扬，从而达到历史与未来的联系，生态博物馆就是这样存在于现实与传统之中。我国生态博物馆的发展应该注意到这样的问题，以动态发展的角度充分考虑到生态博物馆与民族文化遗产、社区经济、生态环境之间的关系。

生态博物馆总是以对文化遗产和自然遗产的整体保护为宗

旨，举隆里古城为例，要在该社区建立生态博物馆，就要对古城中已遭受破坏或将要破损的具有代表性的典型建筑加以修复和保护。以恢复其原有的历史风貌。这一切行为都是为了更好地保存和发扬该地区的文化个性。使更多的人能感知并了解当地社区文化，以利于该社区文化传统的继承和弘扬。社区文化遗产为生态博物馆的建立提供了丰富的物质和精神基础，与此同时，生态博物馆也为社区文化遗产的保存、发展和走向未来创造了良好的条件。

那么，生态博物馆又与社区经济有什么关系呢？虽然国际博物馆学界一直强调博物馆是一个不追求营利的机构。但是不可否认的是，生态博物馆一般都是建立在较为贫困的少数民族地区的，这些地区因极少与外界接触，因而保留了较多的文化个性，但与此同时，信息的闭塞、思想的不开化，使地方经济停滞不前，甚至仍处于刀耕火种的原始状态。梭戛就是一个非常典型的例子，该社区地方经济极为落后，令人堪忧。难道在该社区建立生态博物馆就真的不应该在改善自身经济状况方面有所追求吗？显而易见，不关注梭戛的经济发展是行不通的，更不是现实的。人们在解决了温饱问题的基础上才会去从事其他事情。

保护和弘扬社区文化个性的同时，还要与脱贫致富联系起来，努力通过各种方式改善社区经济状况，加强社区实力，这是关系居民生活的经济问题，也关系生态博物馆在民族社区中的发展问题。

在经济建设方面，应将生态博物馆的发展与社区的脱贫致富和经济水平的提高相结合，可以鼓励和支持民族地区发展以旅游业为主的第三产业。我国的每一个民族，尤其是少数民族都具有自己独特的历史文明、文化传统、民族风格、宗教伦理，也正是这些与众不同的文化个性吸引着众多慕名而来的参观者。为此，各个少数民族社区完全可以把握这一大优势，为广大参观者提供食宿，并“为国内外旅游者提供体验历史生活和不同民族风俗的‘演示厅’”，通过各种富有知识性、教育性和娱乐性的展示活动，在满足参观者求新、求异、求知的同时，更能获得经济上的利益。

生态博物馆与传统博物馆不同，它可以通过各种方式让观众对社区的文化风格加以了解。社区居民可以提供一些可供参观者亲手操作的项目，如亲自舂米，制作各种风味小吃，参与一些小型的手工工艺制作等。这样一来，不但能够为当地居民增加经济收益，更能调动广大参观者的积极性，激发他们的参与意识。

生态博物馆不纵容贫穷，逐步实现现代化，过上富足的生活是每个民族发展的必然趋势，生态博物馆必须顺应这个潮流，必须考虑到当地经济发展问题，只有与社区居民的生活联系在一起，才能得到社区居民和政府的支持。基于生态博物馆与民族文化遗产、社区经济、生态环境之间有着不可分割的联系，因此，我国的生态博物馆应在一定理论的指导下，在实践中努力开拓创新，积极采取各种方法来发展具有我国贵州特色的生态博物馆事业。

当前，生态博物馆社区的村民更需要提高他们的物质文化生活，特别是梭戛社区的苗族村民，处在温饱线上，他们的物质生活条件非常差，生态博物馆保护自然和文化遗产，但不保护贫穷和落后，发展社区的经济，改善苗族社区村民的物质文化生活是建立生态博物馆的前提。建立生态博物馆的核心价值是使社区的独特的文化得到保护，我们应本着“文化立寨”的精神，去思考生态博物馆的建设和发展，一切旅游的行动都应该建立在保护社区自然和文化的前提之下。

生态博物馆保护社区的目的是什么？就是为了这种特色文化的延续、发展，其着眼点正是在于文化生存的传承性，经济的意义也只有在贵州这样的生态博物馆建设中才能涉及，在西方发达社会，文化是唯一重要的原因，从生态博物馆的内涵角度看，文化的意义是第一位的，当然，出于服务于社区居民的特点，经济的意义也是必然存在的，但是它是第二位的，是派生的，虽然发展经济不是生态博物馆的目标，却是生态博物馆所保护的特色文化给社区带来的额外收益。贵州是西部的一个既不沿边又不沿海的内陆省份，经济发展滞后，尤其是少数民族世居的地区。从梭戛生态博物馆便可以看出，少数民族多居住于深山之中，交通不便，缺少对外沟通是导致经济落后的原因。也正是因为没有沟通，文化原生性才没有被破坏。丰富多姿的文化，与落后的经济状况形成了极大的反差，贵州生态博物馆建设的特殊性在于如何把握好经济发展与原生态文化可持续发展的关系，并在此基础上达到文化与经济的双赢。

贵州生态博物馆群发展经济的途径有以下两点：（1）提高社区居民的民族意识，提高社区居民的教育水平，提高生产力水平，走科技兴区之路。（2）走文化旅游之路，以特色文化吸引海内外游客。提高民族意识、教育水平需要一个长期过程，不是一朝一夕就可以完成的，生产力水平提高的进程就更慢了，对于贵州生态博物馆的现状而言，提高社区人民的生活水平又是迫切需要解决的问题，显然是经不起长期的等待过程。搞文化旅游这是目前为止，唯一快捷的解决经济快速发展的方法，经济发展只能依靠旅游业合理有效的开发，现代旅游业的发展证明，旅游业已经是经济的热增长点，尤其是文化旅游，在贵州生态博物馆中，文化是旅游开发的唯一根基。短期内，社区的特色文化是社区发展的支柱，没有文化，也就没有经济的发展，文化在这里决定了经济，经济属于文化。

生态博物馆是一个年轻的博物馆形式，中国贵州生态博物馆群的建设，是我国博物馆史上的一次新的尝试，也是世界生态博物馆建设中的一个新课题，生态博物馆的建设，第一次与经济建设联系得这么紧密，而不完全是一个简单的文化建设行为，处理经济与文化的关系，是贵州生态博物馆群建设的首要问题，坚持以文化为基础，在保护文化的基础上，实现经济与文化的双赢，是贵州生态博物馆要实现的目标。生态博物馆的建设与改善社区村民生活相结合，这也恰恰体现生态博物馆的核心含义——博物馆的一种关怀。只有社区居民的生活改善了，他们才会真正地保护自己的文化，理解自己的文化，从而更好地推动生态博物馆的进一步发展。

梭戛生态博物馆和西方生态博物馆有着本质的不同，因为西方生态博物馆所在的社区基本实现了物质文明的现代化，生存早已不是问题，探索生命的意义，人生的价值，谋求物质文明和精神文明及生态文化在更高层次上的和谐发展，才是他们关注的问题。就梭戛生态博物馆生存的基础和背景而言，不论经济、教育、社会发展程度不仅远远落后于全国农村水平，即使在贵州也属于扶贫对象，是现代物质文明的阳光几乎没有照到的地方，他们迫切需要的是尽快改善生存环境，提高生活质量。一方面他们固守着本民族文化的特质，但毋庸讳言，他们对自己文化价值重要性的认识，应该承认尚处于潜意识阶段，不能和经历过多种文明形态洗礼的西方人对自己文化的自觉认识相提并论。我们必须正视这一现实，仅仅采取教育手段，使他们认识和理解自己文化价值的重要性，让他们自觉地接纳并积极参与博物馆建设，不足以解决目前的问题。最能引起梭戛村民共鸣的不是空洞抽象的说教，而是来自于博物馆给他们发展的种种帮助，只有让他们真实地感受到博物馆建设有助于他们物质生活的提高，并真心地与他们一道保护、传承并弘扬他们的民族文化，他们才会积极热情地参与到生态博物馆的建设中来。

生态博物馆是保存和保护社区文化遗产的重要工具。地方政府在建立与生态博物馆相配套的资料信息中心的同时，还可以创办社区居民的图书阅览室、电教室等，利用文字、图片和图像这些辅助资料使社区居民对自身文化有更具体的了解，因为只有社区居民才是他们文化的真正拥有者，他们身上担负着使自己民族的文化延续、发展并弘扬的重任，因此要在加强对其社区文化遗产和自然遗产的保护意识的同时，还要不断增强广大社区居民的民族自豪感和自信心，激发他们的参与意识，使其真正具备主人翁的精神，为社区文化个性的发扬贡献自己的力量。此外，要采取有效的措施，对当地文物古迹、建筑等进行修复和保护，及时挽救和整理将要失传的民族文化，只有这样，才能更好地调动社区居民的主动性，发挥生态博物馆的文化遗产保护功能。

当今世界，可持续发展已成为时代的主流，我国生态博物馆的建设和发展中尤其应该体现这一点，生态博物馆社区的居民应该时刻以保护社区生态环境为己任，不能为了图一时的经济利益，而以牺牲社区内的生态环境为代价，做出那些令自己悔恨，让子孙遭殃的行为。做到文化保护、经济发展与环境保护并重，同时，生态博物馆本来就具有生态环境的教育功能，建立它也是为了唤起社会民众的生态环境保护意识，为环境保护教育事业添砖加瓦，生态博物馆作为社会教育机构就担起了此项重任，可见生态博物馆的生态环境教育任务是任重而道远。

四、“贵州生态博物馆国际论坛”在贵阳举行

根据贵州省政府的决定，“贵州生态博物馆群建成暨国际论坛”定于2005年6月1日至4日在贵阳举行，参加这次国际论坛的国内外专家学者100余人，国内学者的单位有：中国国家文物局、广西壮族自治区文化厅、贵州省文化厅、贵州省文物局、云南省孟连县人民政府、内蒙古包头市达义旗人民政府、贵州省贵

阳市花溪区人民政府、贵州省锦屏县人民政府、贵州省黎平县人民政府、内蒙古达义联合旗文体广电局、中国博物馆学会、中国艺术研究院、中国建筑设计研究院历史研究所、中国台湾台南艺术大学研究所、贵州省文物考古研究所、贵州民族研究所、中国国家博物馆、中国农业博物馆、广西民族博物馆、云南民族博物馆、云南大学人类学博物馆、云南孟连县民族历史博物馆、贵州省博物馆、梭戛生态博物馆、镇山布依族生态博物馆、隆里古城生态博物馆、堂安侗族生态博物馆、北京大学考古文博学院、南开大学博物馆历史学院、东南大学建筑系、西安交通大学、复旦大学文博系、吉林大学文博学院博物馆系、《中国日报》、《中国文物报》、中国国际广播电台国际在线中文网。国外学者有 43 人，他们来自挪威、南非、英国、意大利、法国、巴西、澳大利亚、瑞典、日本、韩国、美国、越南、印度、印度尼西亚、菲列宾等 15 个国家。

法国生态博物馆的创始人之一，“生态博物馆”一词的发明者雨果·戴瓦兰先生也光临这次论坛。论坛分为主旨发言和自由发言。会议期间，参观了梭戛、镇山两座生态博馆。

这次论坛，学者们对生态博物馆展开了广泛的研究和探讨，宣读的论文有：

（1）中国生态博物馆的道路

（2）建立与巩固：中国生态博物馆发展的思考

（3）理想与现实——生态博物馆必须的对接

（4）生态博物馆理论与实践对博物馆学的发展与贡献

（5）贵州生态博物馆的实践与探索

（6）自然村寨景观的价值取向及其对生态博物馆工作模式的启示

（7）20 世纪 60 ~ 70 年代新博物馆学运动思想和“生态博物馆”用词和概念的起源

（8）生态博物馆与可持续发展

（9）新博物馆学和去欧洲化博物馆学

（10）世界生态博物馆共同面临的问题及怎样对待它们？

（11）博物馆、生态博物馆和反博物馆解决遗产、社会和发展的思路

（12）从“向外延伸”到“深入根髓”：生态博物馆理论鼓励社区居民参与博物馆事业

（13）生态博物馆的原则：专业学者和当地居民的参与

（14）博物馆和生态博物馆中的“关联性”展览——一些挑战

（15）体验实践型博物馆

（16）评价生态博物馆现状和“成功”的标准

以上论文从内容上可以分为5个部分：

1. 对中国生态博物馆的道路的研讨

（1）生态博物馆之路。中国博物馆学会常务理事、贵州生态博物馆项目领导小组苏东海先生在他的《中国博物馆的道路》一文中提出，从20世纪开始时，1905年中国引进西方博物馆文化，诞生了中国第一座博物馆。20世纪80年代，中国又从西方引进生态博物馆思想，1995年诞生了中国第一座生态博物馆。博物馆是一种进步的文化形态，它总是为社会的进步所需要。

中国第一座生态博物馆建在贵州省六盘水市六枝特区的深山里，这里居住着一支远离外界，仍然生活在自然经济和古老文化中的苗族群体。这些古老文化之所以能够传承至今是因为他们仍生活在生产这些文化的古老的社会环境中。他们一旦融入主流社会，古老文化就会因为逐步丧失了固有的社会环境而濒临消失。因此在中国，在这些正在摆脱贫困的民族村寨中建立生态博物馆最紧迫的任务就是唤起和帮助村民保护与保存传统文化的意识。为此生态博物馆在村寨中建立资料信息中心，开展记忆工程，提

高村民对保护文化的热情，增强了他们在外来文化面前对自己文化的信心。

生态博物馆的实践告诉我们，建成一座合乎想象的生态博物馆很难，而巩固它比建立它更难。因为生态博物馆的思想是产生在后工业社会之中，这种思想在中国原始村寨中不可能自发地产生。生态博物馆在这些村寨中的产生是政府保护文化多样性的需要和专家思想热情的产物。事实上，在中国古老村寨中建立生态博物馆对村民来说是一种超前行为，要巩固它，村民必须超越自己，生态博物馆必须在提高中巩固，只有提高才能巩固，因此在文化的保护上更向专业的水平发展，在文化传播上向高水平发展就成为中国第二代生态博物馆必然要走上的道路。

中国生态博物馆运动，如果从 20 世纪 80 年代开始传播生态博物馆的思想算起，至今已有 18 年了；如果从 1995 年开始建立第一座生态博物馆算起，至今已有 10 年了。中国生态博物馆从传统博物馆中走出来，在文化的原生地建立第一代生态博物馆，突破了传统博物馆的局限性，弥补了传统博物馆的缺陷，实现了文化保护社区化和民主化的博物馆新理念。中国第二代生态博物馆在遗产保护社区化的基础上，正向遗产保护的专业化方向前进。使之可持续地发展下去，这就是中国生态博物馆发展的路线图。

苏东海先生在《建立与巩固——中国生态博物馆发展的思考》中讲道，1995 年开始我们和挪威同行合作，引进挪威模式的生态博物馆并使之中国化，10 年间我们在贵州建立了一批生态博物馆，接着又在中国的西部和北部建立了一批生态博物馆。

这些年我一直在想，生态博物馆的思想要在距这个思想时空十分遥远的中国山村实现会是一种什么样的文化行为，它是在什么样的条件下才得以建立起来的？

在中国，我们选择建立生态博物馆的地区都是社会和经济处于封闭的前工业化的古老村寨和草原上，由于封闭，他们仍传承着各具异彩的传统文化，中国的少数民族地区具有经济落后、文化丰厚的特点，这正是我们保护文化多样性的重要工作地区。这些村寨建立生态博物馆，政府是积极的，博物馆专家的热情也很高，村民由于利益的驱动，也是积极参加的，有政府、专家、村民三种积极性，在中国建立生态博物馆的基本条件就有了。在这三方面，专家和地方干部是主导力量，村民是被领导，因为他们并不知道什么是生态博物馆，也不知道要干什么，我不得不说，事实上外来的力量成了村寨文化的代理人，村民则从事实上的主人变成了名义上的主人，没有外来力量的进入，就不可能有生态博物馆。这是事实，也许别的国家不是这样，但中国是这样。在中国建立一个生态博物馆并不难，而巩固它比建立它就难多了，因为建立它是政府和专家的行为，而巩固它只有文化主导权回归到村民手中，村民从名义上的主人回归到事实上的主人时，生态博物馆才能得以巩固。

第二个问题，生态博物馆怎样巩固其存在，在什么条件下它才能够真正得到巩固？

生态博物馆的核心理念在于文化的原生地保护文化，并且又由文化的主人保护自己，只有文化的主人真正成为事实上的主人的时候，生态博物馆才能保护下去。也许外国在那些文化程度高的地方建立生态博物馆不需要别人的帮助，而中国确实存在着文化代理阶段。从文化代理回归到文化自主，村民需要经过三个文化的递升层面，这就是利益驱动层面、情感驱动层面和知识驱动层面。村民保护自己文化的动力来自利益的驱动，也来自对自己文化的天然感情，至于对自己文化价值还缺乏科学认识。这三个层面都需要提高，国际生态博物馆运动普遍重视对居民的培训。1987 年加拿大建立第一座生态博物馆时首先就建立培训中心，称为指导中心，对居民进行 3 年的培训，美国史密森学院开发的亚克钦印第安生态博物馆建立的信息中心，就组织与加拿大的互访学习并由博物馆帮助培训遗产保护和档案管理知识。挪威学者帮助中国建立生态博物馆时也十分重视对地方干部和村民的培训。国际生态博物馆界前年召开的国际会议也是以培训教育为讨论主题的。但是中国有中国的问题，在中国这些村寨中不仅要帮助村民理解生态博物馆，更迫切的是帮助他们理解自己的文化，如果他们能科学地认识自己村寨文化的历史价值，艺术价值和科学价值，那么他们才会更加珍爱自己的文化，更加关心他们文化的长远利益。这就是我很赞成广西方法的原因，广西是把民族博物馆和生态博物馆建成联合体，在专家与村民之间建立不断互动的机制，这种机制，不仅使专家有一块科研基地，而其研究成果也反哺着村寨，这种方法正在试验之中。只有那些符合实际的方法被不断地创造出来，生态博物馆才能富有生命力地向前发展，才会真正地得到巩固。

（2）理想与现实的对接。南开大学历史学院文物与博物馆学系副教授黄春雨在题为《理想与现实——生态博物馆必须的对接》中说，生态博物馆自20世纪70年代发源于法国，至今已经历30多年，并在不少国家都可发现它的顽强实践，但不可否认的是生态博物馆的发展并不是如创建者和支持者们所期待的那样。拥有一个令人振奋的局面的出现，反而是在争议和艰难的实践中起伏。生态博物馆引发出的争论和它在实践当中遭遇到的种种问题，确实有必要通过多种形式予以研讨，基本态度也应该从建设性的评论为出发点，即任何为否定而否定，为支持而支持的做法都无助于生态博物馆的发展，我们应该正视生态博物馆出现并已经存在的现实。探寻这一源自于一种理想如何与现实对接的可能。

追溯生态博物馆产生的历史背景，在一定程度上可以说它是工业文明和传统博物馆反思与批判的产物，是一些致力于寻求博物馆是应该成为社会经济发展的因素，还是作为一个可有可无仅仅与公益设施有关的机构；是为了增进人类不同集团之间的相互认识，还是作为较广范围的整体经济发展的又一个有价值和坚固的柱石；是应该成为一个仅仅为最有教养的人提供娱乐的特殊场所，还是一个教育人民的机构；它是应该成为一个文化活动中心，还是一个专门为旅游者观光服务的机构。在随后的发展中，尽管不少学者和机构给出了多种生态博物馆为何物的解释，但基本上以社区博物馆理念为核心，在制度上以公众参与削弱了传统博物馆的专业、专家的特权并使之民主化；在结构上还原被传统博物馆生硬分离了的物的原生环境，使之具有整体的认识感；在宗旨上试图超越传统博物馆，使之成为居民参与社区规划和发展的一个工具箱。应该说这样的理想诉求尽管让深知传统博物馆局限的人士为之振奋，但毕竟是一种理念和由此催生的新事物，只有和现实的需求相契合才能具有生命力。

虽然生态博物馆高调宣示自己为社区居民而建，是由当地人民共同设想、共同管理、共同修建的文化机构，事实上，它却恰恰是专家意志的“以人为本”形式的另类表现，而并非民众的选择，正如传统博物馆的诞生是少数精英人士将自己的收藏转化为博物馆或向普通民众开启的大门一样，但在相当长的时间里，民众眼中的博物馆依然是上流社会的俱乐部。考察已有的生态博物馆，不难发现它们之中为数不少兴建于弱势群体的聚居地，我们可以不怀疑生态博物馆理念的合理性，但必须思考专家的意志如何转化为社区居民的真实需求，如何使理想和现实对接。生态博物馆由反权威到不得不承认权威的变化，值得我们高度重视，应该说生态博物馆最让人感到振奋的不仅仅是它与自然及人文环境的关联，更重要的是社区居民的主动和积极参与。因为生态博物馆首先是为社区居民建立的，从这个层面上讲，生态博物馆的灵魂便是社区的广泛参与和互动，其心脏则是对某种特殊区域、特定文化的整体性保护。

在生态博物馆理想和现实的对接过程中，最容易实现的是技术层面的对接，例如记录、维护、保存、信息资料中心等，它可以通过传统博物馆的已有做法来完成。但社区居民对自己文化和生活方式的认识，参与生态博物馆的目的，是否和生态博物馆出于文化遗产保护的目的相一致，则是生态博物馆理想和现实对接时面临的最大挑战。

在思考这样的对接时，我们必须认识到，弱势群体可能珍视自己的文化传统，也可能自动地将其全部或部分加以抛弃。从狭义的、技术的立场说弱势群体固有的文化保存与否有待他们自己的选择。在此，生态博物馆理想与现实之间的矛盾便凸现出来，一方面，它本着自己的宗旨和理念，对弱势群体特别是弱势文化的传承发挥自己独特的作用；另一方面，它又必须时刻提醒自己充分尊重社区居民文化的解释权、发展权，当社区居民因强势文化的撞击，而选择有可能背离传统文化的道路，并仅仅把生态博物馆视为改善社区生活的工具时，生态博物馆就会面临很大的危机。因此，生态博物馆能凸现自己有益于社区发展，并直接使他们感受到实际利益的途径，到目前为止似乎只有借助旅游一条道路。如果社区居民参与博物馆的热情和力度是以此维系的话，生态博物馆也就自然失去了它的意义，而成为一个观光博物馆。

生态博物馆理想的实现取决于社区居民处于文化的目的和参与的程度，取决于生态博物馆是否能营造和培育出适合自己生存的环境。在生态博物馆的实践中，不少博物馆做出了许多令人振奋的努力，但如果我们认为仅仅在技术层面上培训社区成员如何参与生态博物馆就万事大吉的话，我们可能永远实现不了生态博物馆的理想。

我们应该运用文化人类学、历史学、语言学、考古学、遗产学以及社会学等多种学科的方法和理论来解读生态博物馆所在社区的文化深层结构，构建生态博物馆的理论，而不应该在博物馆学的层面上一直纠缠下去。如果我们将生态博物馆视为社区文化特别是社区发展的基石，而非专家、学者乃至观光者研究和体验的标本的话，也许我们也就找到了生态博物馆理想与现实对接的可能途径。

(3)《六枝原则》是项目合作的核心原则。达格先生是《六枝原则》的起草者，他说《六枝原则》对于挪威方来说，此原则是项目合作的核心原则，我们相信所有参与此项目的人都理解并且按照此原则办事。我们也相信此原则会适用于所有的生态博物馆。

《六枝原则》提供给大会，作为理解和促进发展的工具，不仅仅是保持生态博物馆，我们必须永远牢记，生态博物馆建立起来还不够，没有成熟的管理和主动的经济与人力资源的投资，仍会前功尽弃，名存实亡。

必须积极遵循《六枝原则》，此原则来源于共同理解，也代表着生态博物馆群项目的核心意识，最后，我愿意表达我最诚挚的谢意，感谢让我参与了这个生态博物馆项目，此职位是我的专业向往，也意味着因此可能遇到伟大的人们，并建立起深深的个人友谊，这一经历将深深扎根于我的脑海，并持续与我以后的所有生命。

(4) 关于本土化。笔者作为主旨发言在《贵州生态博物馆的实践与探索》一文中谈了三个问题：

一是生态博物馆本土化，在梭戛生态博物馆的实践中，要克服不顾我国和挪威的文化背景的差异，一味地照抄照搬，因此，在贵州建立生态博物馆应该是既被国际博物馆界认可，同时又符合中国的国情和贵州的省情，成为具有中国特色的生态博物馆。

二是政府主导、专家指导、村民参与。在中国建立生态博物馆离不开政府行为，必须以政府为主导，这是我国政治体制所决定的，因为文化的主管和建设是通过政府职能部门即文化部门来施行的，建立生态博物馆涉及的各方面都要通过政府部门来协调。

三是既要保护文化，又要发展经济，在贵州的任何一个地方，不论是搞生态博物馆也好，还是搞文化生态保护区也好，如果不和村民的脱贫致富发生联系，是不会得到村民拥护的。

笔者认为，在贵州生态博物馆的建设和发展必将经历初创阶段、过渡阶段和成熟阶段。初创阶段的主要任务是建立资料信息中心，建立由村民、专家和文化部门等几个方面组成的生态博物馆管理构架，建立文化记忆数据库，建立民族民间艺人和文化遗产档案，培养文化传承人，制定自然和文化遗产保护规划，制定自然和文化遗产保护管理规章，成立民族民间文化保护基金，建立以资料信息中心为基地的研究机构，拟定生态博物馆文化知识讲座，为生态博物馆发展奠定基础。

过渡阶段是生态博物馆实现本土化的重要阶段，生态博物馆的建设和发展不能违背中国社会经济发展的方针政策和发展方向，不能跨越社会主义初级阶段，特别是在中国西部少数民族地区更要从本地区的实际情况出发，不能避开生态博物馆社区的实际情况来谈文化遗产的保护。消除贫困、发展经济奔小康是社会主义初级阶段的主旋律。提高生态博物馆社区村民的物质文化生活和精神文化生活水平，使他们和城市人一样过着现代化生活。生态博物馆的建设只有与村民的经济生活相联系，和村民的切身利益相关联，生态博物馆的建设才能得到当地政府和村民的拥护、支持，村民才能自发地参与生态博物馆的建设。

过渡阶段的另一项任务是培养生态博物馆社区居民的文化价值观，生态博物馆存在与否，取决于村民对本民族文化的态度，如果没有一个长期的文化遗产教育计划，那么，村民不会达到对文化的“自觉”，只有村民达到了文化的“自觉”，才能使文化得到长期的保护和传承。

成熟阶段是建立在前两个阶段的基础之上的，成熟阶段的标志是社区村民物质和精神文化生活有极大的提高，自觉捍卫本民族的文化，自觉传承和发展本民族的文化，成为本民族文化价值的认同者，这是真正意义上的生态博物馆。

2. 对国际生态博物馆历史、现状和未来的研讨

国际博物馆协会原秘书长、法国生态博物馆创始人之一的雨果·戴瓦兰先生也安排在主旨发言之中，他发言的主题是：《20世纪 60～70 年代新博物馆学运动思想和“生态博物馆”用词和概念的起源》，生态博物馆产生的几个背景因素。戴瓦兰先生说，作为国际博物馆协会秘书长（1964—1974），我是新博物馆运动的见证人和参与者，在这一时期内，还没有人谈新博物馆学，生态博物馆也仅仅是法国现象，虽然进行的很缓慢，但也是博物馆界的一场引人注目的“革命”，根据当时的几个背景因素：

苏东海和法国雨果·戴瓦兰先生在“贵州生态博物馆国际论坛”上

第一，前殖民地国家的独立，大多数是非洲国家。这些解放的国家，自然会产生强烈的民族意识，要求彻底摆脱前殖民统治者的文化影响。所有的科学、文化和教育部门由地方政府和这些部门自己决策，虽然有些国家开始建立时接受欧美的模式，随后又逐渐形成本国模式，例如印度、尼日尔、尼日利亚和古巴。

第二，在北美，面对白人的统治集团，在著名领袖马丁·路德金的领导下，非洲裔、拉丁美洲裔和印第安那后裔有色人种掀起了争作公民的平等权利的斗争，要求文化、经济和政治方面的平等权利，同时，他们也开始寻找他们的根。此时，人们对少数民族文化和遗产重新开始感兴趣，由此产生了黑人音乐，有色人种寻根书籍和被称为“回归”的被疏远的珍宝。

第三，在拉丁美洲的多个国家，有美洲印第安那民族和混血种族主导发起了要求政治和社会权利，为了自由和民主，反对军事独裁的革命斗争运动。通过民族学和考古学研究，以及文学作品，重新发现了殖民以前的民族历史，文化制度和革命运动要求提升各民族组成人员的人民的代表性，像古巴、哥伦比亚、巴西、智利、萨尔瓦多等国家。

第四，1968 年欧洲的学生运动，由一小群知识和政治精英发起的关于社会、文化、教育、经济根本性问题全面论战，引发了学生运动，观点鼓励想象和创造，以及回归传统价值。

第五，重新发现小地方的“部落”文化和社会价值。在斯堪的纳维亚地区（指瑞典、挪威、丹麦、冰岛）和罗马尼亚出现了多个户外式博物馆，法国建立了区域性自然公园，以实例说明人们对文化的新需求，即重视传统社会特性，是对于正在形成的标准化的一种矫正方法。尤其是在人烟稀少的边远乡村。

第六，雷同化的传统博物馆中观众群体为社会精英和组织者组织来的观众。

传统历史遗址、纪念碑和博物馆，越来越多地被保护起来，文物藏品大量增加，将文物藏品和人民群众隔离开来，为了筹集经费，开展大规模的修复保护，扩大博物馆的展厅和藏品，其实质变成了富人和受过教育的人的休闲之地，也成为学校教育的助手，“必须”来的观众漫无目的地在此散步。

（1）新博物馆学的兴起。雨果·戴瓦兰先生说，创造性的三年是1971—1973年，后来虽然发展，但速度很慢。

当时的背景因素综合在一起，使青年的博物馆学者对于传统的博物馆模式形成了几分不满，当时表现在国际博物馆协会。他们不是有组织的、也没有在博物馆学家中占很大的比例，但是他们积极投身于新的尝试，此事发生于20世纪70年代的第一年，有点偶然。

我将此过程分为三个阶段：

第一阶段：改革

几乎发生于20世纪60年代的大部分时间，1964年9月，在墨西哥举行了博物馆周活动。这是当时政治、文化和博物馆运动的一件大事。六个博物馆相继建成开馆，其中著名的人类博物馆，由pedro Ramirez Vazquez本土的“专家”承担展出和讲解他们自己的文化。

在这一时期，很多博物馆项目和试验都显示出了以上列举的因素对于遗产认识和策略的冲击。

此时，在美国诞生了“邻里博物馆”，代表性的是阿那克斯亚邻里博物馆，由约翰·肯纳德（john Kinard）创建。他以此贡献给他在华盛顿特区的非洲裔居住区的伙伴公司，作为工具重建他们的民族自尊心，并解决了他们对社会和文化的紧迫需求。

起因于对当地（传统）社区独立性的认识，斯堪的纳维亚地区（北欧地区，包括挪威、瑞典、丹麦、冰岛）国家建立了多个户外博物馆。

非洲也有了自己的博物馆，例如尼亚美国家博物馆（尼日尔首都），由共和国总统和国民大会主席任命馆长，建立统一国家，推动反映多个少数民族文化价值。

在瑞典出现了活动性博物馆，它是民族研究的流动展览，它通过非博物馆活动，促进了地方文化活动和外部世界的交流。

在法国，一些小的地方性博物馆得到了发展，并在 Marqueze 建立了户外博物馆。

第二阶段：新概念的形成

1971—1973 年发生了几件大事：

一是，1971 年国际博物馆协会大会在巴黎举行，做出了修改博物馆定义的决定，将博物馆是公众机构的一部分观点增加了进去。从非洲和拉丁美洲来的代表强烈表达了他们对自己国家和人民的文化特点，要求建立发展非欧洲式博物馆模式的愿望。

二是，在国际博物馆协会大会上，“生态博物馆”一词被认可。为了在博物馆机构中涵盖与自然和人类生态相关的博物馆，以此响应了在瑞典首都斯德哥尔摩 1972 年召开的联合国环境大会的国际辩论主题。

三是，1972 年召开的国际博物馆协会讨论会对生态博物馆确定了更准确的解释，并且和区域性或社区性博物馆相关联，此定义称为“里维埃定义”。

四是，同年，在国际博物馆协会和联合国科教文组织联合组织在智利首都圣地亚哥召开的圆桌会议，由拉丁美洲博物馆馆长主导，确立了“整体博物馆”的观念，勾勒出了博物馆的责任是服务于社会所有成员，包括被忽视的群体，特别是城市内被忽视的边缘群体。

五是，在 1971 年至 1973 年内，我关注了半工业、半农业区域内法国克勒索（Le Creusot）和蒙锡（Montceau）社区的新型博物馆，也就是今天我们称为法国克勒索——蒙锡的生态博馆。

我认为，这一系列事件是“新博物馆学”产生的根源，虽然在那时没有使用这一词汇，在国际博物馆协会代表大会上，很多成员激烈反对对任何传统博物馆学说的修改，国际博物馆学会没有试图鼓励这些孤立的案例，这是一场悄悄发生的运动，根源于博物馆的政治功能的认识，以此提升地方社区和少数民族地区文化意识。

第三阶段：新博物馆的实践和发展

当这些自发现象产生以后，激发了多种实验性和非传统性的博物馆，一些失败了，另一些不仅成功了，还获得了“新博物馆源头”的称号。由此形成了今天的新博物馆学运动。

几个显著的例子：

工业博物馆，大多数分布于欧洲和北美，一般产生于关闭的历史原址，例如，矿区、钢厂、发电厂，在很多例子中，以前的工人，或失业了，或者退休了，他们又成为这一类博物馆的创办者，或者是创办这一类博物馆的主要原因。

在墨西哥建立的学校博物馆和社区博物馆，墨西哥城市企图在首都城市贫民区建立的 lacasa del museo 生态博物馆。

今天，在加拿大魁北克、法国、葡萄牙、挪威、瑞典、巴西、日本以及中国都产生了生态博物馆。

生态博物馆可以认为有两个起源：拉丁美洲起源，受智利首都圣地亚哥会议“整体博物馆”的影响，强调博物馆的政治和社会目的。法国起源，受法国克勒索——蒙锡生态博物馆的影响下，强调保存社区记忆。

（2）扩大和结盟。今天，新博物馆学运动仍然持续发展，并且按照其地区的特点有了新的模式，例如在意大利、西班牙、印度、中国和日本。生态博物馆不是单一的模式，也不会永远和新博物馆的概念相联系，在法国等其他国家，这一词汇，已经变成了流行的词汇，并且有可能取代传统的博物馆模式。生态博物馆包括地方环境展示中心和小的专门展示地方传统和手工的民俗博物馆。在加拿大，我们看到了许多有商业头脑的人正在发展“经济博物馆”（economuseum），甚至发明了其概念，当然，这事实上是旅游陷阱，以传统方式向大众推销其产品。

有的博物馆，其性质是生态博物馆，但他们使用其他名称，在拉丁美洲见到更多的是使用“社区博物馆”（community museumns）一词，在西班牙使用“文化公园”（Cultural ParKs）一词。在巴西、澳大利亚、印度和加拿大使用“遗产项目”（Heritage programmes）一词。

1984年，在国际博物馆协会下产生了一个统一的国际性组织“新博物馆学运动组织”，以支持地方的主动性，一般贫穷地区和在建立时没有经过认真思考的博物馆。“新博物馆学运动组织”已经召开了几次由不同国家组织的专门生态博物馆和社区博物馆国际会议，每年在不同国家举行一次工作年会，巴西已经组织了三次会议，意大利帮助组织协调了西欧和东欧的生态博物馆。

（3）新博物馆学和去欧洲化博物馆学。雨果·戴瓦兰先生在这此论坛上说，从1962—1974年，我在国际博物馆协会服务了12年，1960年的博物馆俱乐部，大多数是欧洲和北美的历史博物馆，在其他国家，博物馆根据“老的博物馆”模式来建立，老的模式占了统治地位和主导地位，博物馆学已经不是学院派理论，而是博物馆专家根据各自在博物馆中的实践，对博物馆作出的专业贡献。

在全世界范围的反殖民运动和解放斗争的背景下，联合国教科书文组建了像国际博物馆协会这样的非政府国际论坛，国际博物馆协会以少数民族和各地方社区为基础，主导了近10年的民族化和地区的博物馆活动，无论是在工业化国家，还是发展中国家，无论是在农村，还是在城市，积极致力于保护、利用和传承他们的文化和自然遗产。

这些想象给予了年轻的博物馆专家强烈的撞击，他们对于服务社会，重新发现自己特有的价值，以及他们的独立自主性，比对“纯”的学术研究更感兴趣。

这样就自发地产生了现在人们称为的“新博物馆学”运动或“生态博物馆”运动。

这也必须和归还文物遗产、档案和藏品运动相联系，在殖民时期，它们被“输出”到了殖民者的大博物馆中，为了重建解放后的民族尊严，文物财产对于将来的发展和真正的独立是不可缺少的。

在此对当时的几件大事件作些说明和分析，以解释这一复杂运动的内在联系和政治关系；尼亚美（尼日尔首都）国家博物馆的建立，邻里博物馆在美国的兴起，社区博物馆在墨西哥的出现，1972 年圣地亚哥的国际博协会讨论会。

最近一段时间，在巴西的讨论会上，以及在网络的讨论中，社区博物馆作为一种工具，（此术语也包括建立了他们社会的生态博物馆），作为地方发展政策和项目的一部分，定期向公众公开展示自己的遗产资源。

其结果是，博物馆理论、博物馆方法和博物馆技术发生了变化：从传统的建筑——收藏品——展示，转变为另一种模式，地域——遗产——居民，由多种要素组成的博物馆，以集体对地方社区的人类遗产负责的概念，广泛利用展览，展示性、参与性观察等博物馆新的实践形式。

此运动意味着对于某些博物馆没有固定的强制标准，每一社区都可能根据自己的文化情况和当地问题，建立起自己的模式。

这些博物馆摆脱了欧洲或北美传统博物馆学的桎梏，同时，生态博物馆帮助性地释放了社区特有的潜在价值和创造性，基于他们的遗产，通过“从头到脚”的展示方式，沿着他们所期望的未来发展。

3. 世界生态博物馆共同面临的问题及怎样面对它们

这是意大利社会和经济研究所教授毛里齐奥·马吉的专题发言。

第一，世界生态博物馆的现状。

20世纪70年代初，当第一个生态博物馆在法国出现后，生态博物馆在实践中缓慢发展，到70年代后期，在欧洲自称为“生态博物馆”的大约20个，他们发展了生态博物馆理论。随后生态博物馆在葡萄牙和斯堪的那维亚地区（瑞典、挪威、丹麦、冰岛的泛称）发展起来，同时在拉丁美洲也出现了生态博物馆。于1985年，联合国教科文组织季刊出版了生态博物馆专刊，以生动的艺术图片和专题文章介绍世界生态博物馆。如果我们认真考虑很多不同的新特点和新模式，我们就不会对生态博物馆的兴起感到惊奇。这种通过居民共同参与和管理，创新的博物馆理论，将记忆社区和地区历史的想法贯彻于社区中。这一文集汇聚了1985年以前当时学者和博物馆专家在生态博物馆领域的主要文献。

新博物馆运动发展的最重要贡献是在全球建立新的政治和文化环境。为了适应新情况，最理想方法是建立生态博物馆，例如20世纪70年代的南美，风起云涌的殖民地国家独立运动以后，1974年葡萄牙结束独裁政权以后，为了建立民族平等和消除民族间的紧张和压力，需要发展区域新的政治和文化事业。在斯堪的纳维亚地区，博物馆深深扎根于文化景观和历史渊源，有力地支持了生态博物馆的理想。在意大利和很多其他国家则不同，由于传统博物馆的主要功能是收藏文物，生态博物馆更进一步表现了遗产地区政府功能，解决区域内严重抵触情绪，由此发展了新博物馆学运动。当法国生态博物馆新思想兴起，并引起争论时，世界其他地区几乎没有生态博物馆（包括意大利）。

从20世纪80年代到90年代初，在欧洲以及非洲地区出现了多个按照生态博物馆理论和模式建立的新型博物馆。世界范围内地方政府自主权利的增加，区域间经济的竞争，当地领导的热情和鼓励，给予了生态博物馆理论发展的地方和市场，新的一代地方领导管理操作，中央政府也给予象征性的支持。和传统博物馆高质量的收藏品不同，地方政府发现没有围墙和没有专业人员（甚至不需要运行经费）的博物馆是一个绝好的主意，他们只需要自己的遗产，同时，地区间旅游市场以及其他方面的竞争，鼓励人们发现其地区独特性，也发生了一些错误理解生态博物馆理论或走向机械照搬模式的事情，制造出没有效果的短命的反面例子，到了90年代中期，大约有上百个生态博物馆分布于世界各地。

最近10年，生态博物馆的数量增加了一倍，全球大约有250~300个生态博物馆，主要分布于法国、意大利、伊比利亚半岛、斯堪的纳维亚半岛、东欧、加拿大、墨西哥、巴西、日本和中国。虽然现在世界各地都在推动建立具有地区性和居民参与的生态博物馆，但是目前所面临的问题仍然很严重。

第二，生态博物馆：理论和现实。

很多社区、群体和博物馆将自己称为“生态博物馆”，其实仅仅是一个民族博物馆，与真正贯彻应用新博物馆学理论距离很远。另外一些则相反，他们设法掌握生态博物馆理论和实践方法，可持续发展建立于本社区遗产和居民的参与基础上，但没有用“生态博物馆”的名称。

确定是否是一个真正的生态博物馆，可能最有效的方法是看他的成绩，虽然这不太容易评估，无论怎样，回顾全部“新博物馆运动”发展史，我们可以看到，在困惑和矛盾中，反映社会和文化的生态博物馆现象处在正常发展状态，并具有共同特点。

第三，问题和解决。

几乎所有生态博物馆，无论规模大小，建立时间长短，表现什么样的社区，它们面临着两个基本的问题。

对于后者，我们可以通过居民的积极参与，理论培训和领导的连贯性来解决。

（一）居民参与仍然是大多数生态博物馆首当其冲的问题，当地居民参与设计生态博物馆的目标和研究其目标的基础都是必须的，无论是在中国的农村地区，还是欧洲的阿尔卑斯山，发展常常意味着要改变社区社会组织形式和生活模式，没有当地居民的参与是绝对不可能的。

对于居民参与，应注意以下三点：

(1) 当地居民参与不是多余的，而应当是项目开始的中心，没有当地居民参与项目的构思，要想完成很困难。

(2) 领导才能是基础，对于当地发展来说，培养领导是最重要的投资，必须在投资“东西”时，同时投资人。

(3) 不仅仅需要技术，更需要策略，必须知道怎样有步骤地动员群众，说服他们参与到生态博物馆项目中。

（二）理论培训：区域性生态博物馆是新现象，具有知识是很重要的，从以往的经验来看，缺乏科学指导会走弯路。

培训包括：

(1) 培训是双向的，专家可以向当地居民学到很多东西，重要的是找到当地居民的普通的“谈话”方式，以便和他们贴心交流。

(2) 更重视“学习环境”问题，我们教育范例是金字塔式的，一个老师有很多学生，而我们需要像网络一样的教学，也就是很多老师教很多学生。

(3) 教育不仅仅是面对生态博物馆的管理者，而应该面对所有成年的当地居民，教育内容应该涉及所有与当地有关的知识，包括遗产和公民责任。

（三）如果说建立一个生态博物馆很困难的话，那么想使一个生态博物馆生存和发展会更加困难，甚至最好的生态博物馆也面临着寿命问题和生存问题，对于这个持久性的问题，应当注意：

（1）与当地政府的关系，这一点很重要，由于当地政府是长期要素。从另一方面说，太强调外来行政领导干涉可能会抑制生态博物馆和外界交往的能力（领导者对遗产拥有者和遗产活动者并不十分有兴趣）。

（2）专家和自愿者的关系，这是事关重要的，专家是来自大学和研究所的长期的单位，一定要找出一种健全的合作方式。

（3）当地社会和新产生的领导者的关系，这一问题事关重大，领导变更往往会影响生态博物馆的生存（不必要重塑生态博物馆的形式）。

国际协作：

在2004年，欧洲大约新建了30个生态博物馆，对全面纵览生态博物馆的发展和解决生态博物馆面临的问题提供了永久性的实验场所（包括意大利社会和经济研究所与特兰托市合作的生态博物馆）。意大利社会和经济研究所参与生态博物馆事业，获得的成果可以体现在居民参与、培训和研究等中心任务中。

最好是在实践中交流，身临实地观察生态博物馆，切身了解生态博物馆的现状后，才能找出解决这些问题的关键。

很多国家或大陆召开的生态博物馆国际会议，为学者和生态博物馆的同行提供了建立相互交流经验的平台，由此我们能注意到：一个新的、更可信的和基础牢固的接触途径已经建立起来，目的是进一步发展当地文化的多样性，避免发生有时人们建议的所谓“地方市场”的误区。当地文化多样性要通过居民参与来认识，支持培训居民和建立新地方领导团队。世界范围的生态博物馆要相互学习，相互培训。常常是解决某个生态博物馆的难题的方法会在其他生态博物馆中找到，这就是为什么国际合作具有重要作用。为了获得成果，要真正“细读”参观过的生态博物馆。因此，学者、大学和研究所的角色是深入其中，更重要的是将自己作为永久的、灵活的，不生搬硬套的一部分，参与生态博物馆群建设。

生态博物馆要共同分享经验，生态博物馆间应当相互学习和培训，研究和国际合作是重要的一个方面，可为当地提供经验。

4. 生态博物馆的可持续发展

雨果·戴瓦兰先生在《生态博物馆和可持续发展》一文中说，“可持续性”的意思我是这样理解的，不仅仅要合理地管理好和利用好地球上人类的可再生资源和不可再生资源，而且要使每一个人和集体都承诺，以认识和保护人类自然及文化总体遗产的价值作为前提，才能进行任何其他发展的项目，没有这一承诺，任何所谓发展计划和项目都将是没有根基和目光短浅的。

这不仅仅是政府或地方权力机构的责任，而是对每一个公民和每一个社团的要求，自然和文化遗产都是资源，是不可再生资源（我们不能再生失去的风景，也不能再生倒塌的纪念性建筑，也不能再生一个过去的大师，或者过去的工艺，因为它们都是独有的，至少对他们社区是独有的）和可再生资源（我们可以再建立风景区，新的生活环境，新的艺术品）。我们都知道旅游团体、工业污染和经济危机能严重地和快速地损害遗产，从而加以预防和进行文化教育。

所以我们需要一种教育工具，在地区和全球范围，教育现在和将来一代怎样认识、尊重、利用、传承和发展人类精华。这样一种工具可以在博物馆中找到，更普通地说，在展览表现技巧中。然而，如果博物馆想承担遗产教育的角色，在展览中必须采取新技术、新语言，也就是说，生态博物馆要做到渊源于它所在社区的展览，真正使博物馆展览属于所在的社区。我并不希望大的艺术博物馆、科学博物馆或自然历史博物馆也去做这些社区展览，大的博物馆应该贡献于研究工作，以及吸引外来旅游者。在全球挑战的情况下，小博物馆也不具备处理这些复杂情况的能力。

对于英语前缀“eco”用于生态博物馆（ecomuseum），既不是指经济（economy）也不是泛指生态学（ceology），其本意是指社会环境均衡系统：社区或者社会，人是其中存在的核心部分，人类的活动以及进程，或者至少他们应该是。这是20世纪70年代发明生态博物馆理论的原意。

第一代生态博物馆，像其他很多的新博物馆一样，只是名字不同而已，有意识地应用成功的设计方法和实施方案去完成这一使命。这是我自己对法国克勒索——蒙锡（Le Creusot-Montceau）的个人经历，或者说，从我观察巴西社区博物馆过程中，从我和加拿大魁北克生态博物馆的交流中，以及与世界各地的生态博物馆的很多交流之后，使我确信生态（社区）博物馆遗产教育最重要意义是当地居民懂得了他们自己所肩负的责任：

——保护和平衡利用他们的环境和自然资源；当然这些社区能够也必须适应社会、经济和技术变化，以他们自己的节拍，以社区的过去和按照他们的活的文化，在允许和可持续的范围发展。

——保护、传承和持久地丰富，基于他们的独特性和创造性的文化遗产；这包括他们的无形遗产，他们的技术，他们的绝招，因为游牧民族永远不会在敌对环境中放弃生存的可能性，工艺匠人不应该忘记传统材料和形式等。

我将以巴西南部的社区为例子，虽然它没有正式以生态博物馆命名，我发现他在很多方面遵从生态博物馆的理念，起源于寻找第一个意大利人来此地的记忆，然后发展成为动员所有居民保护文化，包括复兴他们自己的母语，原意大利威尼托区方言。这导致重视此区域的传统特性和解决社会经济现存问题。一部分居民从事森林保护工作，另一部分居民从事传统农业，种土豆和水稻，其他从事水文、食品、教育、卫生、文化等工作。这一发展历程至今已经走过了15个年头。

社区博物馆的优点是它的内部相互作用，它不是传统的教育工具，而是所说的“教育储备”，当地居民将自己知道的知识传授给不知道的人，这是一种双向学习，通过共同举办展览，居民以具体的知识和经验与知道更多的理论专家进行交流。在这一过程中，表现了真正的生态博物馆理念，建立起共同分享的理解，以及在自己文化范围内达到地区发展目标的工作计划。

从以上描述中我们可以得出什么样的结论呢？生态博物馆或者社区博物馆，必须有明确的政治和文化目标，可持续发展既是政治性挑战，又是文化性方法，这些目标的实现必须发挥各部分力量的积极作用，它的领导，它的管理者，它的教育者，它的参与者，所有这些地区作用者将变成生态博物馆和发挥其日常教育作用的积极因素。

另一个结论是：在我看来，社区博物馆一定是保持社区原有的表达方式和渊源于内在文化的产物，被社区居民普遍认可的属于他们的财产和器具。因此，必须以社区的语言来表达它们，必须植根于属于社区人们活的文化中。关于语言，我所说的不仅仅是指说和写的语言，而是指在社区内可以互相理解的相互交流，因为这种交流贯穿社区日常生活。

同时它们也必须向世界开放，使得能够选择性地从世界引入有益的东西，并作为一种工具使社区和它的文化能够适应变化着的世界。使得能够交流，社区的原始状态将面对全球可持续发展的挑战。这里，我们谈的是不仅仅是规模旅游，甚至也不仅仅是专业生态旅游，而且还是指旅游者真实体验什么是“典型”生态博物馆的同时，提高其自觉的生态意识。

（5）生态博物馆理论与实践对博物馆学发展的贡献

这是北京大学考古文博学院教授宋向光先生的论文主题。他说，迄今为止世界各地的生态博物馆有300余所，中国仅有区区几所，但它们对博物馆事业和博物馆学发展的影响却是深刻的。多年来，学者们对生态博物馆的性质、信念、价值观、目的、特点、工作方法、组织建制和管理体制等课题进行了多方面的阐释和讨论。但是，我们也注意到，或许是为了突出生态博物馆的特点，在生态博物馆发展初期，学者在阐述生态博物馆的特点时，常常采取对比和分离的做法，将其与“传统博物馆”进行比较，视其为传统博物馆的对立；更有学者认为生态博物馆是叛逆者、造反者，这种做法给人们造成一种印象，即生态博物馆是博物馆的“另类”，是“实验田”，是特定社会条件下出现的“怪胎”。甚至还有一些人等着看生态博物馆的笑话，预言生态博物馆的消亡，在一般博物馆学中捎上一笔，将生态博物馆作为一种因个别人的冲动而出现的“实验”。

宋向光教授说，生态博物馆并不是“叛逆者”和“造反者”，也不是几个异想天开的法国博物馆人士的奇思妙想，它的出现和发展，有着深远的历史渊源和强烈的现实需求，可以说，生态博物馆是应运而生的，是时代的召唤。

生态博物馆的出现有其形态上的先导，这就是产生于19世纪末的瑞典斯坎森露天博物馆。乔治·亨利·里维埃在回忆自己博物馆生涯时讲道，1936年，法国Beaux-Arts博物馆馆长Georges Huisman访问斯坎森博物馆后邀请其在法国也办了一所露天博物馆。作为这一构想的实现，法国民间艺术和民俗博物馆在1937年成立了，该博物馆将全面展示法国民族文化作为工作目标。此外，20世纪中期，在美国出现了“邻里博物馆”，在墨西哥出现了“综合博物馆”，它们也为生态博物馆的产生提供了理论准备和实践经验。

生态博物馆不是空穴来风，而是博物馆事业对社会发展的时代响应。里维埃在担任法国民间艺术和民俗博物馆馆长时，已提出该馆的性质是“实验室”和“博物馆”，作为实验室，其首要任务是“记录和阐释我国（法国——作者注）的传统社会以及向工业社会的发展变化”。该馆的藏品征集政策强调要到该物品的原生地去征集，在征集物品的同时“要记录为全面理解该物品所需要的技术、经济、社会和文化信息。”在支援地方博物馆方面，里维埃指出地方博物馆应“融考古、历史和人类学为一体”。该馆文化展厅的陈列遵循列维·施特劳斯的人类学理论，该陈列主要包括两个部分，即“宇宙和社会”。1968 年，里维埃强调指出，民族学博物馆的目标是在世界历史的框架中建立人与自然的联系。我们可以看到，里维埃关于民族学博物馆的目标、任务和陈列的思想中已蕴涵了“生态博物馆”基本思想。这就是博物馆不能脱离社会发展实践，要与社会发展同步，要为社会发展服务，努力增加广大人民的福祉。可以说，生态博物馆的出现具有强烈的社会责任感和博物馆人士的一贯追求和实践的结果，是他们将博物馆作为社会发展的工具的伟大实践，是后工业化时代博物馆工作者的勇敢尝试。

宋向光教授说，生态博物馆是一场解放运动，力图扭转“经验博物馆学”将博物馆限制在学术研究、历史导向和博物馆馆舍中的趋势。

20 世纪 30 年代形成的“经验博物馆学”，强调其视角是“精英”、其核心是“理性”、其基础是“经验”、其导向是“历史”。

经验博物馆学是以藏品的管理、研究和利用为核心而构建的，如此一来，博物馆将自己归属到社会精英和高雅文化的领域中，自己在博物馆与民众、社会之间划了一条鸿沟，博物馆需要规范，但不能借规范将自己封闭起来。生态博物馆要做到的正是要让缪斯从神庙中回到民间，回到民众中。“艺术属于人民”，生态博物馆的工作视角是“大众”的，其核心是“实践”，其导向是“发展”，这在里维埃关于生态博物馆的一个进化的定义中明确地表现出来。戴瓦兰对社区博物馆的定义是：“社区博物馆是产生于底层，而不是上层强加的，它的成立是要满足生活和劳作在其地的民众的需要和愿望，它的规划、创办、开放和运作的各个阶段都要积极参与到民众之中。”

宋向光教授认为，生态博物馆对现代博物馆事业发展起到了非常积极的作用，它不仅创造了许多新的工作样态和工作方法，更在对经验博物馆学的反思中丰富了博物馆学的内容，它对当代博物馆的观念、价值、目的和任务的影响是不容置疑的，其中最重要的是生态博物馆将社会发展和为社会发展服务视为最重要的职责和基本任务。博物馆工作有了明确的目标，将博物馆与社会条件和发展需要紧密结合起来，充分发挥博物馆各项资源对社会发展的作用，从社会发展层面评估博物馆社会效能和业绩，在实现社会价值的同时也增加了博物馆的自身价值，博物馆社会存在的意义更明确，从而使博物馆的社会地位更加稳固。

生态博物馆的重要贡献之一是明确了“以人为中心”的指导思想，强调社会和谐发展，扭转了经验博物馆学的“非人性”倾向，在近代公共博物馆发展的初期，博物馆以观察、试验、实证和理性为特征的近代科学作为知识基础，这使近代公共博物馆蒙上了不食人间烟火、自在自为的色彩。博物馆与广大的普通民众渐行渐远，这种局面不符合广大博物馆工作者的初衷和意愿。怎么办？生态博物馆的实践为博物馆回归大众开辟了新的道路：关注民众关心的问题，激发民众的创造力，增强民众的发展能力，营造和谐的发展环境，这就是生态博物馆给我们的启迪。

生态博物馆倡导系统、综合、多样化的工作理念，不论是工作对象、工作方法、组织建制、管理体制，生态博物馆都强调要尊重实践创造，经验博物馆学关注析解、环节、局部、单质和方法。生态博物馆强调复合、联结、关系、环境和目的。例如，在工作对象上，经验博物馆学强调对象的单质性和属性的单一性，如藏品是客观存在的实物，归属特定的学术领域。与之不同，生态博物馆认为工作对象是复杂的，是特定社区文化遗产与社群、社区发展的关系，其内容从横向看包含了实物、行为、环境、生态状况等有形存在，包括语言、规则、信念、价值、人际关系和人地关系无形存在，还包含异文化社群对特定文化遗产的认知和评价等现象；从纵向看则包括了过去、现在和未来，生态博物馆的知识基础更倾向于研究复杂系统的人文科学和社会科学。

生态博物馆倡导创新和实践，为20世纪中期博物馆事业带来了改革创新的新风气，由于受“科学主义”和大工业生产管理模式的影响，20世纪初形成的经验博物馆学强调规则和规范的作用，强调遵循和执行的必要。“生态博物馆”承认博物馆存在的意义及其对社会的重要作用，但认为博物馆的作用是必须满足社会发展的需求，为此要发挥和尊重工作人员（公众和博物馆专家）的创造精神，创建因地制宜的组织建制和工作机制，采取当地民众认同和喜爱的工作方法，世界各地生态博物馆的不同建制模式和工作实践就是证明。

生态博物馆是博物馆事业中的一朵奇葩，如同出现于19世纪中期的工业技术博物馆、19世纪后期的露天博物馆、20世纪中期的科学博物馆（科学中心）一样，它也是博物馆的一个重要子类。生态博物馆的理论是为解释和指导其实践而逐渐形成的。从里维埃和戴瓦兰的有关论述中，我们注意到他们还认为生态博物馆属于博物馆事业，他们有关生态博物馆特点、任务和管理模式的论述也是在一般博物馆学的理论和框架中的，随着生态博物馆30余年的实践，生态博物馆的一些重要指导思想和工作方法已被一般博物馆所吸纳。如参与当地社区的振兴和发展，如征询公众对博物馆社教和服务活动的评价，如博物馆藏品扩展到文化遗产。可以说，生态博物馆早期的许多被视为“反叛”的思想已成为博物馆工作者的共识。

生态博物馆的理论和实践丰富了一般博物馆学的理论和方法，同时也是现代博物馆学具有动态、发展、联系、系统、包容、创新特色的重要思想来源，特别是当代博物馆工作“以人为中心”的理念更要归功于生态博物馆的冲击和影响。

当然，作为博物馆的一个重要门类，生态博物馆不可能替代其他类型博物馆的存在，也不可能作为博物馆的唯一模式。生态博物馆只是社区发展的一支重要的社会力量和文化力量，它更多地是在与文化遗产和文化特性的具象表征有关的领域中发挥作用。博物馆工作者要认识到生态博物馆的特点、特长及其局限，不要苛求生态博物馆，要以创新和包容的态度平和地对待生态博物馆的“实验”和失误，平和地看待生态博物馆转型和退出。另外，我们不要为生态博物馆附加过重的社会任务。生态博物馆是博物馆工作者或社区发展人士为社区发展而采取的一种手段，它不可能解决社区面临的所有重大问题，只有客观认识生态博物馆的生存和发展条件，尊重其运营和发展的特殊规律，生态博物馆才有可能在适合其生存的环境和条件下蓬勃发展。

贵州生态博物馆——中挪友谊的桥梁

一、情系贵州生态博物馆的两个重要人物：约翰·杰斯特龙和达格先生

约翰·杰斯特龙先生是挪威国际性的生态博物馆学家，据美国斯密森学会的研究项目协调主任南希·福勒说，在美国建立亚克钦印第安社区生态博物馆是从杰斯特龙先生那里取的经。他原是传统博物馆馆长，以后又转向生态博物馆的研究，在挪威图顿任了15年的生态博物馆馆长。他不但有深邃的生态博物馆理念，而且具有丰富的实践经验。1995年年初，杰斯特龙受中国博物馆学会和苏东海先生的邀请，自费来到中国，参加贵州生态博物馆的“课题组”的工作，任“课题组”科学顾问。自1995年至2000年，他4次来到贵州，并给4个生态博物馆的村民留下了深刻而美好的印象。

杰斯特龙对贵州生态博物馆作出的两大贡献：

第一方面的贡献——理论上传播和实践上的指导，在理论上他强调：

第一，生态博物馆的观点对于处于多数或统治地位文化包围之中的少数民族及其文化精华和延续具有重要意义，少数民族文化的精华同样是全世界文化遗产的一部分。

第二，生态博物馆所保护所传播的包括自然的遗产又包括了

文化的遗产，是自然、文化两种遗产的复合，生态博物馆应该把自然与文化遗产作为一个整体，传播给子孙后代，而不应该把这些文化精品从这种自然的原有的环境中搬走，以免损坏了整个遗产的完整性。

第三，在生态博物馆的概念中，首先强调的是人们文化的个性，文化的自豪感，同时要推动自身的文化和外界的文化交流这么一种机制。

第四，博物馆的工作者是站在历史的中间，而不是站在一头或站在一端，博物馆工作者的责任是站在历史与未来之间，把历史和未来联系起来。

第五，生态博物馆并不是讲述一个阳光灿烂的故事，而是在讲述一种生活，生活毕竟是生活。

第六，生态博物馆包括两方面的内容：一方面对文化社区进行全方位的保护；另一方面要建一个资料信息中心，把有价值的信息资料储存起来，这个信息库不仅为本地区的居民保护和学习自己的文化提供广博的知识资源，而且为外来参观者和研究者提供有关文化的必要信息。

在实践上他制定社区遗产调查和对村民的培训计划，并亲自参与调查和对村民的培训。

第二方面的贡献是促成了中挪文化合作项目——贵州生态博物馆群的建设。

贵州生态博物馆开始只是以“课题组”的形式出现，通过约翰·杰斯特龙的努力，最终促成中挪两国文化间的合作项目协议的签订，并亲自参与贵州生态博物馆项目第二段的文本编制工作。

为了贵州生态博物馆的建设，约翰·杰斯特龙不远万里，曾于 1995 年、1998 年、1999 年、2000 年 4 次来到贵州生态博物馆社区考察和工作，他尊重社区人民的风俗习惯，热爱贵州的民族

约翰·杰斯特龙先生在梭戛

文化，因而他受到贵州生态博物馆社区人民的尊重和爱戴。他深邃的学术思想、严谨的科学态度和忘我的工作精神，深深地感动了中国的文博工作者，他的足迹踏遍的贵州4个生态博物馆社区。

2001年4月，约翰·杰斯特龙在俄罗斯西北利亚考察，因心肌梗塞，不幸逝世，年仅49岁。贵州生态博物馆社区的村民深感悲痛，为了纪念这位国际友人，村民们种下了一棵命名为“约翰·杰斯特龙纪念树”，并勒石以志。

10年来，种下的这棵“纪念树”长得很挺拔，树冠繁茂。每年清明节，社区村民按照传统习俗，在树旁烧香化纸，以表达对约翰·杰斯特龙的哀思。

达格先生考察梭戛

另一位则是挪威国家文物局副局长、挪威文化遗产保护专家达格先生，约翰·杰斯特龙先生去世后，由他接任了贵州生态博物馆科学顾问。自1999年3月至2008年，他8次来到贵州生态博物馆考察。2004年至2008年他3次自费来贵州考察生态博物馆。他对堂安生态博物馆情有独钟，2007年从万里之遥的挪威来到贵州堂安，参加堂安侗女潘幸芝的婚礼，挑着礼品加入了侗族村民的送亲队伍之中，侗族村民亲切地称呼他“达格”。2008年10月，他又陪同妻子和女儿专程到堂安生态博物馆“走亲戚”，看望他已出嫁的侗族干女儿。

达格是中挪文化合作——贵州生态博物馆的支持者，他说，“我在档案中高兴地看到了我当时以挪威文物局官员的身份写的一封支持项目的信件。”

达格对贵州生态博物馆社区的村民有一份特殊的感情，2000年9月，4个生态博物馆的村民代表应邀到挪威考察学习期间，他设家宴款待村民代表，在他的眼里村民是他的尊贵客人。

达格对贵州生态博物馆的理论贡献是：

第一，文化遗产的价值必须与人的知识相联系的观点。人的知识越高，对遗产的价值认识越高，如果文化遗产失去了与人的价值观的联系，文化遗产可能会被视为一般的物品而被抛弃，这是对文化遗产保护的严重损失。

第二，不能将生态博物馆社区变成“历史模型”。生态博物馆社区永远处于发展变化之中，在文化社区中应该保留和保存不同历史时期的建筑，不应该将建筑定格在某一历史阶段，因为文化遗产保护工作是“修复历史”的工作。

第三，资料信息中心必须是社区村民的精神家园，生态博物馆是村民的博物馆，生态博物馆的服务对象首先是村民。资料信息中心的选址不能远离社区，必须有利于社区村民的文化活动。

第四，达格是《六枝原则》的起草者。《六枝原则》是被国际生态博物馆学者认可的一个原则，是贵州生态博物馆的重大的理论贡献，《六枝原则》也注入了他的思想理念，如：“文化的含义和价值只有与人发生联系并依据自己的知识得以界定和解释，文化的内涵必须得以加强。”

第五，文化遗产的抢险加固是一种应急措施，这样难以对遗产做到真正“书写历史”的保护作用，常年性的保护则是最重要的遗产保护理念。

达格先生对贵州生态博物馆一往情深，他在论坛会上说：“感谢让我参加了生态博物馆这个项目，此职位是我的专业向往，也意味着因此可能遇到伟大的人们，并建立起深深的个人友谊，这一经历将深深扎根于我的脑海里，并持续于我以后的所有生命。”

二、贵州生态博物馆推进了中挪两国之间的交往

自1997年10月23日，中挪两国元首在北京人民大会堂出席梭戛生态博物馆开幕式以后，1998年4月至2005年，挪威前后三任驻华大使应贵州省人民政府的邀请，到贵州生态博物馆考察。期间的1999年春季挪威前首相雅格朗和环境大臣古露·弗耶兰格考察镇山生态博物馆。同时，受挪威国家文物局的邀请，“贵州省政府代表团”和贵州生态博物馆社区村民代表赴挪威考察。

挪威驻华大使在贵州生态博物馆考察之后，与贵州省政府座谈了生态博物馆社区自然和文化遗产保护、社区社会经济的发展关系。

挪威驻华大使白山先生与梭戛村民亲切交谈

1998年4月，白山大使在与贵州省政府有关领导座谈时说，中挪文化合作项目——贵州生态博物馆项目具有重大的国际意义，梭戛生态博物馆的建立具有挑战意义和现实意义，它是保护民族文化和发展经济之间找到平衡点的一种尝试，它的保护应该由村民、公众和当地政府来选择，作为一种道德标准，一个保护原则，应该使梭戛的苗族文化得到长期的保护。同时应该解决梭戛苗族社区的经济发展问题，提高梭戛社区苗族的生活质量。白山先生说，贵州的民族文化很丰富，但要吸取其他省的教训，不要过度的旅游开发，中国经济发展速度太快，旅游业是一个朝阳产业，文化在旅游中如何保护和利用，是一个国际性的问题，生态博物馆是一个保护民族文化的很好的办法，同时又是当地发展旅游业一个很好的旅游景点，将会有大量的游客到生态博物馆来参观，保护民族文化的纯洁性是一个严重的挑战，我们在他们之间应该找到一个平衡点。

2000年9月，受挪威国家文物局的邀请，贵州组织了以副省长为团长的“贵州省政府代表团”，该团成员包括4个生态博物馆社区的村民代表，赴挪威考察，受到了挪威方面的热情款待。挪威环境部副部长出席了由挪威国家文物局主持的欢迎仪式。会上，挪方介绍了挪威少数民族文化遗产的保护情况。挪威萨米尔族分布在北欧4国，其中挪威北部居住约3万人，他们有8000多年的历史。挪威政府非常重视萨米尔族的政治权利和文化保护，在挪威的少数民族事务管理机构中有萨米尔族人的部长，挪威政府投入相当大的资金来保护他们的语言，保护他们的母语。他们的语言已立法，即《萨米尔语言法》。这次考察活动，为贵州的民族文化保护提供了宝贵的经验。

叶德宏大使2003年3月对贵州生态博物馆考察之后认为，生态博物馆的建设为社区的自然环境和民族文化的保护起到了积极的作用，对当地社会经济的发展和改善社区村民的物质文化生活

挪威驻华大使叶德宏先生考察堂安

条件起到了重要的作用。但我们不能不看到，现代化的进程使生态博物馆处于两难境地，如何处理保护和发展的关系，是一个重大课题，我希望在生态博物馆社区经济发展的同时，他们的文化应该受到尊重，当地村民的意见应该得到尊重，村民应该直接参与到生态博物馆的建设之中，给他们自主权。

他认为贵州方面就生态博物馆社区的文化保护和改善社区居民的物质生活条件都有很好的意见，中国的各级政府总是将当地老百姓的需要考虑进去，贵州正处在经济发展的轨道上，生态博物馆的建设要成为经济发展和文化保护之间的平衡点，从长远来看生态博物馆的建设具有深远的意义，贵州生态博物馆不但要成为一种经验，同时在世界文化遗产的保护中也会产生重大影响，可能成为民族地区自然和文化遗产的保护模式。

2004 年 7 月在挪威举行国际民间音乐节，为了更好地宣传中挪文化合作项目——贵州生态博物馆群的重大意义，同年 2 月 21 日，挪威民间音乐家尤尼女士等在挪威国家文物局副局长达格先生的陪同下，赴堂安侗族生态博物馆物色民间侗族歌手。尤尼女士在堂安与侗女们一连唱了好几首歌，她评价说："侗族大歌的曲式结构和演唱形式都独树一帜，比我所听到的奥地利和北欧地区的多声部民歌更胜一筹，我这次来收获很大。"

4 位侗族歌手被选入了中挪民间音乐组合合唱团，于该年 7 月赴挪威演出。2005 年 6 月又是这个中挪民间音乐家组合团在"贵州生态博物馆国际论坛"会上演出，7 月应中央电视台之邀再次进行演出。中挪两国民间音乐家通过几次同台组合演出，加强了他们之间感情和艺术的交流。

2005 年 6 月初，挪威驻华大使赫图安先生出席了"贵州生态博物馆国际论坛"，期间他还考察了梭戛、镇山两座生态博物馆。他在论坛会上说："当代国际文化交流最美妙的成果之一萌发于几个学者的相遇，在 20 世纪 90 年代中期的国际会议上，中国的博物馆学家遇见了他们热情洋溢的同行——已故的约翰·杰斯特龙先生，杰斯特龙先生由此与中国博物馆学会的著名学者苏东海教授和其助手安来顺先生开展学术交流。在交流中他们共同萌发了在贵州省建立四座生态博物馆的构想，这四座生态博物馆分别用于保存苗、布依、侗民族和在当地占少数的古老汉族的文化。

中挪文化合作项目——贵州生态博物馆得到了挪威开发合作署的资助，获得中国国家文物局的批准和财政支持，以及贵州省政府的有效管理和财政投入。

从发展的视角，我很高兴看到，随着生态博物馆项目的进行，贵州省政府加大了对这些少数民族村寨基础设施的投入。

挪威很荣幸加入到中国生态博物馆的发展中来。我们两国面临着共同的问题：如何在工业化和城市化的狂飙式进程中保存农业社会中长期形成发展的民族文化，如何在这个日益全球化和商业化的世界上保持文化的多样性。”

作为中挪文化合作项目——贵州生态博物馆建设虽已结束，但挪方的遗产专家还不断地来贵州生态博物馆作客。1998 年梭戛生态博物馆开馆时，由中挪双方共同种下的“中挪友谊树”不但长得挺拔高大，而且枝繁叶茂。

后　记

贵州生态博物馆诞生于20世纪90年代，是中国博物馆领域具有里程碑意义的重大事件，它的意义在于将国际生态博物馆的理论在中国西部贵州省的民族地区付诸实施，体现了中国博物馆专家们大胆探索的勇气。中挪两国的合作使贵州生态博物馆的建设具有广泛的国际意义，它的诞生地虽然在贵州，但它在研究层面上是国际的。

十年的贵州生态博物馆建设，重要的不是在于它的成败，而是它在整个实践过程中所获得的精神力量和理论上的支持，而且在国际上建立了理论联系和学术上的沟通。笔者经历了贵州生态博物馆建设的全过程，也是人生难得品味和享受的全过程。

十年的贵州生态博物馆建设，内容丰富而精彩，笔者犹如一台摄像机，只能选择其主要的事件按照时间的先后记录下来，并在内容上加以分类，即：贵州生态博物馆产生的背景，贵州生态博物馆的建设（其中又分为项目的第一阶段、第二阶段、第三阶段的建设进行记录），贵州生态博物馆的管理和运作，贵州生态博物馆理论的探索，贵州生态博物馆——中挪友谊的桥梁等五个方面。

在整个《贵州生态博物馆纪实》中，笔者尽可能完整地记录中外专家学者对贵州生态博物馆理论的阐释，不论在报告会、座谈会、论坛上的发言，都予以忠实的记录，因为这些报告和讲话都是建设贵州生态博馆的理论来源，是生态博物馆的灵魂，特别是约翰·杰斯特龙先生在第一次学术报告会上关于对生态博物馆的论述，是在之前的任何博物馆学术刊物上不可能读到的理论文章。他在总结会上的发言和研讨班上的讲课内容都对贵州生态博物馆做了非常精彩的论述，这是他生前对贵州生态博物馆的理论贡献。值得一提的是，在“贵州生态博物馆国际论坛”上法国生态博物馆创始人之——雨果·戴瓦兰先生的主旨发言，这是论坛大会的荣幸，因为与会的生态博物馆学者都能亲自聆听他讲述国际生态博物馆产生的背景、生态博物馆的理论来源、生态博物馆的可持续发展等的学术观点，是对过去一些学术刊物所刊载的生态博物馆论文的纠正和补充，这些记录成为《贵州生态博物馆纪实》中最有学术价值的部分。

当然《贵州生态博物馆纪实》也不完全能起到摄像机和录音机的作用，笔者对在生态博物馆建设中的理想主义被现实所嘲弄进行了分析和总结。比如社区村民是文化的主人问题，存在理想主义的天真和幼稚，希望在一夜之间，社区居民就成为生态博物馆的主人，只在其形式上是否由村民民主选举馆长，村民是否直接参与资料信息中心的文化遗产的记录工作等为衡量生态博物馆的标准，而不是研究社区居民对生态博物馆的认识和是否接受生态博物馆的理念问题去作深入的调查和思考。因为在中国建生态博物馆不是从社区居民中自发产生的，是专家意志的产物，在这种背景下，社区居民对生态博物馆有一个认识和接纳的过程，不是一建生态博物馆，社区居民对生态博物馆的认识就解决了；不是一成立社区居民代表参加的“生态博物馆管理委员会”，生态博物馆的管理体制就解决了。得出的结论就是生态博物馆是一个长期的实践过程，这个过程必须从实际出发，建设有中国特色的生态博物馆。一厢情愿或操之过急的心态都是注定行不通的。

挪威政府和专家对贵州生态博物馆在财政和理论上的支持，是贵州生态博物馆建成的一个重要的因素，在《贵州生态博物馆纪实》中也作了客观的反映。

1985年，我有幸来中央民族学院历史系进修，此次进修对我的事业和人生均有影响。时隔20多年，中央民族大学“211工程”三期“中国少数民族历史与宗教”项目主持人苍铭教授盛邀我加入“中国少数民族历史文化遗产保护”项目的研究，受项目支持，完成了《贵州生态博物馆纪实》一书。

《贵州生态博物馆纪实》是对贵州生态博物馆十年建设的记录和总结，对新博物馆学和生态博物馆的研究者们试图提供更多的思考空间，力争对他们的研究有所帮助。

胡朝相

(2011年7月3日第三稿于贵阳)